BIBLIOTHÈQUE

SCIENTIFIQUE INTERNATIONALE

BIBLIOTHÈQUE SCIENTIFIQUE INTERNATIONALE

Beaux ouvrages in-8°. la plupart illustrés, cartonnés à l'anglaise.
à **6, 9** et **12** fr.

AUTRE OUVRAGE DE M. CHARLTON-BASTIAN

Le Cerveau et la Pensée chez l'homme et les animaux, 2 vol.
in-8, avec 184 fig. 2ᵉ édit. . . . . **12 fr.**

DERNIERS VOLUMES PUBLIÉS

LOEB. **La dynamique des phénomènes de la vie.** Préface de M. le Prof.
GIARD. de l'Institut. Traduit de l'allemand par MM. DAUDIN et SCHÆFFER.
1 vol. avec fig.. . . . . **9 fr.**
CONSTANTIN (Capitaine). **Le sentiment national et le rôle sociologique
de la guerre.** Suivi de la traduction de *La guerre, moyen de sélection
collective*, par le Dʳ STEINMETZ. 1 vol. . . . . **6 fr.**
LALOY (L.). **Parasitisme et mutualisme dans la nature.** Préface du Prof.
GIARD, de l'Institut. 1 vol. in-8. avec 82 gravures . . . . **6 fr.**
COSTANTIN (J.). **Le Transformisme appliqué à l'agriculture.** 1 vol.
in-8, avec 105 gravures. . . . . **6 fr.**
JAVAL (E.). **Physiologie de la lecture et de l'écriture.** 1 vol. in-8, avec
96 gravures, 2ᵉ édition. . . . . **6 fr.**
COLAJANNI (N.). **Latins et Anglo-Saxons.** 1 vol. in-8 . . . . . **9 fr.**
NORMAN LOCKYER. **L'évolution inorganique.** 1 vol. in-8, avec 42
gravures . . . . **6 fr.**
LE DANTEC (F.). **Les lois naturelles.** 1 vol. in-8, avec gravures **6 fr.**
MOSSO (A.). **Les exercices physiques et le développement intellec-
tuel.** 1 vol. in-8 . . . . **6 fr.**
BOURDEAU (L.). **Histoire de l'habillement et de la parure.** 1 vol.
in-8. . . . . **6 fr.**
DEMENŸ (G.). **Mécanisme et éducation des mouvements.** 3ᵉ édit. 1 vol.
in-8, avec 565 gravures . . . . **9 fr.**

EXTRAIT DU CATALOGUE — PHILOSOPHIE SCIENTIFIQUE

Les Maladies de l'orientation et de l'équilibre, par J. GRASSET, prof. à
la Faculté de médecine de Montpellier, 1 vol. in-8. avec grav. **6 fr.**
Le Crime et la Folie, par H. MAUDSLEY, prof. à l'Univ. de Londres.
In-8, 6ᵉ édit. . . . . **6 fr.**
L'Esprit et le Corps, considérés au point de vue de leurs relations, suivi
d'études sur les *Erreurs généralement répandues au sujet de l'esprit*,
par Alex. BAIN, prof. à l'Université d'Aberdeen (Ecosse). 1 vol. in-8
6ᵉ édit. . . . . **6 fr.**
Théorie scientifique de la sensibilité : *le Plaisir et la Douleur,* par
Léon DUMONT. 1 vol. in-8, 3ᵉ édit. . . . . **6 fr.**
La Matière et la Physique moderne, par STALLO, précédé d'une préface
par M. Ch. FRIEDEL, de l'Institut. 1 vol, in-8°. 2ᵉ édit. . . . . . **6 fr.**
Le Magnétisme animal, par Alf. BINET et Ch. FÉRÉ. 1 vol. in-8. 4ᵉ édit. **6 fr.**
L'Intelligence des animaux, par ROMANES. 2 vol. in-8. 2ᵉ édit. précédée
d'une préface de M. Edm. PERRIER, de l'Institut, direct. du Muséum **12 fr.**
L'Evolution des mondes et des Sociétés, par C. DREYFUS. In-8. . **6 fr.**
L'Evolution régressive en biologie et en sociologie, par DEMOOR, MAS-
SART et VANDERVELDE, prof. des Univ. de Bruxelles, 1. v. in-8 avec grav. **6 f.**
Les Altérations de la personnalité, par Alf. BINET. directeur du labo-
ratoire de psychologie à la Sorbonne. In-8, avec gravures. . . **6 fr.**
Théorie nouvelle de la vie, par F. LE DANTEC, chargé du cours d'embryo-
logie générale à la Sorbonne. 4ᵉ édit. 1 vol. in-8, avec figures. **6 fr.**

L'ÉVOLUTION DE LA VIE

PAR

H. CHARLTON BASTIAN

M. A. M. D.

Membre de la Société Royale de Londres,
Professeur honoraire des Principes et de la Pratique de la Médecine
et de Médecine clinique, à *University College* (Londres).
Médecin consultant à l'Hôpital d'*University College* et à l'Hôpital national
pour les paralytiques et épileptiques.

TRADUCTION FRANÇAISE AVEC AVANT-PROPOS

PAR

HENRY DE VARIGNY

Docteur ès sciences naturelles, Membre de la Société de Biologie.

AVEC LA COLLABORATION DE Mlle G. DE VARIGNY

Avec 12 figures dans le texte et 12 planches hors texte.

PARIS

FÉLIX ALCAN, ÉDITEUR

LIBRAIRIES FÉLIX ALCAN ET GUILLAUMIN RÉUNIES
108, BOULEVARD SAINT-GERMAIN, 108

1908

AVANT-PROPOS

Si, dans les pages qui suivent, M. Charlton Bastian
n'avait cherché qu'à critiquer Pasteur sur ce qu'on peut
appeler les variations de la doctrine microbienne, il eût
été superflu de les traduire pour le public français. Nous
savons tous qu'il est très exceptionnel que la vérité se
manifeste tout entière d'un seul coup. Les voiles qui
la cachent ne tombent que successivement et séparément. Mais il y a autre chose dans ce livre : une tentative
de reprise de la question de la génération spontanée,
ou plutôt de l'Archébiose, de la genèse de matière
vivante hors de matière non vivante.

La question de la genèse de la matière vivante est
toujours actuelle. Si l'on ne pense pas qu'à une époque
infiniment lointaine, une force toute puissante, extérieure au monde matériel a, par une opération mystérieuse, engendré la vie, en lui donnant aussi une tendance à se diversifier et compliquer, à évoluer en des
formes plus élevées et plus complexes, il semble qu'il
faille admettre que la vie a dû apparaître spontanément,
c'est-à-dire en vertu des lois qui régissent la matière
inorganique , sous l'influence desquelles lois , telles
combinaisons chimiques nouvelles se sont produites,

qui présentaient les caractères spéciaux à ce que nous appelons la vie. On ne peut dire que cette manière de voir simplifie beaucoup le problème : car il reste à expliquer comment les êtres rudimentaires produits de la sorte ont eu tendance à évoluer, à donner des formes plus parfaites, comment l'amibe aboutit à l'homme, comment un organisme aussi élémentaire est l'antécédent d'êtres pouvant présenter **une conscience aussi** développée et une intelligence aussi riche. Quelle que soit l'hypothèse à laquelle on se rallie, elle passe notre compréhension. Quoi qu'il en soit, beaucoup de naturalistes croient que la vie est apparue spontanément — c'est-à-dire sous l'action de causes encore inconnues — sur la terre : et ce n'est pas le célèbre mémoire de Pasteur, de 1862, qui les empêchera de conserver leur croyance. Plusieurs, presque tous, accordent que dans le cas particulier, discuté en 1862, Pasteur a eu raison. Mais le problème général de la genèse de la vie subsiste, et ils continuent à l'étudier.

M. Charlton Bastian n'accorde pas même que Pasteur ait eu raison. Et il entreprend de démontrer que dans des liquides qui ont subi des températures supérieures à celles qui sont reconnues communément aptes à tuer les germes préexistants, s'il y en avait, on trouve des êtres vivants. Ces êtres, dit-il, ne peuvent venir des spores ou œufs d'êtres préexistants : donc ils se sont produits *de novo*, par Archébiose. Toute la question est de savoir si l'expérience a été faite dans les conditions requises : si la chaleur a été appliquée assez forte ou assez longtemps, pour tuer les germes, spores, ou œufs ; si nulle cause de contamination, après la stérilisation, n'a pu exister. Il faut d'abord s'assurer de la réalité des *faits* sur lesquels M. Bastian édifie sa doctrine : après, on verra à interpréter. On verra s'il faut admettre avec l'ancien contradicteur de Pasteur, que des êtres élémentaires continuent chaque jour à prendre naissance sous nos yeux qui ne les voient pas, dans la mer, les fossés et les mares. On verra si réellement les températures et durées de stérilisation dont fait usage M. Charlton Bastian tuent les germes et les spores. On verra aussi si cette Archébiose a quelque chose à voir avec notre pathologie. Mais d'abord il faut établir les faits.

H. de V.

L'ÉVOLUTION DE LA VIE

PRÉFACE

La publication, en 1872, de mon livre « Les Commencements de la Vie » (*The Beginnings of Life*), donna lieu à beaucoup de critiques et à une controverse qui dura plusieurs années. Les critiques portaient sur les deux parties de mon livre, la partie consacrée à l'Hétérogénèse, ainsi que celle où j'essayais de prouver la réalité de l'Archébiose. Il n'y eut toutefois controverse que sur ce dernier sujet. L'absence de toute controverse sur l'Hétérogénèse est due à ce que je ne fis aucune réponse à toutes les critiques faites sur cette partie de mon livre. C'était un sujet qui ne me semblait pas prêter à la discussion, surtout avec des personnes qui se refusaient à répéter les expériences en question.

Je crus toutefois qu'il pouvait résulter quelque chose de bon d'une discussion sur l'Archébiose. Il s'ensuivit donc une longue controverse avec des adversaires très redoutables, et il en résulta que je continuai à étudier la question jusqu'en 1877. Pendant cette année et la précédente, j'eus une chaude controverse avec le Pr Tyndall, en Angleterre et M. Pasteur en France. Tous deux furent extrèmement dogmatiques, et l'un d'eux fut même peu courtois à mon égard. Il vint donc un moment où, étant donnée ma qualité de praticien relativement jeune, je me sentis obligé de renoncer pendant quelque temps à ces recherches, et de m'occuper uniquement de mon labeur professionnel. Le dernier article que j'aie écrit sur le sujet de l'Archébiose parut dans la *Nineteenth Century* de février 1878, en réponse à un article du Pr Tyndall. Depuis cette époque, je n'ai rien publié sur ce sujet, si ce n'est un unique chapitre, l'année dernière, dans mon livre *La nature et l'origine de la matière vivante (The Nature and Origin of Living Matter)*. Quoique n'ayant rien publié, j'avais fait, pendant ces années, de temps à autre, quand je le pouvais, passablement d'observations sur la question. Après avoir consacré pendant les vingt années qui suivirent, tout mon temps à mon travail professionnel et à l'enseignement, je donnai ma démission d'*University College* et quittai l'Hôpital au commencement de 1898. Je voulais consacrer tout le temps qui ne serait pas pris par ma clientèle à une nouvelle étude de l'Hétérogénèse, sur laquelle je n'avais rien dit depuis 1872.

Le fait de ce silence de vingt ans sur ces deux sujets a pu donner à beaucoup l'idée que je me sentais battu, et que j'avais abandonné ma cause. Pendant ce temps, les bactériologistes avaient fait un peu partout les découvertes les plus extraordinaires. Il en résulta un avancement dans les sciences de la plus grande importance au point de vue médical, et qui parut à beaucoup compatible seulement avec les idées opposées aux miennes. En réalité, mes idées et les travaux bactériologiques modernes ne sont nullement inconciliables. Mes idées, en somme, ne servent qu'à donner un cadre plus large aux problèmes étiologiques et sanitaires.

Telle étant la situation, on peut bien imaginer que si je n'avais pas été fermement convaincu de la vérité des idées précédemment publiées sur l'Hétérogénèse, je n'aurais jamais repris ce sujet si impopulaire, et je ne l'aurais pas étudié sérieusement pendant cinq ans, jusqu'au moment où j'eus terminé, en 1903, mon travail considérable intitulé « Études sur l'Hétérogénèse » (*Studies in Heterogenesis*). Pendant ces années, j'étudiai la question, en partie sur l'ancien, en partie sur un nouveau terrain, et cette fois, à l'aide de microphotographies, au lieu de dessins, afin d'éviter les préconceptions toujours possibles.

L'année dernière, durant mes moments de loisir, j'ai étudié de nouveau l'Archébiose. Je crois avoir enfin trouvé quelque chose qui convaincra beaucoup de personnes de la réalité de l'origine *de novo* de la matière vivante. Les derniers chapitres de ce livre montreront que dans cet essai tenté par moi pour résoudre ce problème déjà ancien et toujours attrayant, les expériences ont été conduites de façon nouvelle à certains égards, mais par des méthodes remarquables par leur simplicité autant que par leur rigueur quant à toutes les précautions possibles.

Londres, *Janvier* 1907.

INTRODUCTION

A mesure que dans l'un quelconque des domaines de la
science, les connaissances s'accroissent, il devient presque
toujours nécessaire d'abandonner des termes, ou des qualifi-
cations qui ont servi pendant longtemps, soit parce qu'ils
impliquent des notions absolument inconciliables avec le
développement récent des connaissances, soit parce qu'ils
sont trop vagues, et trop généraux. Aussi aujourd'hui devons-
nous rejeter le terme de « génération spontanée ». Les phénomènes désignés par ces mots ne seraient pas plus spontanés
que ne le sont d'autres, produits par des lois naturelles. En
outre, l'expression est tout à fait inadéquate, puisqu'elle
comprend deux séries de phénomènes qui actuellement
doivent être distingués avec soin les uns des autres.

Beaucoup de ceux qui ont écrit sur la « génération spontanée » n'ont pas marqué suffisamment la différence existant entre l'origine d'êtres vivants hors de matière inanimée
(Archébiose) et leur production de quelque façon que ce soit,
connue ou non connue, hors de la substance d'êtres vivants
préexistants. Cette différence, si peu remarquée par les uns,
a une importance considérable aux yeux des autres. Ces derniers pourraient admettre la possibilité d'êtres vivants,
surgissant, par des méthodes autrefois inconnues, de la
matière d'êtres vivants préexistants (Hétérogénèse) tandis
qu'ils considéreraient comme impossible l'origine d'êtres
vivants hors de la matière inanimée. Il est aisément compré-
hensible que les vues générales, en ce qui concerne la vie,
sa nature, et la signification à y attacher, exercent une

influence considérable en faisant varier le point de vue des différents écrivains en ce qui concerne l'Archébiose. Ainsi des assertions qui ne paraîtraient logiques à beaucoup que grâce à la croyance en l'Archébiose sont souvent, quand on les rapproche des vues générales de ceux qui les font, telles qu'on ne voit pas qu'elles autorisent une conclusion de ce genre.

Voyez par exemple les opinions de Burdach, le physiologiste qui est le parrain du mot « Hétérogénèse. Dans le premier volume de sa « Physiologie » publié en 1826, Burdach introduisit les mots *Homogenia* et *Heterogenia*, comme désignant les deux principales distinctions de classe dans le mode d'origine des êtres animés. Il donna le nom d'*Homogenia* aux processus par lesquels des individus sont produits par des êtres animés préexistants d'une organisation semblable à la leur. *Heterogenia* fut le nom de classe donné aux processus par lesquels des êtres animés naissent de la matière d'organismes préexistants, *appartenant à une espèce totalement différente ; c'est-à-dire* à la production de formes de vie étrangères par la substance actuelle des organismes ou de leurs germes.

Mais Burdach donna au terme Hétérogénie une signification encore plus étendue. Il y comprit aussi le processus de l'Archébiose, ainsi qu'on peut le voir, lorsqu'il dit :

« Nul doute que notre planète ne soit arrivée par degrés à son état actuel, qu'à une époque très reculée, elle n'ait été inhabitable pour les êtres organisés, et que tous ces êtres ne soient formés peu à peu sans parents, conséquemment par la voie de l'hétérogénie. »

Quoique ce passage montre que Burdach croyait à la possibilité de l'origine d'êtres vivants hors de ce qui est appelé matière non vivante, néanmoins, pour lui, dans un tel cas, il n'y aurait pas création de ce quelque chose d'entièrement nouveau que nous appelons « Vie ». Cette divergence provient de la nature de ses vues théoriques. L'Univers tout entier était pour lui l'organisme des organismes, doué de vie. C'est ainsi qu'il dit ailleurs :

« Mais si l'Univers est l'organisme absolu, chacune de ses parties doit être un tout organique... Il y a plus encore : la force du tout doit être inhérente à chaque chose particulière et effectivement, *nous rencontrons des traces de vie dans toute existence quelconque.* »

Buffon, Needham et Pouchet ont eu des doctrines similaires vitalistiques ou panthéistes. Chacun d'eux croyait qu'une « force vitale » quelconque, une vie préexistante par conséquent, était nécessaire, et que sans le concours de celle-ci aucune chose vivante ne peut parvenir à exister. Ils étaient, eux aussi, hétérogénistes dans le sens large donné par Burdach à ce terme, et leurs vues théoriques ne leur auraient pas permis de croire à ce que nous avons appelé l'Archébiose.

Toutefois j'emploie toujours le terme d'Hétérogénèse dans le sens plus limité que lui a originellement donné Burdach dans sa définition, comme nom de classe pour les processus par lesquels des choses vivantes surgissent hors de la matière d'organismes préexistants *appartenant à une espèce totalement différente.* Quand un tel processus se produit, il est d'importance secondaire que l'individualisation d'une portion de la matière d'un organisme (avec faculté de développement indépendant) ait lieu durant la vie de ce même organisme ou après sa mort, puisque la mort de n'importe lequel des organismes élevés n'entraîne pas immédiatement la mort de la matière qui le compose. Ses parties constituantes continuent à vivre pendant un temps, et graduellement, à intervalles différents, elles tombent à l'état de matière morte. Quand cette phase survient, quand la substance vivante est morte, nous avons encore affaire à de la matière organique composée de molécules extrêmement complexes, quoiqu'elle soit devenue soluble dans l'eau. Mais quand cette matière n'a plus sa forme semi-solide et est dissoute, elle ne doit plus en aucune façon, conformément aux vues généralement acceptées, être considérée comme vivante. De sorte que si, dans une solution ainsi formée les faits

démontraient l'origine, *de nova*, d'unités vivantes, nous
pourrions voir là tout à fait légitimement un processus d'Archébiose. Quoique la matière en solution ait à un moment
fait partie de la constitution de choses vivantes elle est maintenant, dans l'acception ordinaire du mot, de la matière
morte, tout autant que la matière contenue dans une solution de sels ammoniacaux est de la matière morte. Il est vrai
que les molécules, dans la solution organique, sont bien plus
complexes, et que par suite, on pourrait assez vraisemblablement considérer comme plus facile d'y provoquer une
nouvelle création de vie, que dans une solution saline plus
simple. Ce que nous pouvons retirer de ce fait, est que le
processus de l'Archébiose, que beaucoup considèrent comme
s'étant produit certainement autrefois (alors qu'il n'y avait
eu encore aucune chose vivante sur la terre) devrait se produire beaucoup plus facilement aujourd'hui que la matière
organique en solution est si répandue à toute sa surface.

Les vues qui précèdent et la distinction radicale entre
l'Archébiose et l'Hétérogénèse seront peut-être mieux comprises par le lecteur, à l'aide du tableau suivant, emprunté
à mon ouvrage, « Les Commencements de la Vie. » (*The
Beginnings of Life.*)

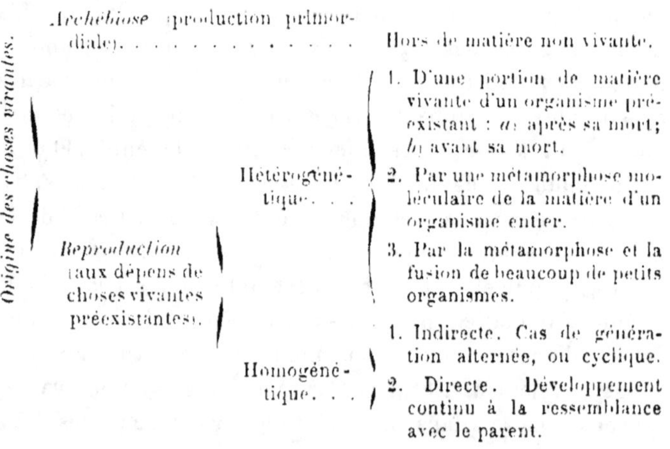

Je ne traiterai pas du tout dans ce volume de l'Hétérogé-
nèse. J'ai consacré à ce sujet cinq années de travail personnel et les résultats en ont été publiés dans mes *Studies in Heterogenesis* (Études sur l'Hétérogénèse, 1901-1903); une partie des résultats obtenus, avec mes vues sur le sujet de la matière vivante en général, ont été publiés sous une forme plus populaire dans mon livre récent sur « La Nature et l'Origine de la matière Vivante » (*The Nature and Origin of Living Matter*).

Nous nous bornerons ici à étudier les problèmes qui ont trait à l'Archébiose, c'est-à-dire à la question de la véritable origine de la vie, ou de la génèse de la matière vivante. Je m'en tiendrai, aussi, aux faits nouveaux relatifs à cette question qui se sont produits depuis 1872, époque où mon livre sur *Les Commencements de la Vie* a été publié. On trouvera dans celui-ci un exposé des recherches antérieures sur ce sujet depuis Spallanzani et Needham, exposé qu'il serait inutile d'essayer de reproduire ici d'une manière plus concise. Il me semble préférable de consacrer tout l'espace dont je dispose à l'examen plus approfondi de l'aspect plus moderne du problème, et des recherches expérimentales plus récentes. Et de plus, de considérer la question dans son ensemble, à la faveur des éclaircissements fournis par les recherches modernes sur la constitution de la matière, le « mystère du radium », et « l'évolution inorganique ».

PREMIÈRE PARTIE
L'ASPECT ACTUEL DE LA QUESTION

CHAPITRE PREMIER
LA TERRE EN TANT QU'UN DES MONDES HABITÉS AU MILIEU D'UNE MULTITUDE DE MONDES HABITÉS

Les astronomes nous disent que parmi les milliards de soleils qui peuplent l'espace, des milliers d'entre eux ont des planètes tournant autour d'eux, qui sont selon toute probabilités en ce même moment l'habitat de créatures vivantes d'une espèce ou d'une autre.

Car, ainsi que le dit Simon Newcomb : « Dans un nombre de corps si vaste, nous pouvons penser qu'il y a toutes les variétés de conditions en ce qui concerne la température et le milieu », de sorte que si nous supposons que les « conditions spéciales qui prédominent sur notre planète sont nécessaires aux plus hautes formes de la vie, nous avons pourtant encore des raisons de croire que ces mêmes conditions prédominent dans des milliers d'autres mondes. »

On peut aisément prouver que ceci n'est point une opinion individuelle et isolée. Aucun homme ne fut plus prudent et plus exact dans l'expression de ses opinions que feu Sir Georges Stokes, ancien président de la « Royal Society », et pourtant dans ses *Lectures on Light* il dit, en parlant des étoiles : « Nous ne pouvons guère supposer que la vie n'existe que dans une planète particulière, tournant autour d'un soleil particulier, au milieu de cette vaste multitude... Il nous est difficile de ne pas conjecturer que ces soleils lointains peuvent, comme notre soleil, être accompagnés de planètes circulant autour d'eux, et que ces planètes ou celles d'entre elles qui peuvent être habitables, sont, comme notre propre terre, habitées par des êtres vivants peut-être doués de raison » (*loc. cit.*, p. 243 et 199).

Et quoique la vie ait, sans aucun doute, existé à la surface de notre terre depuis une période formidablement longue, pourtant, ainsi que R.-A. Proctor[1] l'a fait remarquer, « toute la durée de la vie ne doit être considérée que comme une vague dans le vaste océan du temps, et la durée de la vie des créatures capables de raisonner sur les merveilles qui les entourent n'est qu'une ondulation de la surface d'une telle vague ». Ainsi l'infinité des mondes habitables implique aussi l'existence d'une infinité de mondes non encore habitables, ou qui ont depuis longtemps cessé d'être tels. Si le nombre des soleils avec leur planètes est assez vaste pour échapper à toutes les puissances de l'imagination humaine, il est encore plus impossible de se faire aucune idée des espaces infinis où sont disséminés ces astres. Celle qui est supposée être l'étoile la plus proche, située dans la constellation du Centaure, est si éloignée que, ainsi que l'a calculé le professeur Bickerton[2], « le train le plus rapide mettrait quarante millions d'années pour y arriver », tandis que la lumière avec sa formidable vélocité met plus de quatre ans pour arriver jusqu'à nous, et probablement des milliers d'années pour traverser l'espace qui nous sépare des soleils des plus éloignés.

Pourtant, à travers ce stupéfiant univers, ainsi que le dit Bickerton, le spectroscope révèle l'identité de la matière, et la communauté du mouvement.

1. *Our Place among Infinities*, p. 61.
2. *The Romance of the Heavens* 1901, p. 162.

Non seulement les éléments qui existent sur la terre existent-ils aussi dans les étoiles, mais, ainsi que nous le dit Sir Norman Lockyer[1], — et cette assertion, ainsi que nous allons le voir, est d'une grande importance — leur nombre augmente graduellement « à mesure que nous passons des étoiles les plus chaudes vers celles qui le sont moins ». Le nombre des lignes spectrales, ainsi qu'il le dit, augmente graduellement, « et avec le nombre de lignes le nombre d'éléments chimiques ». La pleine signification de ces faits sera mise en lumière dans les deux chapitres suivants.

1. *Inorganic Evolution as studied by Spectrum Analysis*, 1900 p. 159.

CHAPITRE II

LA CONSTITUTION DE LA MATIÈRE

Les conceptions atomistiques de Leucippe et de Démocrite ont acquis un intérêt nouveau grâce aux résultats des recherches expérimentales modernes en ce qui concerne la constitution de la matière Toutes les substances, disaient ils, sont formées primitivement d'atomes, trop petits pour être perçus par les sens, et indivisibles, immuables, quoique différant beaucoup de forme et de taille. Ces atomes sont supposés être constamment en mouvement, et séparés « par un vide ». On attribue les qualités des différents corps en partie à l'espèce des atomes et en partie à leur arrangement dans les corps en question. Aristote nous dit : « Démocrite et Leucippe disent que toutes choses sont composées de corps invisibles, infinis quant au nombre et à la forme, et que les différences entre les choses sont dues aux éléments qui les composent et à la position et à l'arrangement de ces éléments ».

Ces idées n'étaient naturellement que des vues théoriques ne reposant ni sur l'observation ni sur l'expérience. Mais ainsi que la moderne « Théorie atomique » édifiée par Dalton dans les premières années du siècle dernier, ces spéculations rejetaient la notion d'une matière primordiale qui trouva faveur auprès des philosophes dans l'intervalle.

De plus, les atomes des premiers philosophes étaient indéfinis comme nombre, tandis que ceux de Dalton étaient strictement limités au nombre des divers éléments chimiques connus de son temps. Dalton supposait que chaque atome

a un poids caractéristique et particulier à l'élément auquel
il appartient. Il les croyait tous indestructibles. Dalton[1] a
dit : « Nous pourrions aussi bien essayer d'introduire une
nouvelle planète dans le système solaire, ou d'en anéantir
une, que de créer ou de détruire une particule d'hydrogène. »
Opinion qui, nous allons le voir, n'est plus exacte en ce qui
concerne un certain nombre de prétendus éléments.

Mais l'idée de Dalton d'un nombre incertain « de principes
élémentaires qui ne peuvent jamais se transformer l'un en
l'autre par aucun pouvoir qui soit sous notre contrôle » a
été graduellement remplacée par l'idée que Sir William
Crookes[2] a énoncée en disant « que nos prétendus éléments
ou corps simples sont en réalité des molécules composées »
faites de combinaisons variées d'un élément primordial
extrèmement ténu et hypothétique, qu'il appelle le *protyle*.

Toutefois Crookes a démontré l'existence réelle de particules
beaucoup plus ténues que les atomes chimiques, particules
qui sont les éléments des « rayons cathodiques » et qui proviennent de la dissociation des gaz dans les tubes à vide,
par l'électricité.

Plus tard les recherches de J.-J. Thomson[3] et de son école
ont prouvé que dans la conduction d'électricité à travers des
gaz très raréfiés, les particules projetées par la cathode (ou
pôle négatif) constituant les rayons cathodiques mentionnés
plus haut, portent toujours une charge électrique identique à
celle qui est portée par un seul atome d'hydrogène quoique
chaque particule de ces rayons cathodiques associée avec
cette charge minima constante ait seulement à peu près le
$\frac{1}{1000}$ du volume de l'atome d'hydrogène et, ce qui est plus
important, quelle que soit la substance dont émane le
rayon cathodique, la particule est toujours de la même

1. *New System of Chemical Philosophy.* 1808.
2. *Genesis of the Elements* (Chemical News, 55, 1887, p. 83).
3. *Conduction of Electricity through Gases.* 1903.

espèce et de la même forme. Ces particules, identiques par
la masse et la charge qu'elles apportent sont appelées « corpuscules » par J.-J. Thomson, quoiqu'on leur donne généralement le nom d' « électrons », nom suggéré auparavant par
Johnstone Stoney, et qui indique l'opinion professée aujour-
d'hui par beaucoup, que ces corpuscules élémentaires sont
en réalité des unités électriques.

On admet maintenant que ces « corpuscules » ou « électrons » sont vraiment les unités élémentaires dont sont
composés les atomes des divers éléments chimiques, car leur
nombre dans chaque atome est fort grand et augmente avec
l'accroissement des poids atomiques des divers éléments.

Ainsi tandis qu'un atome d'hydrogène, dont le poids atomique est très bas (1), est supposé contenir 1000 de ces corpuscules ou électrons négatifs, un atome de mercure, qui a
un poids atomique très élevé (200) est supposé contenir
100000 de ces unités élémentaires. Ce qui semble encore
plus extraordinaire est le fait énoncé par Sir Oliver Lodge,
que même avec ces nombres considérables dans un seul
atome, les corpuscules ne « remplissent pas tout l'espace, et
que si l'on calculait la distance existant entre eux, ils sembleraient aussi éloignés les uns des autres en proportion de
leur taille, que le sont les planètes dans le système solaire. »

Beaucoup dont l'opinion compte admettent actuellement
qu'il n'y a « dans un atome qu'un groupe d'électrons positifs
formant un corps semblable à notre soleil, autour duquel
leurs homologues négatifs tournent à distance, et selon des
orbites qui correspondent assez bien à celles des planètes...,
et la différence de propriétés chimiques et physiques existant,
par exemple entre un atome d'hydrogène et un atome de fer,
est expliquée par la supposition que les planètes de l'un sont
plus nombreuses, ou bien ont des orbites différentes de celles
de l'autre[1] ».

1. *Athenæum*, 27 mai 1905, p. 551.

Ce dernier point est extrêmement important, mais il est inutile ici pour nous d'aller plus loin dans cette voie.

Ce qui ressort, c'est que le corpuscule ou électron est la substance primordiale infiniment ténue, dont la réunion en nombres considérables et croissants donne naissance aux différentes séries de propriétés que l'on rencontre dans les atomes des divers prétendus éléments. Nous ne savons pas de façon précise comment ces combinaisons sont amenées. Pourtant dans le chapitre suivant, nous étudierons quelques-unes des conditions qui semblent favoriser le processus, et qui ont permis l'emmagasinement dans les atomes des grandes quantités d'énergie qu'on les sait contenir.

Les trois éléments chimiques dont le poids est le plus élevé sont le radium, le thorium et l'uranium. On se rend compte de la différence immense, existant à ce point de vue, entre les divers éléments chimiques, par ce fait que le poids atomique de l'hydrogène est 1 et celui de l'uranium 239. Il faut songer à ce que cela signifie au point de vue de la complexité atomique, puisque l'atome d'hydrogène même est supposé ne pas contenir moins de 1 000 corpuscules. Combien complexes doivent être alors les atomes des termes les plus élevés de la série, tels que le radium, le thorium et l'uranium? L'on peut aussi vaguement percevoir combien doit être considérable la quantité d'énergie intra-atomique emmagasinée dans ces atomes plus grands, quand nous apprenons que J.-J. Thomson « conclut, comme résultat de ses calculs qu'un grain[1] d'hydrogène a en lui assez d'énergie pour soulever un million de tonnes à une hauteur de plus de cent mètres ; et que puisque la quantité d'énergie est proportionnelle au nombre de corpuscules compris dans l'atome de l'élément, l'énergie des autres éléments, tels que le soufre, le fer ou le plomb doit excéder de beaucoup cette quantité[2] ».

---

1. Le grain anglais = 6.4 centigrammes (Trad.).
2. Duncan : *The New Knowledge*, 1905, p. 176.

D'après ce qui a été dit, l'on peut comprendre combien il est impossible de former une conception adéquate de la complexité de la matière lorsque nous considérons non seulement la merveilleuse constitution des atomes mêmes des éléments, mais le fait, qui nous est familier, que ces atomes tendent toujours à se combiner les uns avec les autres pour former des molécules de plus en plus complexes — comme dans les bases et les acides, les sels et les sels doubles, les alcaloïdes et les composés organiques. Quelques-uns de ces derniers sont composés de centaines de ces merveilleux atomes dont nous venons d'examiner brièvement la constitution.

Peut-on dire quelque chose quant au mode d'origine de ces éléments chimiques ou quant aux conditions qui semblent en favoriser l'origine ? Nous réservons pour le prochain chapitre quelques aperçus sur ce sujet.

CHAPITRE III

ÉVOLUTION INORGANIQUE

Si les atomes des différents éléments chimiques sont en réalité des corps aussi complexes que les recherches des physiciens l'indiquent, et surtout s'ils sont composés de quantités extrêmement variables de corpuscules infinitésimaux de même taille, variant seulement dans le mode d'arrangement, dans leur nombre et leurs mouvements relatifs, il semble naturel de se demander si l'on peut se procurer quelques faits relatifs : *a*) à leur génèse, ou *b*) à leur décomposition ou désintégration.

Les recherches modernes nous ont apporté quelques résultats dans ces deux directions. Sur le premier point nous sommes renseignés par les étoiles, étudiées par l'analyse spectrale ; sur le second par des recherches tout à fait récentes ; par les révélations stupéfiantes qui concernent le radium. Sir Norman Lockyer s'est beaucoup servi pendant ces quarante dernières années du spectroscope, pour étudier la constitution du soleil et des étoiles. Les résultats obtenus par lui et par ceux qui ont travaillé dans le même sens, ont conduit à l'édification graduelle de la doctrine de « l'Evolution Inorganique ». Sans le spectroscope, jamais on n'en serait arrivé là.

Dans son intéressant ouvrage intitulé *The New Knowledge* M. Duncan nous dit en parlant de cet instrument et de ce qu'il peut nous révéler : « C'est chose admirable que le spectroscope puisse percevoir le millionième d'un milligramme de matière, et ait ainsi pu découvrir de nouveaux éléments, mais nous sommes obligés de reconnaitre qu'il est le plus pro ligieux instrument qui ait jamais été créé par le cerveau et la main de l'homme, lorsque nous voyons qu'il révèle la nature de formes de matière qui sont à des milliards de lieues, et de plus, qu'il mesure les vitesses avec lesquelles des formes de matière se meuvent avec un pourcentage d'erreur possible ridiculement minime. »

Quoique l'analyse spectrale soit un sujet très complexe et que l'on a énormément étudié, nous n'avons à nous occuper ici que de quelques-uns de ses détails. Ce qui est essentiel est que, *dans certaines conditions*, les différents éléments volatilisés par la chaleur et vus à travers le spectroscope donnent différents *spectres discontinus ou des raies brillantes*, et qu'il n'y a pas deux éléments donnant tout à fait le même spectre.

L'existence de ces raies spectracles distinctives dépend, ainsi que le dit Norman Lockyer dans son ouvrage sur « l'Évolution Inorganique », de cette loi que « les gaz et les vapeurs, lorsqu'ils sont relativement froids, absorbent les rayons qu'ils émettent eux-mêmes quand ils sont incandescents ». Elle dépend aussi des conditions particulières, dont nous avons parlé, qui amènent la production des raies spectrales.

Pour les corps célestes, ces conditions se trouvent dans le fait que « dans le soleil, et dans la plupart des étoiles, la lumière nous arrive d'un centre extrèmement brûlant en passant à travers une couche de vapeurs moins chaudes, ce qui produit un phénomène d'absorption » d'où la naissance des divers groupes de raies vus dans le spectre. Par l'usage du spectroscope et après de longs travaux en vue de l'identification des différentes sortes de lignes caractérisant le spectre de divers éléments, nous avons appris graduellement que beaucoup des éléments qui existent sur la terre, entrent, en combinaisons diverses, dans la composition du soleil et des étoiles ; et, ce qui est extrèmement important, *en quantités de plus en plus grandes chez les étoiles de température de plus en plus basse.*

Aux premiers temps des recherches spectroscopiques on supposait qu'un même élément ne pouvait donner qu'une seule raie spectrale. Ce fut en 1865 que Plucker et Hittorf donnèrent un premier démenti à cette conception en annonçant qu' « il y a un certain nombre de substances élémentaires qui, lorsqu'elles sont traitées différemment, donnent deux spectres d'un caractère entièrement différent n'ayant pas une seule raie en commun ». Sir Norman Lockyer a beaucoup étudié cette question et les résultats obtenus par lui et d'autres ont beaucoup contribué à établir sur une base solide la doctrine de l'Évolution Inorganique qui nous occupe en ce moment.

On reconnut assez vite que le spectre d'un élément dépend, en de certaines limites, de la température à laquelle celui-ci était exposé et que le même élément peut, comme le font beaucoup, donner des spectres totalement différents quand on le soumet à l'action des sources calorifiques suivantes qui sont rangées par ordre croissant :

   a) La flamme ;

   b) L'arc électrique ;

   c) L'étincelle électrique d'un potentiel très élevé.

Quand on les examine expérimentalement à ces températures différentes, on trouve que les spectres du fer, du magnésium, du calcium et d'autres éléments, varient d'une façon à laquelle on ne trouve d'autre explication que celle-ci : Les changements en passant de *a*) à *b*) ou à *c*) sont dus à la dissociation des éléments sous l'influence des très hautes températures auxquels on les soumet. C'est-à-dire que la simplification des spectres ainsi produite est due à la séparation des atomes et à leur transformation en groupements plus simples de corpuscules ou électrons.

Le fait que précisément les mêmes changements observés

dans le laboratoire, sont exactement reconnaissables dans le spectre des éléments tels qu'ils existent dans la chromosphère du soleil et dans la lumière émanant de beaucoup d'étoiles a beaucoup accru la signification de ces variations. En ce qui concerne les étoiles, Kennedy Duncan dit (loc. cit. p. 204) :

« Dans beaucoup de cas le spectre des étoiles présente le même spectre simplifié observé dans le soleil de fer, magnésium et calcium. De plus on a découvert des spectres simplifiés d'autres métaux tels que le titane, le cuivre, le manganèse, le nickel, le chrome, le vanadium et le strontium. A ces métaux supposés simplifiés on a ajouté le préfixe *proto* : par proto-fer, proto-cuivre et proto-nickel par exemple nous entendons les constituants du fer, du cuivre et du nickel, tels qu'ils existent dans le soleil et dans les étoiles les plus chaudes.

« Un proto-élément très important, le proto-hydrogène a été découvert il y a quelque temps par le professeur Pickering de Harvard University dans l'étoile nommée Zéta-Puppis de la constellation Argo. Pickering supposa tout d'abord que les lignes formées par cette substance représentaient un nouvel élément. Mais il put quelque temps après prouver qu'elles font partie d'une nouvelle série de lignes constituant une forme d'hydrogène inconnue sur la terre. Par la suite l'on découvrit dans les étoiles 29 du Grand Chien et dans Gamma d'Argus le même proto-hydrogène.

« Il est intéressant de noter que ce même hydrogène simplifié, ou proto-hydrogène n'existe que dans les étoiles les plus chaudes que l'on connaisse... Si nous acceptons l'hypothèse de la dissociation, ces curieux proto-spectres s'expliquent de façon naturelle, simple et suffisante. Si nous la rejetons nous chercherons en vain quelque autre explication qui puisse coordonner et harmoniser les résultats observés ».

Sir Norman Lockyer divise les étoiles en trois groupes prin-

cipaux d'après les éléments entrant dans leur composition :
(1) étoiles gazeuses, (2) étoiles à métaux, (3) étoiles à carbone, chacune représentant différents degrés de température.
Dans les premières, qui sont les plus chaudes, on trouve
presque exclusivement les gaz suivants : hydrogène, hélium
et astérium, ce dernier gaz jusqu'ici inconnu sur terre.

Dans les étoiles de température moyenne ces gaz sont
remplacés par des métaux à l'état de dissociation où ils
existent dans une étincelle électrique de très haut potentiel,
Dans le troisième groupe, celui des étoiles de basse température, les gaz disparaissent presque entièrement, et les
métaux existent à l'état produit par l'arc électrique, c'est-à-
dire avec un spectre plus compliqué.

Tel est le genre de preuves que nous fournit l'étude des
étoiles. C'est certainement très intéressant. C'est dans les
étoiles les plus chaudes qu'on trouve le moins d'éléments et
ceux-ci augmentent graduellement dans les étoiles les moins
chaudes. De plus, les éléments que l'on rencontre tout
d'abord sont les plus légers (c'est-à-dire ayant le poids atomique le plus bas), et d'une manière générale, ils apparaissent dans l'ordre de leur poids atomique. Les éléments
métalliques apparaissent toujours d'abord à l'état dissocié
ou simplifié, puis dans leur forme normale. Nous avons
donc les faits de laboratoire établissant l'effet dissociant
de la grande chaleur sur les éléments ; et nous possédons
des preuves stellaires tendant à démontrer qu'à mesure que
les étoiles se refroidissent et que les effets désintégrants de
la chaleur diminuent, différents éléments chimiques semblent prendre existence par des combinaisons plus ou moins
complexes de quelque élément primordial, l'hypothétique
« protyle » de Crookes, ou ce qu'il nous a fait connaître dans
la suite comme étant les éléments constituants des rayons
cathodiques, les « corpuscules », ou « électrons » de la science
moderne.

LA DÉSINTÉGRATION DES ATOMES

Les preuves fournies par le spectroscope en ce qui concerne le phénomène de la dissociation, c'est-à-dire la désintégration des atomes des éléments sous l'influence séparative de la chaleur, ont été renforcées par les recherches modernes concernant le radium. Dans ce corps il semble se produire constamment, dans quelques-uns de ces atomes les plus complexes, une désintégration spontanée. On a remarqué dans le thorium, l'uranium et l'actinium des changements analogues que l'on rencontrera encore sans doute dans d'autres éléments. MM. Rutherford et F. Soddy furent les premiers à expliquer l'extraordinaire découverte faite en 1901 par M. et Mᵐᵉ Curie du maintien de la température du radium à environ trois degrés au-dessus de la température ambiante. Ils l'attribuaient à une désintégration spontanée de l'atome de radium et au bombardement de sa substance par les corpuscules et les rayons *alpha* ainsi libérés, se comportant comme de minuscules projectiles, et se mouvant avec une rapidité inconcevable. Ils montraient aussi que parmi les produits de la désintégration il y a, sous forme d'« émanation », des atomes d'une densité comparable à celle de l'hydrogène et de l'hélium.

Dans la suite, Sir William Ramsay et F. Soddy recueillirent ce gaz, ou émanation, dégagé des sels de radium, et voici ce que dit le premier [1] : « Nous avons prouvé que ce gaz, probablement de très grande densité, se dissout à son tour, et qu'environ 7 p. 100 se change en hélium. On ne sait pas encore sûrement ce qu'il advient des 93 p. 100 qui restent. Il nous faut pourtant noter qu'il y a un rapport constant entre la quantité d'hélium que fournit un minéral et le poids de plomb qu'il contient. Il se peut que le plomb forme

1. *The Athenæum*, 10 mars 1906, p. 301.

le produit ultime ou du moins l'un des produits ultimes de la désintégration de l'atome d'émanation. Il a été dit par Debierne, qui l'a découvert, qu'un autre élément radio-actif, l'actinium, produit de l'hélium par la désintégration de l'émanation, ou gaz, qu'il dégage sans arrêt. »

Nous avons ici une preuve réelle de transmutation — réalisation, en un sens, des rêves des alchimistes — par la transformation du radium et de l'actinium en leurs émanations, et de ces émanations en hélium, gaz primitivement découvert dans la chromosphère du soleil, et vingt-huit ans après trouvé sur terre comme produit extrait de la clévéite, un minerai d'uranium dans lequel on le trouve toujours.

On sait maintenant que l'hélium existe dans beaucoup d'étoiles, en particulier dans Capella, Arcturus, Pollux, Sirius, et Véga.

Les changements disruptifs qui se produisent dans les atomes de radium et d'actinium sont des explosions et, ainsi que le dit Sir William Ramsay : « En principe, on peut établir une analogie entre la disruption des molécules d'un composé explosif et la désintégration d'un atome en corpuscules. » On sait qu'à toutes les explosions ordinaires s'adjoint une élévation de température, et comme un processus identique semble se produire sans arrêt dans quelques-uns des atomes du radium, nous avons dans ce fait seul une explication partielle de la production spontanée de chaleur qui causa tant de surprise parmi les chimistes et les physiciens quand ce phénomène fut découvert. On saura bientôt sans doute jusqu'à quel point des phénomènes disruptifs semblables se produisent dans les atomes d'autres éléments. Gustave Le Bon[1] croit qu'ils se produisent dans beaucoup d'autres ; et il considère les « corpuscules » ou « électrons » comme des états intermédiaires entre ce que nous appelons la

---

1. *L'Évolution de la Matière*, Paris, 1905. Le Bon émet cette idée que les électrons sont des « centres de tourbillonnement dans l'éther ».

matière et l'éther hors duquel, d'une façon qui est absolument inconnue, les prétendus différents éléments ont été et sont encore formés pendant le processus d'évolution des nouveaux mondes, — c'est-à-dire dans les étoiles qui se refroidissent graduellement.

CHAPITRE IV

L'ÉVOLUTION ORGANIQUE, CONSÉQUENCE NATURELLE
DE L'ÉVOLUTION INORGANIQUE

Il semble parfaitement clair, d'après ce qui a été dit ici,
que les découvertes scientifiques de ces dernières années
tendent fortement à établir la vérité de la doctrine de l'évolution inorganique, par laquelle, ainsi que le dit le professeur Duncan : « nous voulons dire que les quatre-vingts éléments de matière, environ, que nous connaissons aujour-
d'hui sur la terre n'ont pas été spécialement créées, mais
que, semblables aux plantes et aux animaux, ils se sont
vraiment formés depuis des types de plus en plus simples
jusqu'à un élément réellement simple hors duquel ils ont
tous évolué pendant des éternités passées. » Nous ne pouvons
qu'acquiescer à ses idées quand il ajoute : « Considérée dans
son ensemble, la preuve d'une évolution inorganique des
éléments semble en tous points aussi concluante que la
preuve de l'évolution organique...

« Le géologue, lorsqu'il examine les couches de la terre,
depuis la plus profonde jusqu'à la plus élevée, constate toujours une complexité sans cesse croissante dans les restes
organiques que les roches contiennent... L'astronome, lorsqu'il examine les étoiles, depuis les plus chaudes jusqu'aux
plus froides, constate une complexité toujours plus grande
dans les prétendus éléments qu'elles contiennent. Tous deux
en déduisent une évolution de formes plus simples à de plus
complexes et leurs déductions sont également valides. Il nous

faut accepter l'évolution inorganique. L'évolution organique se mesure par des millions d'années, l'évolution inorganique probablement par des milliards d'années » (p. 212).

La première question qui se pose est celle de la relation entre ces deux processus d'évolution, et surtout celle du point de départ du dernier processus, celui de l'évolution organique.

Examinons d'abord la question à un point de vue très général. Nous avons vu qu'il existe une communauté de nature entre la terre et les myriades infinies d'étoiles ; qu'on trouve chez elles, en quantités variables, les mêmes éléments chimiques que sur la terre, et que ces éléments semblent avoir graduellement évolué dans les étoiles sous l'influence de lois omni-présentes, à mesure que le processus de refroidissement s'est poursuivi. Nous avons, de plus, toute raison de supposer que l'espace est peuplé de myriades de planètes qui nous sont absolument invisibles, de corps qui, pareils à notre terre, ont été produits par séparation d'autres soleils.

Nous savons que dans un passé lointain, lorsque la surface de notre terre s'est refroidie, quand les océans et l'atmosphère se sont formés, des changements chimiques se sont produits et qu'à la fin une nouvelle espèce de synthèse est apparue : synthèse résultant dans la formation de ce que nous appelons « matière vivante ». Les hommes de science ne doutent plus qu'une genèse naturelle de matière vivante se soit produite autrefois quand la surface de la terre fut devenue suffisamment refroidie. Un tel processus ne peut être considéré que comme une continuation et une conséquence du processus d'évolution déjà relaté, qui avait conduit à la genèse des divers éléments chimiques, et des combinaisons de ceux-ci par lesquelles les oxydes, les acides et d'autres composés sont produits.

Toutes les combinaisons en question, qu'elles soient d'électrons, d'atomes ou de molécules simples ou complexes, étant l'œuvre d'influences naturelles et d'affinités naturelles, il est rationnel de supposer que les combinaisons particulières donnant naissance à la matière vivante, au temps voulu, se sont produites dans quantité d'endroits de la surface de la terre, et se sont reproduites aussi longtemps que les circonstances sont demeurées favorables. Qu'est-ce qui a amené ces combinaisons, quelle a été la marche du processus ? Nul ne peut le dire. Mais personne possédant quelque savoir chimique et biologique, ne doute qu'ils aient dû se produire. Et si ce commencement d'évolution organique n'est qu'une continuation, et une suite naturelle de ce qui s'est passé avant ; si, ainsi que nous le disent les astronomes, il doit exister des milliers de soleils possédant des planètes tournant autour d'eux comme notre terre, et parmi celles-ci peut être des milliers chez lesquelles les conditions actuelles sont très similaires à celles qui existent maintenant, ou ont existé, sur notre planète, nous avons le droit de croire que de même que les éléments chimiques simples s'engendrent sans cesse dans des myriades de soleils, de même à travers l'univers il peut y avoir des milliers et même des millions de planètes dans lesquelles la synthèse la plus élevée, celle de la matière vivante, a pu ou peut encore se produire.

Un tel processus, une fois qu'il a commencé sur la terre (il y a peut-être quelques centaines de millions d'années), a été suivi par l'évolution des formes de vie de plus en plus complexes qui ont existé dans les temps passés (formes dont heureusement quelques rares échantillons nous ont été conservés dans les couches successives de la terre), et des formes innombrables qui peuplent encore la terre et l'océan.

Les hommes de science admettent généralement, depuis la grande révolution scientifique opérée par l'œuvre décisive de Darwin, que toutes les diverses formes de vie se sont élevées l'une hors de l'autre par des processus d'évolution. C'est-à-dire, qu'elles ont apparu comme des résultats naturels successifs de l'interaction entre les formes primordiales de matière vivante, et la somme totale des influences, animées ou inanimées, agissant sur elles.

Ainsi, ces multiples formes de vie végétale et animale peuvent être regardées comme les résultats finaux de ces mêmes processus physico-chimiques que nous avons vus à l'œuvre dans tout l'univers. Les physiciens modernes prenant leur point de départ dans l'éther omniprésent (dont l'origine et la nature sont également inconnues) veulent que nous le considérions comme la source dans laquelle et hors de laquelle proviennent les unités primordiales de matière (les électrons). Comment s'assemblent ceux-ci (peut-être d'abord par dizaines, puis par centaines, puis par milliers) pour former les divers éléments chimiques, nous l'ignorons autant que nous ignorons comment se forment ces combinaisons matérielles prodigieusement complexes qui mènent à la production de la matière vivante.

Pourtant le spectroscope nous oblige à croire que les processus qui mènent à la genèse des prétendus éléments chimiques se produisent sans arrêt dans tout l'univers. Et les preuves astronomiques et géologiques combinées nous assurent qu'une genèse de matière vivante a dû se produire à un moment quelconque, dans un passé lointain, alors que la température de la surface terrestre était tombée au-dessous du point d'ébullition de l'eau.

Ainsi, dans la formation des électrons ; dans la formation des quatre-vingt et quelque différents atomes chimiques ; dans la formation des composés chimiques de plus en plus complexes pour finir par ceux que l'on rencontre dans la matière vivante ; et dans la production de toutes les formes de vie qui ont apparu depuis, nous avons une série continue de résultats évolutionnels, auxquels il est plus ou moins impossible de trouver une explication, et pourtant dépendant tous de processus naturels agissant également, ainsi qu'il semble, à travers l'espace et le temps.

Ceci semble être le point de vue naturel et logique par

lequel approcher la question de première importance qui est de savoir si la genèse de la matière vivante se produit ou ne se produit pas sur la terre à l'heure actuelle, processus que nous désignerons désormais sous le nom d'Archébiose.

La question qui a été si souvent discutée dans ces dernières années est celle-ci : Un tel processus s'est-il produit une seule ou plusieurs fois, dans un âge géologique extrêmement éloigné, ainsi que le pensent beaucoup de personnes ? Ou bien, est-ce un processus qui a continué sans cesse à partir du moment où il a commencé, à travers les âges, et qui se produit encore actuellement ?

Nous avons dit plus haut que personne possédant des connaissances chimiques et biologiques suffisantes ne doute maintenant qu'une genèse naturelle de matière vivante se soit produite dans le passé sur la terre. A ce propos, il ne nous faut pas oublier qu'il y a quelques années (1871), Lord Kelvin, adoptant une idée exprimée déjà par un autre physicien célèbre (Helmholtz), compliqua la question en suggérant que la vie avait pu nous être apportée « par des fragments d'un autre monde ». Cette explication, évasive et improbable, nous semble à présent tout à fait à côté de la question, et ainsi que le fit remarquer Sir George Stokes [1] « laisserait inexpliqué le problème de l'origine de la vie ». Cet éminent physicien ajoute : « Je n'ai pas besoin d'insister sur les formidables difficultés qui barrent la route à cette hypothèse, par exemple, l'incandescence superficielle intense produite dans une météorite par son rapide passage à travers l'air, car je ne conçois pas que l'hypothèse ait jamais été sérieusement proposée ».

Quelques astronomes, loin de douter que l'Archébiose se soit produite originellement sur la terre, vont jusqu'à penser que l'on doit trouver de la vie de quelque sorte, même sur d'autres planètes appartenant à notre propre système solaire.

1. *Lectures on Light*, 1892, p. 331.

Citons seulement les propos de H.-H. Turner, professeur
d'astronomie à l'université d'Oxford, propos qu'il aurait tenus
dans une conférence à la Royal Institution en décembre 1906 :
« Toutes les étoiles visibles, à peu d'exceptions près, ont
une température à peu près semblable à celle du soleil, et
par conséquent, sont aussi dépourvues de vie. Mais il peut
y avoir des astres refroidis, tournant autour des étoiles,
comme les planètes autour du soleil, et à ceux-là, l'objection
de la température élevée ne s'applique pas. Quant à savoir si
les planètes sont habitées, l'orateur répondait que, les
preuves faisant défaut, il n'en savait rien, mais qu'il croyait
bien qu'elles l'étaient, parce que, celles-ci étant si semblables
à la terre à tant de points de vue, on pouvait supposer qu'elles
lui ressemblaient aussi en cela. »

CHAPITRE V

QUELQUES OPINIONS MODERNES ET QUELQUES ERREURS DE CONCEPTION ACTUELLES

Si l'on considère les faits rapportés dans les chapitres précédents il n'y a pas plus de raison pour supposer une intervention miraculeuse ou l'exercice d'un pouvoir créateur expliquant l'évolution de la matière vivante dans n'importe quelle partie propice de l'Univers (sur la terre ou ailleurs) que pour expliquer l'apparition d'une espèce quelconque de matière, par exemple l'oxyde magnétique de fer, l'or, ou le radium.

Mais, supposer que la formation de la matière vivante ne s'est produite qu'une fois, ou qu'elle n'a eu lieu qu'au moment où elle fit sa première apparition sur la terre, au lieu d'imaginer que sa production est, et a été un processus se renouvelant sans cesse, c'est simplement, ou peu s'en faut, la considérer comme un processus quasi miraculeux, un quelque chose qui ne se produit pas sous l'influence des lois naturelles. Toutefois le langage dont se servent quelques-uns des principaux partisans de la doctrine de l'Évolution en Angleterre et l'attitude qu'ils prennent, a certainement favorisé cette vue.

Parlant du commencement probable de la vie sur notre globe, Darwin dit [1] : « Je crois que les animaux descendent au plus de quatre ou cinq ancêtres, et les plantes d'un nombre

1. *Origine des Espèces.*

égal ou moindre. L'analogie m'entraînerait un peu plus loin, et me ferait croire que tous les animaux et les plantes descendent d'un seul prototype.

« Il y a de la grandeur dans cette conception de la vie, avec ses différentes forces qui ont été originellement insufflées par le Créateur dans quelques formes ou dans une seule ; et dans l'idée que tandis que cette planète a continué à tourner, conformément à l'immuable loi de gravitation, hors de ce commencement si simple, une infinité de formes, toutes belles et merveilleuses, ont évolué, et évoluent encore. »

Herbert Spencer, naturellement, ne faisait pas appel à une hypothèse créatrice. Il a clairement dit que, pour lui, la matière vivante a dû être le produit graduel ou le résultat de combinaisons matérielles antécédentes. « En langage évolutioniste, a-t-il dit, chaque sorte d'être est conçue comme un produit de modifications, exercées par degrés insensibles sur un être préexistant, et ceci est vrai des commencements de la vie organique aussi bien que des développements ultérieurs de la vie organique. »

Mais quant à la question de savoir si le processus d'Archébiose s'est produit une fois seulement, ainsi que Darwin semble le donner à entendre, ou un peu partout sur la surface de la terre, Herbert Spencer ne s'est pas prononcé de façon définie. Pourtant il semble que la dernière alternative serait un peu plus en rapport avec l'ensemble de sa doctrine. Et il nous semble que nous avons d'autant plus le droit de dire qu'il penchait vers l'idée que l'Archébiose s'est produite de façon multiple à la fois dans l'espace et dans le temps, qu'il n'a pas rejeté l'idée qu'elle peut se produire de nos jours. Admettant « que la formation de matière organique et l'évolution de la vie dans ses formes les moins élevées peut se continuer, avec les conditions cosmiques existantes » ainsi qu'il le dit, il croit « plus probable que la formation de cette matière et de ces formes a eu lieu à un moment où la température de la surface de la terre était à peu près au point où les plus élevés des composés organiques sont instables ».

Les idées de Huxley au sujet de l'Archébiose (dont il parle sous le nom d'Abiogenèse) sont très semblables à celles d'Herbert Spencer, à cette exception près qu'il était plus opposé à l'idée de la production de l'Abiogenèse à l'heure actuelle, et c'est sur ce côté là de la question que je voudrais diriger maintenant l'attention du lecteur.

Pourquoi ces partisans de l'évolution adoptent-ils une idée qui semble impliquer une infraction tout à fait arbitraire à l'uniformité de la nature ?

Huxley et Herbert Spencer croyaient tous deux qu'originellement la matière vivante fut formée par l'action de causes matérielles, c'est-à-dire par le libre jeu d'affinités naturelles opérant dans et sur de la matière ayant déjà acquis un certain degré de complexité moléculaire. Ils croyaient que les formes les plus simples de matière minérale et cristalline continuent à se reproduire comme elles l'ont toujours fait. Plus encore : ils croyaient que la matière vivante originellement commencée par l'action de causes naturelles continue à « croître », chez les formes animales et végétales, uniquement sous des influences semblables ; et pourtant ils se considèrent justifiés en supposant que les causes naturelles ne sont plus capables, actuellement, et sans aide, de commencer cette matière vivante ou protoplasme, ainsi qu'on l'appelle.

Tyndall était dans les mêmes idées. Il affirma de la façon la plus catégorique toute la similitude ultime entre la matière cristalline et la matière vivante ; il prétendit que toutes les différentes structures par lesquelles les deux sortes de matières sont représentées sont également le « résultat du libre jeu des forces des atomes et des molécules » qui les composent. Et malgré cela, lui aussi il voulait nous faire admettre que, alors que des différences de degré de complexité moléculaire, seules, séparent la matière vivante de la non-vivante, les agents physiques qui occasionnent librement la croissance de la matière vivante sont maintenant incapables de causer sa production.

Les opinions de ces quatre chefs de la science en ce qui concerne la question de la génération spontanée influencèrent profondément l'opinion publique, en Angleterre, pendant le dernier tiers du dernier siècle.

Ils furent sans aucun doute influencés, ainsi que beaucoup d'autres l'ont été, tout d'abord par deux considérations générales qui, prises ensemble, semblent avoir beaucoup de poids.

1° D'abord la reconnaissance de la fausseté de certaines vieilles doctrines simplistes concernant la « génération spontanée » et qui avaient prévalu plus ou moins depuis Aristote jusqu'au premier tiers du dernier siècle. Puis le fait que la croyance à ce mode de génération a été successivement refoulée, à mesure que l'on en savait davantage, des plus élevées aux plus basses des formes de la vie, jusqu'à n'être plus admise comme mode d'origine que pour les êtres les plus simples et les plus bas placés a été considéré par beaucoup comme un des plus puissants arguments contre l'origine *de novo* de la matière vivante.

Mais on a ôté à cette objection toute sa force en répondant que l'évolutioniste moderne ne s'attend pas à mieux qu'à obtenir des preuves de l'origine *de novo* des plus petites parcelles « de matière vivante », émergeant graduellement sous forme fluide dans la région du visible qui nous est ouverte par un microscope puissant, et se développant par la suite, en les plus élémentaires des êtres vivants.

2° La seconde considération générale est celle-ci. La formule *omne vivum ex vivo* est supposée tirer son autorité de ce fait que l'expérience de l'humanité en général — compétente ou non — confirme son exactitude.

Mais il est presque inutile de dire que l'observation n'a pas d'utilité dans les régions où elle devient impossible, et par conséquent, que l'observation ne peut pas nous dire si des parcelles auparavant invisibles de matière vivante sont nées de germes vivants nuisibles, ou bien par un processus de genèse indépendant. Ainsi que l'a dit John Stuart-Mill[1] :

« Quoique nous ayons toujours une tendance à généraliser, en nous basant sur l'expérience constante, nous n'avons pas toujours raison de ce faire. Avant que nous puissions librement conclure que quelque chose est universellement vrai parce que nous n'avons jamais observé un exemple du contraire, il nous faut avoir une raison de croire que s'il y avait dans la nature un exemple du contraire, nous en aurions eu connaissance. » Mais c'est seulement en ne tenant aucun compte de cette dernière réserve, d'importance capitale, que « l'expérience passée de l'humanité » a jamais pu sembler justifier la vérité de l'induction *omne vivum ex vivo*. De la matière vivante a pu continuer à se produire, surgir sans cesse, sur toute la surface de la terre, depuis que l'homme a paru pour la première fois ; et cependant, le fait qu'aucun homme n'a jamais vu (et probablement ne verra jamais) une telle genèse ne doit pas jeter l'ombre d'un doute sur la probabilité de son occurrence.

Donc, si puissantes qu'elles paraissent au premier moment, aucune de ces considérations générales ne devrait influencer l'opinion des hommes de science sur la question de savoir si l'Archébiose se produit ou ne se produit pas. Quelque influence qu'elles aient pu avoir en créant une sorte d'atmosphère intellectuelle favorable au doute, il fallait quelque chose de plus pour conduire à une opinion bien définie contre la production de quelque chose pouvant être appelée « génération spontanée ». Ce qui la détermina finalement, ce fut l'idée qui se dégagea des expériences faites au sujet de cette question et surtout les résultats publiés dans le célèbre mémoire de Pasteur en 1862[2].

Jamais Darwin, Huxley, ou Spencer n'entreprirent de

1. *System of Logic*, 6e Ed. vol. I. p. 349.
2. *Annales de Chim. et de Phys.*, t. LXIV. p. 5-110.

recherches expérimentales sur ce sujet, et il est probable que les opinions de Darwin et de Spencer furent largement influencées par Huxley qui, ainsi que le prouva son discours présidentiel à la *British Association*, en 1870, fut de même influencé par les études expérimentales de Pasteur.

En ce temps-là, en Europe et en Amérique, il y avait, sur la foi des résultats et des idées exprimées par Pasteur, une tendance très forte à considérer la « génération spontanée » comme une doctrine absolument intenable.

Elle fut rejetée avec assurance par Pasteur, à ce moment-là, et dans les années qui succédèrent, comme étant une « chimère », et ceci sur des preuves qui ne varièrent pas depuis 1862, jusqu'à la date de ses derniers écrits sur ce sujet en 1877.

L'auteur de ce livre fit ses premières recherches en 1869, et il trouva bientôt des raisons pour mettre en doute la validité du verdict rendu et pour reconnaître le manque de finalité des conclusions de M. Pasteur. Tyndall s'occupa de la question avec beaucoup d'ardeur de 1874 à 1877, mais il n'essaya pas d'attaquer les raisons alléguées par Pasteur contre la production de l'Archébiose.

Par conséquent, jusqu'à ce jour et depuis 1862, l'opposition a été basée sur les faits invoqués par Pasteur dans son travail et dans une controverse que nous eûmes ensemble, et qui aboutit à une commission avortée de l'Académie des Sciences en 1877.

L'assertion que la « génération spontanée » est une « chimère », hautement proclamée par Pasteur, et généralement adoptée, se basait, pour lui, sur trois inductions principales de son œuvre expérimentale, et sur trois corollaires qui en découlaient.

Arrangés par ordre, ils peuvent s'énoncer comme suit :

Induction 1. — Tous les liquides acides protégés restent stériles après avoir été bouillis.

Corollaire. — Les Bactéries, Vibrions et Torules, et leurs germes meurent quand on les porte pendant deux ou trois minutes, en liquides acides, à la température de 100° C.

Induction II. —Quelques liquides neutres ou faiblement alcalins, même quand ils sont préservés de tout contact, fermentent après avoir subi à l'ébullition.

Corollaire. — Certains germes de Bactéries et Vibrions ne sont pas tués quand on les porte, pendant deux ou trois minutes, dans des liquides à la température de 100° C, lorsque ces liquides ont une réaction neutre ou faiblement alcaline.

Induction III. — Tous les liquides neutres ou faiblement alcalins mis à l'abri restent stériles après qu'on les a portés à la température de 110° C.

Corollaire. — Toutes les Bactéries et tous les Vibrions sont tués même dans des liquides neutres ou faiblement alcalins, lorsqu'on les porte pendant quelques minutes à la température de 110 C.

Telles furent les inductions et les conclusions auxquelles le Président de la *British Association* en 1870 donna son approbation. Approbation non qualifiée, puisque ce n'était que par confiance dans les recherches et les idées de Pasteur (tout en ne tenant aucun compte de celles de quelques autres chercheurs) qu'il proclama de la chaire présidentielle que la doctrine *omne vivum ex vivo* était « victorieuse sur toute la ligne ».

Ceci ne peut être considéré comme un verdict impartial. Dans quelques-uns des chapitres suivants, j'aurai peu de difficulté à montrer que la première et la dernière de ces inductions ne sont pas exactes et que le second corollaire n'est ni licite ni exact. Toutefois si je réussis, ce sera l'effondrement de tout le système de Pasteur, bien que jusqu'à la fin il y ait cru, et que ce soit sur sa parole que le monde a généralement accepté cette doctrine que tout ce qui ressemble à la « génération spontanée » est une chimère [1].

1. *La Vie de Pasteur*, par Vallery-Radot, 1902.

DEUXIÈME PARTIE

LES CONDITIONS DU PROBLÈME ET LES MODES D'EXPÉRIMENTATION

CHAPITRE VI

LES CONDITIONS EXPÉRIMENTALES OPPOSÉES AUX CONDITIONS NATURELLES : LEUR NATURE DÉFAVORABLE

Ainsi que nous l'avons vu, la simple observation ne peut pas régler la question de savoir si l'Archébiose se produit ou ne se produit pas actuellement. Si propice que soit le fluide et si puissant que soit le microscope avec lequel nous l'examinerons, toute matière vivante qui pourrait prendre naissance apparaîtrait tout d'abord sous forme de particules ultra-microscopiques, beaucoup trop ténues pour être reconnaissables. Nous aurions des particules qui étaient auparavant invisibles, apparaissant graduellement dans le liquide mis en observation. Ceci est le seul mode de genèse de la matière vivante que l'évolutioniste puisse considérer comme possible.

Il devrait, par conséquent, être évident que l'observation seule ne peut pas résoudre le problème. Il n'existe aucun moyen possible de décider si les parcelles ultra-microscopiques qui deviennent à la fin visibles ont été : *a*) de véritables germes invisibles d'organismes préexistants, ou *b*) s'ils ont pris naissance dans le liquide-mère, comme un résultat de processus synthétiques producteurs de vie.

Puisque l'observation laisse nécessairement le problème en l'état, il faut recourir à l'expérience. Il nous faut donc adopter certaines conditions artificielles et anormales qui, par leur nature même, doivent être considérées comme étant beaucoup moins favorables aux processus aboutissant à la genèse de vie que celles qui existent dans le monde extérieur.

Les conditions expérimentales défavorables sont au nombre de deux. Afin de les débarrasser d'organismes préexistants, les liquides organiques dont on se sert presque toujours pour l'expérience sont soumis à une température qui tend à altérer ou à décomposer partiellement la matière organique qu'ils contiennent. De plus, les liquides expérimentaux sont nécessairement contenus dans des tubes de verre, et ceux-ci sont plus ou moins impénétrables aux rayons ultra-violets ou actiniques, souvent si propres à amener des combinaisons chimiques.

Mais ces grands inconvénients n'existeraient pas sur le rivage de la mer, dans les lacs, les étangs et les fossés. Rien n'empêcherait ces mêmes processus de genèse ou de vie de se produire dans les endroits et milieux propices, tels qu'ils ont dû se produire dans un lointain passé. Penser autrement serait douter de l'uniformité des processus naturels, sans aucune raison ; et cela, alors même que les conditions présentes peuvent être considérées, ainsi que je l'ai indiqué, comme étant beaucoup plus favorables au processus qu'elles ne l'étaient primitivement en l'absence de matière organique dissoute provenant d'êtres vivants préexistants. Le fait que les conditions de la genèse de vie sont tellement plus favorables dans le champ ouvert de la nature que dans nos tubes d'expérience nous met donc dans l'impossibilité de nier sa production actuelle, même si toutes les expériences sévèrement contrôlées donnent des résultats négatifs.

Aucune expérience ne peut être considérée comme valable, si le tube et son contenu n'ont été d'abord soumis à une température capable de tuer tous les organismes vivants préexistants qui peuvent y être contenus. C'est-à-dire si le tube et son contenu n'ont été réduits, autant que possible, à la condition où était notre globe avant que la matière vivante ait pris naissance à sa surface.

Après cette purification initiale par la chaleur, nous avons à nous assurer que le liquide est à l'abri de la contamination extérieure, c'est-à-dire de la contamination par les germes contenus dans l'air.

Ainsi, les désavantages avec lesquels il nous faut compter sont deux : l'effet destructeur du processus initial de purification par la chaleur, et l'exclusion partielle des rayons actiniques par le tube de verre dans lequel le liquide est contenu, rayons qui pourraient être tout-puissants, ou tout au moins d'un grand secours, pour amener les combinaisons en question.

Les erreurs dont il faut se garder sont aussi au nombre de deux. Il nous faut la certitude que la température atteinte est suffisante pour tuer tous les organismes vivants préexistants dans les tubes d'expérience, sans toutefois rendre le milieu impropre à la production de processus futurs pouvant conduire à la genèse de vie. C'est ici la principale difficulté, surtout parce que tant de gens ont de si forts préjugés qu'ils considèrent le problème actuel comme réglé. Si, après le processus de purification, des êtres vivants apparaissent et se multiplient dans les tubes d'expérience, ces mêmes personnes sont invariablement prêtes à attribuer le fait à une survivance de germes préexistants plutôt qu'à une genèse de germes nouveaux.

Il faut aussi s'assurer qu'il n'y a pas eu contamination par des germes atmosphériques après la stérilisation préliminaire, et pendant le temps où les tubes d'expérience sont conservés avant l'examen de leur contenu.

Dans toutes les expériences importantes dont je parlerai dans cet ouvrage, les liquides ont été conservés dans des tubes hermétiquement clos, procédé sur lequel on peut compter, et beaucoup plus sûr que celui des tubes courbés ou des tampons d'ouate dont Pasteur et d'autres se sont servis.

Ceci dit sur la distribution, maintenant tout à fait reconnue, de germes dans l'air et dans l'eau, nous examinerons spécialement et longuement le problème très important des limites de la résistance vitale à la chaleur, de façon à connaître le degré de chaleur réellement nécessaire pour stériliser les tubes d'expériences et leur contenu. Si nous arrivons à des conclusions définies sur ce point, il ne faudra point nous en départir à moins de faits nouveaux et indépendants : une règle évidente, et que l'on a trop souvent ignorée dans le passé.

CHAPITRE VII

LA PRÉSENCE DE GERMES DANS L'AIR ET DANS L'EAU

Il est inutile, ici, de s'arrêter du tout aux spéculations de Spallanzani sur la distribution universelle des germes dans l'atmosphère, et sur les expériences ultérieures faites par Pasteur jusqu'à la publication, en 1862, de son « Mémoire sur les corpuscules organisés qui existent dans l'atmosphère », mémoire où il essayait d'établir une série de faits en conformité avec ces spéculations. Tout d'abord, Pasteur fut tenté de croire avec Spallanzani que les germes existent partout dans l'atmosphère, qu'ils sont en quelque sorte universellement répandus, bien que par la suite il ait considérablement modifié sa doctrine. Sur ce point, il fut obligé d'admettre qu'ils se trouvent probablement par filons ou amas espacés alternant diversement avec des régions sans germes dans l'atmosphère.

On rencontra en plus de ce que l'on supposait être des « corpuscules organisés » d'autres fragments et parcelles étrangères, de la nature la plus diverse. L'espèce, les proportions relatives, et la quantité de ces différents corps solides variaient beaucoup avec la nature de la localité dont l'air était examiné, et aussi avec l'état et la tranquillité de l'atmosphère au moment de l'observation. Ces recherches convainquirent Pasteur que l'air ordinaire contient une quantité considérable quoique variable de corpuscules sphériques ou ovoïdes, dont la forme et la structure lui firent penser qu'ils étaient organisés. Ils variaient depuis la taille la plus petite qui soit appréciable, jusqu'à celle de corps ayant un centième de millimètre de diamètre. On supposa que quelques-uns d'entre eux étaient des spores de champignons. « Mais quant à affirmer, dit Pasteur, que ceci est une spore, bien plus, la spore de telle espèce déterminée, et que cela est un œuf, et l'œuf de tel microzoaire, je crois que cela n'est pas possible. »

Il ne fournit aucune preuve certaine que les corps en question fussent réellement des germes, capables de se développer en une moisissure quelconque, bien qu'il dise dans une note (*loc. cit.*, p. 34) qu'il avait « primitivement essayé de donner cette preuve ». A cette date aussi, Pasteur ne prétendait pas avoir reconnu des Bactéries parmi les corpuscules et autres débris contenus dans l'atmosphère quoique, d'après des preuves indirectes, il les supposât présentes.

Si tel était l'état des choses au moment de la publication du mémoire de Pasteur et dix ans après, il résulte cependant des travaux d'une armée de bactériologistes pendant ces trente dernières années un état de connaissances scientifiques entièrement différent.

Des Bactéries communes ou saprophytes de différentes espèces existent indubitablement dans l'atmosphère sans être pourtant en quantité aussi considérable qu'on le supposait, lorsque les chirurgiens n'opéraient que dans un nuage de vapeur phéniquée.

Leur nombre varie aussi beaucoup selon l'endroit. Il est beaucoup moins grand à la campagne que dans les villes. Il diminue rapidement à mesure qu'on s'élève, ou en mer, à mesure que l'on s'éloigne de la terre. « D'un autre côté, on ne rencontre qu'occasionnellement dans l'air des Bactéries pathogènes. Les résultats pratiques de l'examen de l'air en ce qui concerne les Bactéries pathogènes ont été maigres. Nous savons bien qu'elles doivent se trouver dans l'air à l'occasion, mais à moins d'augmenter exprès leur nombre, il s'en trouve si peu dans le volume d'air relativement restreint qu'il nous est possible d'examiner que nous les rencontrons rarement. Toutefois l'examen de la poussière provenant de salles d'hôpitaux et de chambres de malades a décelé la présence du bacille de la tuberculose et d'autres Bactéries pathogènes[1]. »

On peut en dire autant en ce qui concerne les différentes eaux. Elles contiennent, toutes, diverses espèces de Bactéries. Les eaux les plus pures n'en sont pas exemptes, et les eaux ordinaires de robinet en contiennent en abondance. L'eau de rivière se contamine par l'écoulement sur le sol des eaux après les pluies, et par le contenu des drains et des égouts. Heureusement, les résultats de cette contamination sont rendus moins désastreux par le fait qu'un processus naturel de purification tend à diminuer le mal.

A ce sujet, Park dit (*loc. cit.*, p. 449) : « Il est indiscutable que l'eau de rivière, souillée par les égouts, est considérablement purifiée quelques lieues plus loin par l'apport d'autres eaux, la sédimentation et l'oxydation. »

Mais il n'est pas nécessaire pour la question de l'Archébiose de savoir exactement quelle est la quantité d'organismes existant soit dans l'air, soit dans l'eau. Nous n'avons pas non plus à nous demander combien d'espèces différentes d'organismes se trouvent dans l'air. Dans ces expériences, nous ne trouverons d'une manière générale, dans nos tubes, que différentes variétés de Bactéries et de Torules ou d'autres germes de cryptogames, tels qu'on les voit dans la planche I[2].

Nous savons parfaitement que ces organismes peuvent se trouver en quantité variable dans l'air, ou dans l'eau qui est contenue dans nos tubes d'expérience. De sorte que la purification initiale par la chaleur à laquelle les tubes d'expérience et leur contenu sont soumis, n'a pour but que de

1. Park : *Pathogenic Micro-organisms*. 2ᵉ éd., 1906. p. 448.

2. Dans cette planche, la fig. 1. A représente quelques petites bactéries se développant hors de parcelles infinitésimales, et B des bacilles plus volumineux et colorés, venant d'une infusion de foin.

tuer toutes les formes de vie pré-existantes. Quoique nous essayions autant que possible de les exclure, il est pratiquement impossible, quand nous opérons avec des tubes hermétiquement clos, de dire qu'aucun germe ne s'y trouve. Il nous faut nous efforcer de tuer tous ceux qui s'y trouvent. Avant donc de faire des expériences, il nous faut étudier de très près tous les faits se rapportant à la question de l'influence destructrice de la chaleur sur les différentes sortes de matière vivante et en particulier sur les micro-organismes déjà mentionnés et leurs germes.

CHAPITRE VIII

LES LIMITES DE LA RÉSISTANCE VITALE A LA CHALEUR : PREMIÈRES OBSERVATIONS

Il nous faut considérer à un point de vue très général la très importante question de l'influence destructive de la chaleur sur la matière vivante à cause de l'unité essentielle du protoplasme. Ainsi qu'Huxley l'a dit[1] : « Quadrupèdes et oiseaux, reptiles et poissons, mollusques, vers et polypes sont tous composés d'unités structurales du même caractère, c'est-à-dire, de masses de protoplasme pourvu d'un noyau... Ce qui a été dit des animaux ne s'applique pas moins aux plantes... Le protoplasme simple ou nucléé est la base morphologique de toute vie... Par cela il devient évident que toutes les forces vivantes sont apparentées, et que toutes les formes vivantes ont le même caractère fondamental. » Si donc nous arrivons à prouver que les limites de la résistance vitale à la chaleur pour beaucoup de types différents des domaines animal et végétal, concordent dans des limites relativement étroites, nous aurons fait de notre mieux pour arriver à connaître de façon solide le degré thermique de mort de la matière vivante en général. Ainsi, nous réduirons à néant les formules vagues ou erronées que l'on a fournies sur ce sujet.

Dans le dernier tiers du xviiie siècle il y eut une controverse entre le perspicace et savant abbé Spallanzani et l'Anglais Tuberville Needham sur la question de la « Génération spontanée ». Spallanzani est le seul de son parti

---

1. *Lay Sermons*, p. 126-129.

qui ait voulu envisager sérieusement et complètement, en en faisant le sujet de recherches directes, la question du degré de chaleur qui est fatal à différents organismes. D'autres savants ont plus ou moins confondu cette question avec un problème qui s'y rattache quoique étant distinct, à la question de savoir si certaines infusions peuvent être elles-mêmes des liquides mères et donner naissance à de la matière vivante.

Pasteur, Tyndall et d'autres ont eu la tendance à ignorer complètement cette dernière possibilité, à la considérer comme une « chimère » et comme un problème peu digne d'examen [1]. Il en fut tout autrement pour Spallanzani. Au cours de certaines de ses expériences il avait trouvé des organismes vivants dans des infusions qui avaient été chauffées pendant une demi-heure dans des tubes clos. Et si on ne trouvait aucune raison valable pour supposer que le résultat expérimental devait être expliqué par une « survivance de germes », il confessa qu'il faudrait bien admettre le fait d'une origine indépendante, et sans germes, d'êtres vivants. Cette nécessité fut donc pleinement comprise par Spallanzani. Agissant selon les principes scientifiques les plus évidents, il chercha soigneusement des faits nouveaux par des expériences bien dirigées pouvant le guider et l'aider à conclure au sujet de la question de savoir si les germes d'êtres vivants peuvent ou non résister à l'action de l'ébullition pendant plus d'une demi-heure.

Les résultats furent publiés dans un livre, traduit par Jean Senebier sous le titre d'*Opuscules de Physique Animale et*

---

1. Par exemple, Pasteur dit : (*Compt. Rend.*, 23 juillet 1877, p. 179) : « Dans ces sortes d'études, le résultat positif est celui qui ne donne pas d'organismes, et le résultat négatif est celui où l'on en rencontre. » Le mois précédent, dans une lettre extrêmement positive et dogmatique qui parut dans le *Times* 18 juin 1877, Tyndall écrivait : « Le Dr Bastian dit que deux interprétations de mes faits peuvent également être admises. Il se trompe ; il n'y a qu'une interprétation possible. Une interprétation qui est en opposition avec toute la science précédemment acquise n'est pas une interprétation. »

Végétale (Genève, 1767). Nous citerons d'après cette traduction. Spallanzani abordait la question de la manière suivante : « Peut-on, disait-il, trouver des faits de nature à éloigner, ou tout au moins à diminuer la répugnance naturelle à chacun à admettre que les germes d'animalcules de l'ordre le plus bas, ont le pouvoir de résister à l'action de l'eau bouillante ? Si nous raisonnons d'après les germes et les œufs des animaux que nous connaissons, nous est-il difficile d'imaginer des animalcules possédant cette particularité ? Il est vrai que nous ne connaissons aucun œuf possédant ces propriétés. J'ai déjà étudié le sujet dans le chapitre ix de ma Dissertation. Je montre là comment différentes sortes d'œufs d'insectes (sans parler des œufs d'oiseaux) meurent à une température inférieure à celle de l'eau bouillante. J'ai montré aussi que des graines de plantes sont détruites quand elles sont exposées à la chaleur de l'eau bouillante, et que même celles dont l'enveloppe est la plus épaisse, ne sont pas épargnées. »

Puis il dit que n'ayant pu jusqu'ici faire ses observations que sur un nombre restreint d'œufs ou de graines, il y avait des chances pour que des observations plus étendues en fissent connaitre de capables de résister à cette influence généralement destructrice. Il dit qu'il n'a jamais perdu cet espoir (surtout en ce qui concerne les graines, depuis qu'il a lu une note de Duhamel disant que des grains de froment ont germé après avoir été chauffés dans un poêle à une température au-dessus de celle de l'eau bouillante[1].

Et comme il existe une grande ressemblance entre les graines et les œufs, Spallanzani fut conduit à espérer que les œufs ou les germes des organismes qui apparaissent dans des liquides préalablement bouillis, peuvent posséder quelque

---

1. Selon toute probabilité, à l'état sec. Mais chacun sait que les graines et les animaux inférieurs desséchés peuvent résister à l'influence de la chaleur bien mieux à l'état sec que lorsqu'ils sont mouillés : et c'est des effets de la chaleur sur la matière vivante humide que nous nous occupons, car dans nos expériences, nous aurons toujours affaire à de la matière vivante exposée à l'humidité.

chose de cette extraordinaire faculté de résister à la chaleur. Il fut donc incité à entreprendre des observations nouvelles sur les œufs et les graines fraiches en général, dans le but, d'une part, de découvrir directement la température fatale à chaque espèce, d'autre part, de découvrir si ces œufs, ces graines, sont capables de résister à une température plus élevée que les animaux ou les plantes qui les fournissent.

Pour l'exécution de ces recherches, Spallanzani adopta la méthode suivante (loc. cit., p. 53) : Il plaçait les œufs, graines ou organismes dont il se servait pour ses expériences dans un tube contenant de l'eau froide à la partie supérieure de laquelle était immergée la cuvette d'un thermomètre. On chauffait l'eau lentement, et quand le thermomètre indiquait que la température dont on voulait observer les effets était atteinte, on retirait immédiatement les œufs, graines et organismes, et on les plaçait dans les conditions voulues, dans un autre récipient où l'on pouvait observer ce qu'ils allaient devenir. On put ainsi observer les effets des différents degrés de chaleur sur les sujets de l'expérience ; et la température dans les épreuves successives différa la plupart du temps de celle qui avait été employée auparavant d'environ 7° C.

Nous parlerons seulement de quelques-uns des résultats obtenus par Spallanzani. Des œufs de ver à soie et des œufs de papillon de l'orme se développèrent d'autant moins qu'ils étaient exposés à une chaleur plus voisine de 62° C.

Quand ils étaient soumis à cette température, ils mouraient tous. On ne dit pas quelle est la plus haute température après l'action de laquelle il y ait eu développement.

Les vers à soie eux-mêmes ainsi que les chenilles mouraient tous, dès que l'eau dans laquelle ils étaient plongés atteignait 42° ou 43° C. Les œufs de la mouche commune ne se développaient aussi qu'en très petite quantité lorsqu'ils eurent été portés à la température de 56° ; à 60° C tous mouraient. Les larves nées des œufs mouraient comme celles des vers à soie et de la mouche dès que la température de l'eau

atteignait 42° ou 43° C. Certains organismes aquatiques tels
que les sangsues, les Nématodes, et d'autres vers. avec les
puces d'eau, moururent vers 43° ou 44° C.

On fit d'autres expériences avec des graines de pois chiche,
de lentille, de froment, de lin et de trèfle. On procéda de
la même façon, de sorte qu'on n'exposait que momentanément les graines aux températures qui vont être citées. De
celles qui furent portées à 87°-88° C, beaucoup ne germèrent
pas ; une quantité encore plus minime de celles qui avaient
été portées à 93° C produisit de jeunes plantes, aucune de
celles qui furent chauffées à 100° ne germa. Quand les jeunes
plantes qui s'étaient développées hors de graines chauffées
aux températures les plus basses eurent atteint le treizième
jour, on éprouva leur capacité de résistance à la chaleur de la
façon décrite (c'est-à-dire en plongeant simplement les racines
des plantes dans de l'eau, dont on élevait la température). On
obtint les résultats suivants. Celles dont les racines avaient
été momentanément exposées à 68° C continuaient à vivre
après avoir été replantées. Celles dont les racines avaient
été exposées à 75° et au-dessus, séchèrent rapidement et péri-
rent, quoique ayant toutes été soigneusement replantées dans
de la terre bien arrosée. Ici, la méthode de Spallanzani était
défectueuse : dans chaque cas, la totalité de la plante eût dû
être plongée dans l'eau ; et si cela avait été fait elles seraient
probablement mortes à des températures beaucoup plus
basses, ainsi que Sachs l'a montré depuis.

Ce dernier nous dit[1] : « Je me suis assuré que beaucoup de
plantes sont tuées par une immersion de dix minutes seulement dans de l'eau à 45° ou 46°. »

Ainsi les recherches de Spallanzani lui apprirent trois
choses : 1° que les œufs peuvent supporter une température
supérieure à celle que peuvent supporter les organismes
adultes de même espèce ; 2° qu'il existe chez les graines et

____

1. *Text-Book of Botany*, trad. angl. 1875, p. 650.

les plantes une différence analogue, quant à leur capacité de résistance à la chaleur, 3° que les graines et les plantes peuvent supporter une température plus élevée que les œufs et les animaux respectivement.

En cherchant une explication à ces résultats, il abandonna vite, ainsi que Burdach le fit plus tard, l'idée absolument improbable que la petitesse du germe ou de l'œuf peut être une sauvegarde, en le rendant insensible à l'influence de la chaleur. Il pensait plutôt que la puissance de résistance plus forte des graines et des œufs, comparée à celle des organismes dont ils procédaient, était due à la simplicité de l'embryon contenu dans la graine ou dans l'œuf. Il se demande aussi, si le fait que cette vie est « si petite et si faible » étant une « vie qui mérite peu le nom de vie » n'est pas la raison pour laquelle les graines et les œufs sont capables de résister à la chaleur tellement mieux que les organismes développés. Il avance des raisons tendant à appuyer cette idée. Il croit que la même explication peut être appliquée à la tolérance plus grande, à l'égard des effets nuisibles de la chaleur, chez les graines et les plantes, comparée à celle que l'on constate chez les œufs et les animaux.

Cette ténacité de vie plus grande chez les graines est due en partie seulement à ce que les enveloppes extérieures de la plupart des graines sont plus dures que celles des œufs. Pourtant les enveloppes de quelques graines qui ne meurent qu'à la température de 100° C ne sont pas plus dures que l'enveloppe d'un œuf qui meurt néanmoins à la température beaucoup plus basse de 60° C. Or Spallanzani explique cette différence par ce fait que les œufs contiennent des liquides en bien plus grande abondance que les graines.

Ce dernier argument de Spallanzani suggère cette idée que s'il fallait une température très élevée pour tuer les graines avec lesquelles il expérimentait, c'était seulement à cause de leur état de sécheresse. Si l'on avait préalablement bien trempé les graines dans de l'eau froide ou mieux encore dans de l'eau tiède de façon à ce qu'elles fussent tout à fait imbibées, n'eût-il pas suffi d'une température bien plus basse pour les tuer, c'est-à-dire de 60° C environ, température qui détruit les germes animaux moins secs ?

On sait fort bien que des graines de plantes recouvertes d'une enveloppe épaisse et dure peuvent germer — surtout après une période de dessiccation prolongée — même après avoir été longuement bouillies.

Pouchet a prouvé que tel est le cas pour une espèce américaine de Médicago. Quelques-unes des graines étaient complètement désorganisées par l'eau bouillante, mais quelques-unes restaient intactes, et ce sont celles-là qui germaient ensuite. Elles avaient été protégées contre l'influence de l'eau bouillante par leurs enveloppes très sèches et dures.

Jeffries Wyman rapporte des faits de même genre. Il a fait aussi remarquer l'action plus lente de l'eau froide comparée à celle de l'eau tiède, dans l'imbibition des graines séchées d'autres légumineuses. Quand ces graines ont été préalablement mouillées, il suffit, dit-il, de les exposer très peu de temps « à l'action de l'eau bouillante pour les tuer uniformément ». Il ajoute : « Tous les organismes dont nous nous occupons, toutefois, ne sont point protégés ainsi. Ce sont de simples parcelles, ou fragments de protoplasme qui sont nus, ou ne possèdent qu'une très mince enveloppe. » — Il s'agit ici des germes de Bactéries et de Champignons dont nous nous servirons dans nos expériences sur la genèse de la vie.

Ainsi Spallanzani ne put pas prouver qu'aucune chose vivante, œuf ou grain, fût capable de résister, dans l'état d'humidité, à l'action de l'eau bouillante pendant un seul moment.

Et pour ne pas accepter les conclusions de Needham, il fut obligé de se rabattre sur deux suppositions :

a) Que les germes inconnus, dont il supposait l'existence, étaient plutôt de la nature des graines que de celle des œufs,

étant supposés capables de supporter impunément la dessiccation, et possédant ainsi un pouvoir plus grand de résistance
à la chaleur ; et *b*, que quoiqu'on ne pût prouver qu'aucune
graine fût capable de résister à l'action de l'eau bouillante,
ces germes inconnus, analogues aux graines, pourraient bien,
pour leur part, en être capables.

Mais Burdach eut plus de sagesse quelques années plus
tard, quand, parlant des germes inconnus à l'existence
desquels on voulait croire aussi en son temps, il disait :
« Les dit-on trop petits pour être aperçus, c'est avouer qu'on
ne peut rien savoir de leur existence... Croire que partout où
l'on rencontre des infusoires, ils ont été précédés d'œufs
c'est donc admettre une pure hypothèse, qui n'a d'autre
fondement que l'analogie... Si c'est seulement par l'analogie qu'on suppose des œufs chez eux, il faut accorder à ces
œufs des propriétés semblables à celles de tous les œufs
connus : car ce serait jouer sur les mots que de supposer
qu'ils en ont de particulières à eux seuls[1]. »

1. *Traité de Physiologie*, t. I.

CHAPITRE IX

LES LIMITES DE LA RÉSISTANCE VITALE A LA CHALEUR
OBSERVATIONS RÉCENTES

Jusqu'ici nous nous sommes occupés de l'action de la chaleur sur la matière vivante, lorsqu'elle est appliquée soudainement d'une façon inaccoutumée. Ceci est le mode d'application dont nous avons surtout à nous occuper ; puisque, pour interpréter les expériences sur la question de l'origine de la vie, nous voulons connaître les effets de la grande chaleur soudainement appliquée à des organismes ou à leurs germes qui ont été habitués aux températures atmosphériques et aquatiques ordinaires. D'un autre côté, il faut remarquer que l'on a observé des conferves, et d'autres organismes inférieurs, vivant dans des sources chaudes à une température relativement élevée. Toutefois le degré de chaleur le plus élevé dont on soit assuré est encore à quelques degrés au-dessous du point d'ébullition de l'eau. Jeffries Wyman[1] a recueilli et étudié avec soin les diverses observations faites sur ce sujet. Les plus hautes températures citées où l'on ait trouvé des conferves ou des organismes analogues et que l'on puisse accepter avec confiance sont énumérées par lui ainsi : « Les faits que nous avons cités donnent la preuve satisfaisante de la vie de plantes dans des eaux de température différente aussi élevée que : 76° C (Hooker, à Sorujkund) ; 79° (Capitaine Strachey au Thibet) ;

---

1. *American Journal of Sciences and Arts*, vol. XLIV. Sept. 1867.

85° (Humboldt à la Trinchera) ; 93° (Dr Brewer en Californie) et 98° (Decloizeaux en Islande).

Ne possédant pas de donnée pour contrôler ces observations, il nous faut les accepter, en attendant, comme correctes, et comme prises avec tout le soin voulu. Il nous faut pourtant ajouter que Max Schultze [1] et F. Cohn ne semblent pas être entièrement satisfaits par quelques faits du même genre. Ces exemples, s'ils sont exacts, peuvent être considérés comme des exemples de la plus haute température que puisse supporter un organisme vivant, jour après jour, semaine après semaine, même lorsqu'il a été accoutumé très graduellement à l'influence de la chaleur.

Le véritable point de vue auquel il faut se placer pour examiner de tels faits a été indiqué par le professeur Wyman, quand il a dit : « S'étant adaptés à travers une longue série d'années au milieu ambiant, il est probable que ces organismes vivent dans les circonstances qui sont le plus favorables à l'entretien de la vie à une température élevée. C'est un fait physiologique bien connu que les organismes vivants peuvent être lentement transférés dans un milieu nouveau, et entièrement différent sans en ressentir aucun mal. Mais si le changement se produit brusquement, ils meurent tous.

« Au cours des expériences faites dans nos laboratoires, le changement de conditions est relativement violent et par conséquent capable de détruire la vie par sa soudaineté. »

Nous avons vu par les expériences de Spallanzani, et nous verrons à présent, par des recherches plus récentes de même nature, qu'une température considérablement plus basse que celle des sources chaudes dont nous avons parlé, suffit à tuer presque toute matière vivante qui n'a pas été préalablement accoutumée à l'influence de la chaleur.

Ainsi Pouchet [2] a trouvé que toutes les espèces d'infusoires ciliées qu'il a observées meurent vers 55° C.

1. *Das Protoplasma*. Leipzig, 1863, p. 67.
2. *Nouvelles Expériences*, etc., 1864, p. 38.

En contrôlant cette observation, j'ai trouvé qu'il suffisait toujours d'exposer pendant très peu de temps à cette même température les Amibes, Monades, Euglènes, Desmidiées, Rotifères, et Nématodes, pour les tuer.

Je n'ai pas recherché quelle est la température la plus basse qui donne la mort à ces organismes. Spallanzani a pourtant remarqué que beaucoup d'organismes du même groupe meurent à une température d'environ 42°-45° C. Max Schultze et Kühne, (étudiant en partie la même question) fixèrent dans la suite le degré de chaleur fatal à ces organismes à 40° ou 45° C.

Le protoplasme entrant dans la formation des tissus des animaux plus élevés, non seulement meurt à un point thermique inférieur au plus élevé des deux chiffres que nous venons de citer, mais de plus, il se coagule, et présente ce que Kühne appelle « la rigidité thermique ».

Max Schultze et Kühne ont remarqué aussi que le protoplasme des cellules végétales avec lesquelles ils ont opéré, (appartenant aux genres Urtica, Tradescantia et Vallisneria) est de même tué et altéré lorsqu'on l'expose peu de temps à une température maxima de 47-48° C environ.

Les recherches qui précèdent ne doivent être considérées que comme les préliminaires nécessaires et explicatifs relatifs au problème que nous allons maintenant aborder.

Il nous faut maintenant fixer : 1° la limite de résistance à l'état humide des Bactéries et Torules, 2° le problème plus difficile de la résistance à la chaleur dans les mêmes conditions des germes des Bactéries et des Champignons avant et après avoir subi la dessiccation.

Les Bactéries et Moisissures (telles qu'on les voit dans la planche I) sont en effet les organismes qui apparaissent le plus volontiers dans nos tubes d'expérience, et ceux dont nous essayons de comprendre l'origine.

LE POINT DE MORT THERMIQUE DES GERMES DES BACTÉRIES ET DES CHAMPIGNONS A L'ÉTAT HUMIDE

On sait à présent de façon certaine qu'il existe certains liquides qui, après avoir été bouillis, ne semblent jamais donner naissance à des Bactéries, quoiqu'ils continuent à être parfaitement aptes à entretenir la vie, et à favoriser la multiplication des organismes qui peuvent, dans la suite, y être ajoutés. Parmi ces liquides je citerai seulement celui qui est connu sous le nom de « Solution de Pasteur », et un autre beaucoup plus simple, dont je me suis souvent servi, et qui consiste simplement en 10 grains (0 gr. 650) de tartrate d'ammonium neutre, et de 3 grains (0 gr. 195) de sulfate de sodium neutre pour une once (30 c.c.) d'eau distillée. Quand des portions de ces liquides sont bouillies dans des récipients préalablement flambés, elles restent claires pendant des jours et même des semaines. Même lorsque le col étroit des récipients qui les contiennent reste ouvert, les liquides ne deviennent pas toujours troubles, et à l'examen microscopique on ne découvre à l'intérieur aucune Bactérie.

Pour prouver que ces liquides sont encore un milieu favorable à la multiplication des Bactéries, il suffit simplement d'y plonger une baguette de verre préalablement trempée dans un liquide contenant de ces organismes. Environ trente-six heures après (la température étant toujours à peu près de 27° C, le liquide qui était jusque-là demeuré clair, s'obscurcit et se trouble grâce à la croissance et à la multi-plication rapide des Bactéries, que révèle un examen au microscope.

Burdon-Sanderson[1] a montré que des faits de ce genre se produisent pour la « solution de Pasteur», bouillie, même

1. *Thirteenth Report of the Medical Officer of the Privy Council* (1871), p. 59.

quand elle est exposée librement à l'air ; je les ai constatés avec mes solutions de tartrate d'ammonium.

Si toutefois on prépare une infusion de navet, et qu'après l'avoir filtrée on la fait bouillir et on la verse dans un flacon surchauffé, et si on la laisse à côté de la solution de tartrate d'ammonium à la température de 27-32° C environ, on constate bientôt entre les deux liquides une différence considérable. Tandis que le dernier reste clair, l'infusion de navet presque toujours devient trouble au bout de deux ou trois jours grâce à la présence et à la multiplication de milliers de Bactéries.

Toutes les expériences rapportées dans ce volume ont été entreprises en vue de jeter de la lumière sur la raison de cette attitude différente de l'infusion de navet et des liquides qui se comportent de la même façon. Il est clair que tous deux sont des liquides *nutritifs* puisque nous constatons que les Bactéries sont capables de naître et de se multiplier dans chacun d'entre eux. Ce que nous voulons savoir est ceci : l'infusion de navet et les autres liquides qui se comportent de façon semblable, sont-ils aussi des liquides *générateurs*, c'est-à-dire des liquides capables, après avoir subi l'ébullition, de donner naissance à des parcelles de matière vivante qui prennent rapidement la forme de Bactéries ou de Torules. Jusqu'ici nous n'avons pas trouvé de preuves qu'un organisme vivant puisse survivre après avoir été exposé, même pendant peu de temps, à l'influence de l'eau bouillante, de sorte que le problème est légitime.

Ainsi que nous l'avons vu (p. 50, note) Pasteur et Tyndall ont tous deux absolument rejeté cette dernière possibilité. Dans son mémoire célèbre, publié en 1862, un des buts principaux de Pasteur était de déterminer si la fermentation peut ou ne peut point se produire sans l'intervention d'organismes vivants qu'il considérait à ce moment (contrairement à beaucoup de chimistes) comme étant les seuls vrais ferments. Dans les chapitres iv et v de son mémoire, il rapporte des expériences dans lesquelles il ajoutait à des liquides de la poussière filtrée de l'atmosphère, contenant, ainsi qu'il le savait bien, une grande quantité de ce que ceux qui n'étaient point de son avis considéraient comme du ferment non vivant (de la matière organique simple) alors que *peut-être* il y avait des Bactéries vivantes ou leurs germes; car à cette époque on n'en avait point découvert de façon certaine dans l'atmosphère. Expliquant le résultat de ses expériences, Pasteur croyait suivre une méthode scientifique et logique, en attribuant les résultats fertilisants obtenus à l'action d'éléments (Bactéries) existant peut-être dans le composé ajouté au liquide. Il ne tenait aucun compte de l'autre élément (matière organique simple) qui était certainement présent en quantités relativement grandes.

Comme un écrivain de talent l'a dit dans un article sur « La Théorie des Germes et la Génération Spontanée » dans la *Contemporary Review* d'avril 1877 : « Si l'on prend comme point de départ l'exactitude de la théorie des germes, c'est la chose du monde la plus simple que de fixer le point thermique de mort des germes des Bactéries. Si la vie apparaît dans un liquide qui les a reçus, il suffit de dire tout de suite que le phénomène est dû à des germes, et que la chaleur n'était pas suffisante pour les tuer. Si, d'un autre côté, le liquide reste stérile après que les germes ont été ajoutés, il s'ensuit que la chaleur les a tués. Pour vérifier la validité de la théorie des germes, il est évident qu'on ne peut admettre un seul instant une telle *petitio principii,* et pourtant c'est seulement sur ce raisonnement délicieusement naïf que Pasteur appuyait sa théorie de la résistance vitale des germes bactériens. Il découvrit qu'un ou deux liquides acides dont il se servait ne se putréfiaient pas après avoir été portés au point d'ébullition, et il en conclut (jusque-là assez légitimement) qu'aucun germe ne pouvait (dans ce liquide) supporter la température de 100° C. Il découvrit aussi que deux ou trois liquides neutres ou faiblement alcalins se putréfiaient après ébul-

lition, et qu'ils ne le faisaient pas si on les portait à 110°
ou même 105° C. Là-dessus, il affirma tout droit que la putréfaction ne pouvait se produire sans germes, et déclara que
les germes chauffés dans ces liquides non acides pouvaient
supporter sans mourir une température de 100° C, quoiqu'ils
mourussent à une température légèrement supérieure.

« Naturellement la conclusion était oiseuse alors que la
théorie des germes était encore en question ; et il restait à
découvrir une méthode indépendante pour fixer le point
thermique de mort, s'il était possible de le fixer du tout. »

En 1871 j'essayai pour la première fois de fixer exactement le degré auquel meurent les Bactéries, lorsqu'on les
chauffe dans une solution nourricière de tartrate d'ammonium et de phosphate de sodium. Les détails du mode d'expérimentation ont été donnés ailleurs [1]. Il suffit d'indiquer
ici que des flacons de ce liquide, inoculé avec une goutte
d'un liquide analogue, rempli de Bactéries, furent chauffés
pendant environ dix minutes à des températures variant de
50° à 75° C. Ces liquides, renfermés dans des tubes hermétiquement clos, furent maintenus ensuite à la température
d'environ 32° C.

Les résultats furent ceux-ci : les contenus des flacons
qui avaient été chauffés à 50° ou 55° commencèrent à prendre
une teinte opaline dès le premier ou le second jour; deux
ou trois jours après, chaque liquide devint tout à fait
trouble et opaque, grâce à la présence et à la multiplication
de myriades de Bactéries, et de Torules en nombre moins
considérable. Mais les liquides exposés aux températures
plus élevées de 60° C et plus n'étaient absolument pas troubles.
On ne remarqua non plus aucune diminution de transpa-
rence dans les liquides tant qu'ils furent tenus en observation,
c'est-à-dire pendant une période de douze ou quatorze jours.

1. *Modes of Origin of Lowest Organisms*, 1871, p. 51-56.

On ne pouvait tirer qu'une seule conclusion de ces expériences, toutes faites dans des conditions similaires, excepté en ce qui concerne le degré de chaleur auquel étaient soumis les liquides inoculés, étant donné que les organismes étaient contenus dans un liquide que l'on savait être très favorable à leur naissance et à leur multiplication. Si les liquides inoculés qui ont été chauffés à 50° et à 55° C pendant dix minutes deviennent troubles au bout de quelques jours, évidemment les organismes n'ont pu être tués par une exposition à la chaleur de la durée en question, tandis que si des liquides similaires, inoculés de façon semblable, et portés à la température de 60° et au-dessus restent stériles, leur stérilité ne peut s'expliquer que par la supposition que des multitudes de Bactéries et de Torules, introduites dans les solutions nutritives, ont été tuées pour avoir été exposées à ces températures. Ainsi il fut prouvé que 60° C est le point thermique où les Bactéries et les Torules trouvent la mort.

A peu près au même moment le baron Liebig arrivait à la même conclusion en ce qui concerne les Torules. Il dit[1] : « Une température de 60° C tue les cellules de levure. Après avoir été exposées à cette température dans l'eau, elles ne subissent plus la fermentation et n'occasionnent pas la fermentation dans une solution sucrée..... Pareillement la fermentation active dans un liquide sucré est arrêtée quand le liquide est chauffé à 60° C. et ne reprend pas lorsque le liquide est refroidi. »

L'année suivante, Cohn et Horwath firent des expériences presque semblables aux miennes en ce qui concerne la température où meurent les Bactéries. Ils ne s'occupèrent point des Torules. Il ne semble pas qu'ils aient été au courant de mes expériences antérieures. Toutefois, ils arrivèrent à des résultats presque semblables, d'après ce que dit Cohn[2], dans

1. Traduction d'un mémoire sur la « Fermentation Alcoolique » dans le *Pharmaceutical Journal*, 30 juillet 1870, p. 81.

2. *Beiträge zur Biologie der Pflanzen*, 1872, p. 219.

le passage suivant : « Ces expériences prouvent sans exception, qu'aucune Bactérie ne se développe dans les flacons conservés à une température de 60 ou 62° C pendant une heure, et que le liquide contenu reste clair ; d'un autre côté, des flacons contenant un liquide bactérien qui avait été chauffé seulement à 50° C ou 40° C, se troubla en raison de la multiplication de Bactéries, au bout de deux ou trois jours environ. »

En 1873, je repris le sujet, afin de savoir de façon certaine si les bactéries mourraient précisément à la même température dans les infusions organiques, et dans les solutions salines neutres.

Il y avait une difficulté. Comment opérer avec des liquides qui ne seraient pas « générateurs » en même temps que « nutritifs » ?

Sur ce point une indication avait été obtenue deux ans avant en recherchant le degré thermique mortel dans la solution saline. La voici[1] : « Si l'on monte sur la même lamelle quoique sous des couvre-objets différents des gouttes d'infusion de foin remplies de Bactéries (a), sans être chauffées (b), après que le liquide a été porté à 50° C pendant dix minutes, et (c) après que le liquide a été chauffé à 60° C pendant dix minutes, on trouvera au bout de quelques jours que les Bactéries en a et b se sont considérablement accrues ; mais celles en c n'augmentent pas, si longtemps que l'on conserve la préparation. » On observa des faits similaires, à cette époque, en opérant avec une infusion de navet et un liquide salin neutre impur. La multiplication des Bactéries, sous le couvre-objet, quand elle se produit, est visible à l'œil nu grâce à l'opacité croissante du liquide.

En c il semblait prouvé qu'il n'y avait aucune génération. Gruithuisen remarqua, au commencement du siècle dernier, que beaucoup d'infusions, qui autrement étaient produc-

1. *Modes of Origin of Lowest Organisms*, 1871, p. 60.

trices, cessaient de l'être quand on les versait bouillantes dans un tube de verre, et quand celui-ci était rempli au point que le bouchon touchait le liquide. Le mode d'expérimentation me devint facile, quand j'eus moi-même contrôlé la vérité de cette assertion, et que je me fus assuré que, dans de telles conditions, les infusions de foin et de navet n'agissent que comme liquides « nutritifs ». Les détails complets de la méthode adoptée sont donnés dans *The Proceedings of the Royal Society* (mars 1873, pp. 226-232). Il suffit de dire ici que les infusions de navet et de foin furent bouillies dix minutes et qu'après qu'elles se furent refroidies elles furent inoculées avec une infusion de foin pleine de Bactéries, dans la proportion d'une goutte pour 30 centimètres cubes de liquide. Ce liquide fut alors versé dans un matras stérilisé placé sur un bain de sable et le liquide contenu (dans lequel un thermomètre était plongé) fut porté graduellement à la température voulue, et maintenue à celle-ci cinq minutes. Les flacons (de 30 grammes) et les bouchons étaient stérilisés. Les premiers furent remplis jusqu'au bord, et les bouchons solidement enfoncés. Les flacons remplis d'infusions inoculées chauffées à différents degrés, furent maintenus dans la suite à une température oscillant entre 19° et 24° C. Les résultats des 102 expériences faites alors avec des infusions de foin et des infusions de navet, acido-neutres, furent résumés en deux tableaux (*loc. cit.*, p. 230) qui mènent aux conclusions suivantes :

« Les résultats expérimentaux résumés ci-dessus sous forme de tableau peuvent se diviser en trois groupes.

« Lorsqu'elles sont chauffées à 55° C environ seulement, toutes les infusions deviennent troubles en deux jours, exactement comme les solutions salines inoculées. Chauffées à 70° C, toutes les infusions organiques inoculées restent claires, ainsi que cela avait été le cas pour les solutions salines dans mes premières expériences, quand elles étaient chauffées à 60° C. Toutefois, lorsqu'on les expose à une température intermédiaire, oscillant entre 60° et 70° C. les infusions organiques inoculées sont aptes à se troubler plus lentement, quoique les solutions salines inoculées portées à cette même température restent invariablement claires. »

Il fut parlé de la cause de cette différence, plus tard dans une autre communication à la *Royal Society*. Il est inutile de s'occuper maintenant de cette question, puisqu'il est à présent généralement admis par les bactériologistes que les Bactéries et les Torules à leur état d'activité, telles qu'on les trouve naissant et se multipliant dans les liquides, sont invariablement tuées par une brève exposition à des températures entre 60°-70° C et presque toujours plus près de la première que de la seconde de ces limites.

En outre, à part les Bactéries et les Torules, les organismes qui peuvent se trouver parfois dans les tubes d'expérience portés à de bien plus hautes températures sont des Moisissures ordinaires. Sachs[1] dit de ces derniers : « Le résultat des 94 expériences faites avec tous les soins possibles par Tarnowski, est que les spores du *Penicillium glaucum* et du *Rhizopus nigricans*… chauffées dans leurs liquides nourriciers, perdent néanmoins leur pouvoir de germination à 54° ou 55° C ».

Jusqu'ici donc, des diverses recherches expérimentales relatives à la question de la « résistance vitale » à la chaleur ont donné des résultats remarquablement concordants. Il y a toutefois un autre côté à la question, dont nous nous occuperons dans un autre chapitre avant de pouvoir discuter la question de savoir si, en plus des liquides simplement « nutritifs », il en est vraiment de « générateurs », dans lesquels surgissent *de novo* des germes de Bactéries, de Torules et de Moisissures.

1. *Text-Book of Botany*, 1875, p. 651.

CHAPITRE X

LES LIMITES DE LA RÉSISTANCE VITALE A LA CHALEUR ;
CONCLUSION

Au commencement du précédent chapitre, j'ai dû parler
d'un groupe exceptionnel d'organismes — les conferves vivant
dans les sources chaudes — qui sont capables de continuer
leurs très simples processus vitaux à une température fatale
à presque toutes les autres formes de vie. J'ai à parler
maintenant d'un groupe exceptionnel de Bactéries, dites
« Bactéries Thermophiles » qui, elles, sont capables de continuer leurs très simples processus vitaux à une température
qui serait certainement fatale à beaucoup de leurs semblables. On ne connaît bien ces organismes que depuis les
dix dernières années. Nos connaissances les plus complètes
en ce qui les concerne résultent de deux mémoires de
MM. Macfadyen et Blaxall[1]. Ils disent que leurs recherches
les ont conduits à conclure « qu'il y a dans la nature un
groupe à distribution très étendue d'organismes dont la
température de croissance optima se trouve entre 55° et 65° C.
Quatorze formes différentes ont été étudiées et décrites par
ces savants. Ce sont toutes des Bacilles immobiles pour la
plupart, et vivant principalement à la surface et dans les
couches profondes du sol, dans la boue de la Tamise, dans
l'eau d'égout, dans les intestins de beaucoup d'espèces animales, et dans leurs déjections, et aussi dans toutes les

1. *Journal of Pathology and Bacteriology*, nov. 1894, et *Transactions
of the Jenner Institute of Preventive Medecine*, 2ᵉ série 1899.

boues d'égout examinées. Rabinowitsch et d'autres observateurs ont aussi trouvé ces organismes dans des lieux similaires.

Les températures les plus favorables à leur naissance ont été étudiées par ces auteurs, avec trois différents milieux de culture pour les quatorze espèces. Il y en a qui se développaient bien aux températures comprises entre 37 et 47° C. Ceci n'est pas nouveau, car, trente années auparavant, j'avais montré que tels Bacilles se multiplient le mieux à 50° C dans de l'urine neutralisée. Mais Macfadyen et Blaxall disent encore : « Nous basant sur nos observations, nous pouvons considérer les températures de 55° à 65° et même 67° comme les températures optima qui conviennent le mieux à la fois au point de vue de la rapidité et de la quantité de croissance. Il est intéressant de noter que dans un ou deux cas, une croissance considérable se produisit à 72, 5° C, et même, dans quelques cas, on obtient des preuves de croissance à 74, 5° C... Malgré cela, il était évident que la température optima était à environ 50° C ». Cultivée, la majorité des Bacilles montre une tendance à se développer en longues chaînes. Des quatorze espèces deux seulement manifestèrent une mobilité indiscutable, mais beaucoup développaient des « spores » corps dont nous parlerons longuement sous peu à propos d'autres bacilles.

Beaucoup de ces organismes thermophiles étaient capables de croître à des températures très variables, bien qu'il soit certain que beaucoup d'entre eux, en dehors du laboratoire, n'eussent pas rencontré souvent les températures élevées auxquelles l'expérience les soumettait. Ainsi que le disent les auteurs, il est simplement « raisonnable de supposer qu'un groupe d'organismes si largement distribué doit trouver des conditions naturelles propices, en dehors des fortes températures, ces conditions étant probablement d'ordre chimique ».

Quoiqu'un certain nombre de ces Bactéries thermophiles

soient sans aucun doute capables de prospérer à des températures qui sont rapidement fatales à d'autres Bactéries, elles ne sont pas aussi remarquables à ce point de vue que les Conferves dont il a été parlé dans le précédent chapitre, dont beaucoup vivent très bien à des températures plus élevées encore. Nous avons encore beaucoup à apprendre sur chacun de ces deux groupes d'organismes inférieurs. Mais comme Macfadyen et Blaxall nous assurent que l'on ne trouve jamais de Bactéries thermophiles dans l'eau de robinet (et encore moins, probablement, dans l'eau distillée avec laquelle les plus importantes expériences relatées dans ce livre ont été faites) nous pouvons à notre point de vue n'en pas tenir plus de compte que des conferves des sources chaudes. Aucun de ces organismes exceptionnels ne viendra compliquer notre besogne.

Étant donné que dans les expériences avec les infusions organiques et salines, relatées dans le précédent chapitre, les solutions étaient inoculées avec une goutte de liquide dans lequel des Bactéries seules, ou des Bactéries et des Torules se trouvaient se multipliant rapidement, il nous faut supposer qu'elles se multipliaient rapidement, de la façon ordinaire, aussi bien par la méthode habituelle de division que par toute autre méthode inconnue ou supposée de reproduction. Ainsi que je l'ai dit « les expériences prouvent que même si les Bactéries se multiplient par d'invisibles gemmules comme par le procédé connu de division, ces particules invisibles ne possèdent pas plus le pouvoir de résister à l'influence destructive de la chaleur que ne le possèdent les Bactéries d'où elles descendent[1] ».

En 1871, on ne pouvait rien dire de plus, mais cinq ans plus tard des mémoires ont été publiés par Cohn[2] et le Dr Koch, où ils faisaient connaître l'existence de « spores »

---

1. *Modes of Origin of Lowest Organisms*, 1871, p. 60.
2. *Beitr. zur Biologie der Pflanzen*, t. II, p. 268.

facilement visibles dans les Bacilles du foin et du charbon. Quand on cultive ces organismes à la température du sang et que les infusions sont exposées à l'air filtré à travers un tampon d'ouate, ces deux espèces de Bacilles se développent en longs fils entrelacés à la surface du liquide; au bout de vingt-quatre ou quarante-huit heures, une quantité de particules très réfringentes apparaissent à peu de distance les unes des autres dans les fils. Ce sont les « spores » en question. Par la suite, on a trouvé des corps analogues chez beaucoup d'autres Bacilles, et entre autres chez les Bacilles thermophiles dont nous avons parlé tout à l'heure.

Il reste à voir quel degré de chaleur ces spores sont capables de supporter, d'abord (a) à l'état humide, et puis (b) après dessiccation.

a) *Température à laquelle meurent les spores des Bacilles à l'état humide.*

En 1876 je commençai l'étude de ce problème avec des spores de Bacilles obtenus dans l'urine. Ces organismes étaient presque absolument pareils à ceux que l'on trouve dans l'infusion de foin.

Je les obtins de la façon suivante. J'inoculai de l'urine bouillie neutralisée contenue dans un flacon bouché avec un tampon d'ouate avec une autre urine regorgeant déjà de Bacilles, et je plaçai le mélange à l'étuve à 38° environ. Au bout de deux ou trois jours il se forma un dépôt superficiel. Des spores se développèrent en abondance dans les filaments qui, eux-mêmes, à ce moment, et pendant deux ou trois jours encore se brisèrent abondamment. Ce liquide (A) bien secoué, me constitua une culture fourmillant de spores de Bacilles ainsi que je m'en assurai par un examen direct. Je préparai un autre liquide (B) en faisant fermenter de l'urine neutre à 50° C dans un tube sans air. Dans ce liquide, tandis que les Bacilles eux-mêmes abondaient sous forme de bâtonnets ou de filaments courts leurs germes ou spores faisaient défaut. On prit alors quelques flacons que l'on remplit d'une urine dont l'acidité était équivalente à 12 ou 15 gouttes de liqueur de potasse par once (30 centimètres cubes). Un tel liquide peut être aisément stérilisé en le portant pendant quelques minutes à 100° C; et ceci naturellement est une propriété essentielle pour tout liquide nutritif à employer dans des expériences sur le point thermique de mort des organismes. Il nous faut être assurés en effet que, dans les conditions où l'on opère, le liquide n'est pas un milieu « générateur ».

On ajouta à quelques-uns des tubes contenant ce liquide, une goutte du liquide A contenant des spores en abondance. D'autres furent inoculés avec une goutte du liquide B, contenant des bâtonnets et de courts filaments, mais aucune spore. Les cols de ces ballons ainsi garnis furent alors étirés à la flamme du chalumeau, et le liquide fut bouilli sur la flamme pendant une minute environ. Le col de chaque ballon fut scellé hermétiquement durant l'ébullition, après quoi on les plongea renversés dans une casserole d'eau bouillante où ils restèrent exactement dix minutes [1].

Les liquides des deux séries, chauffés pareillement, furent alors placés côte à côte à l'étuve maintenue à 50° C, et le résultat de 25 épreuves (19 tubes contenant le liquide A, et 6 le liquide B) fut que pas un seul échantillon ne fermenta, quoique les tubes fussent gardés de dix à quatorze jours à l'étuve. Pourtant dans des expériences de contrôle, avec la même urine bouillie pendant dix minutes dans des flacons bouchés au coton et ayant reçu ensuite une goutte non chauffée du liquide A, ou du liquide B, une fermentation complète se produisit et il y eut une quantité de Bacilles après seize ou vingt heures. Ceci montrait qu'il n'y avait rien dans la nature du liquide qui empêchât le développement des organismes.

---

1. La raison pour laquelle on plongeait les ballons renversés dans la cuve était qu'on voulait mettre toutes les parties du ballon en contact avec le liquide chauffé qui y était contenu.

M'étant assuré que le bacille du foin croît et se multiplie avec une rapidité presque aussi grande dans cette urine acide, j'exécutai dans la suite une troisième série d'expériences, dans laquelle la substance inoculée était semblable à celle de A en ce qu'elle fourmillait de spores de Bacilles ; seulement elle était composée d'infusion de foin, au lieu d'urine, dans laquelle les organismes s'étaient mis à produire des spores. Les résultats ne furent pourtant absolument pas différents. Sur 24 expériences avec ce liquide comme agent d'inoculation, la fermentation ne se produisit pas une seule fois, les liquides inoculés ayant été comme précédemment bouillis pendant dix minutes.

Il est donc évident que les spores de Bacilles à l'état humide meurent toutes quand elles sont exposées à 100° C pendant dix minutes. Il est probable qu'elles eussent été tuées à un point intermédiaire entre 100° et 70° C, cette dernière étant la température qui, ainsi que nous l'avons vu, tue toutes les espèces de Bactéries excepté quelques-unes des formes thermophiles. Quant au degré exact où meurent ces spores, je ne l'ai pas recherché à ce moment et je ne crois pas que cela ait jamais été fait depuis.

De Bary [1] dit des spores des champignons qu'à l'état sec il faut 130° C pour les détruire ; pourtant il ajoute : « Le degré où meurent les spores des champignons est souvent beaucoup plus bas dans l'eau ou dans la vapeur d'eau, et on n'a pas observé qu'aucune de celles-ci, dans ces circonstances, puisse survivre à une température de 100° C [2]. »

---

1. *La Structure et les Fonctions des Bactéries*, 1900.

2. La différence de résistance des organismes est toujours beaucoup plus grande à la chaleur sèche qu'à la chaleur humide. Mais, dans toutes les expériences relatées dans ce livre, nous aurons affaire à de la chaleur humide. C'est pourquoi je ne m'occuperai point ici des recherches de Dallinger et Drysdale sur le degré auquel meurent les germes de Monades (*Monthly Microscop. Journ*, août 1873, p. 57, quoique ayant relaté et analysé ces observations ailleurs. (*Journal of Linne. Soc. (Zoology)*, vol. XIV, p. 76-78.

Plusieurs témoignages concordent donc pour établir qu'après un tel échauffement la germination ne se produirait plus parce que les spores ne sont plus vivantes. Ce fut le résultat obtenu dans les expériences nombreuses faites par Bulliard, et relatées dans son *Histoire des Champignons*. Le simple contact avec l'eau bouillante suffisait pour empêcher la germination, et Hoffmann[1] nous dit, de même, qu'il lui a suffi d'exposer de quatre à dix secondes les spores de champignons avec lesquelles il expérimentait, pour empêcher toute germination. Les expériences d'autres observateurs ont été semblables et parmi elles celles de Pasteur lui-même qui dit explicitement qu'aucune moisissure ou Torule « ne peut résister à 100° C quand on la met dans l'eau », ainsi qu'il s'en est assuré lui-même, cette fois par des « expériences directes[2] ». Jeffries Wyman dit aussi[3] : « Nous avons fait beaucoup d'expériences sur différentes espèces de moisissures et de levures, et nous avons trouvé, comme presque tous les observateurs, qu'elles meurent à 100° C ». Les expériences de Liebig et de Tarnowski ont montré, ainsi que nous l'avons dit, que même une température de 55-66° C est fatale aux Torules et aux spores de champignons (voir pp. 64 et 67).

b) *Température mortelle pour les spores de Bacilles après qu'elles ont subi la dessiccation pendant un temps assez court.*

On a émis les assertions les plus diverses sur ce sujet. On est même très incertain en ce qui concerne la capacité de supporter la dessiccation des formes végétatives ordinaires des Bactéries. Burdon-Sanderson[4] fut un des premiers à faire

1. *Bullet. de la Soc. Botan.*, t. VIII, p. 803.
2. *Ann. de Chimie et de Physique*, 1862, p. 60.
3. *Observations and Experiments on Living Organisms in heated water* (*American Journ. of Science and Arts*, vol. XLIV, sept. 1867).
4. *Thirteenth Rep. of the Med. Officer of the Privy Council*, 1871, p. 61.

des observations sur ce sujet. Il arriva définitivement à la conclusion que non seulement « les particules germinales de microzymes sont rendues inactives par le dessèchement complet sans application de chaleur » mais aussi que « les Bactéries développées sont privées par la dessiccation complète de toute aptitude à se développer ultérieurement.

Le moyen de dessiccation adopté par Burdon-Sanderson consistait à garder les organismes pendant deux ou trois jours, à découvert, et à la température de 40° C. Des recherches faites par la suite ont montré, toutefois, que sa conclusion n'est pas exacte pour toutes les Bactéries, et que leur survie dépend beaucoup des conditions dans lesquelles elles subissent la dessiccation. Elle ne se rapporte point, certainement, non plus, aux spores de Bacilles qui étaient inconnues au moment où ces observations furent faites.

Il restait donc à déterminer par des expériences exactes quels faits l'on pouvait obtenir pour ou contre l'idée que les spores préalablement desséchées et entourées de leurs enveloppes albuminoïdes ou gélatineuses, sont capables de résister pendant longtemps à l'influence humidifiante de l'eau ; et par conséquent de supporter pendant longtemps une température qui eût été autrement mortelle. Pour me renseigner je procédai de la manière suivante. Je pris une infusion de foin sur laquelle il y avait une pellicule bien caractérisée contenant des myriades de filaments sporifères des plus typiques, en partie entiers, et en partie se désagrégeant de façon à libérer les spores. Elle fut placée dans une éprouvette bouchée que l'on secoua vigoureusement pendant un moment, de façon à ce que les spores fussent uniformément disséminées dans le liquide. Un peu de ce liquide épais et boueux fut alors versé sur une lamelle ordinaire de microscope, propre, de façon à la recouvrir d'une mince couche du liquide qu'on laissa ensuite évaporer. Au bout de trois ou quatre heures, quand il resta un dépôt sec et opaque sur le verre, celui-ci fut placé dans une étuve sèche à la température de 50° C où

on le garda exactement quatre jours. On gratta avec un
canif le dépôt sec dans un verre de montre propre, et on
ajouta à cette sorte de poudre ainsi obtenue environ trente
ou quarante gouttes d'eau distillée.

Après que la poudre fût restée ainsi immergée pendant
quatre heures, de façon à imiter la phase de préparation
d'une infusion de foin, on ajouta un peu de ce mélange,
après l'avoir remué, à de l'urine possédant une acidité équivalente à 11 gouttes de liqueur de potasse par 30 centimètres
cubes. L'addition fut faite dans la proportion de 2 gouttes
du liquide contenant les spores par centimètre cube d'urine;
on employa ce mélange bien secoué à garnir 9 ballons.
Le col de chacun d'eux fut étiré à la flamme du chalumeau,
et on fit bouillir le liquide dans chaque ballon sur la flamme
pendant un peu moins d'une minute, puis les tubes furent
hermétiquement clos. On attendit l'intervalle d'une minute
(de façon à ne pas faire craquer le bout chauffé) et chaque
ballon clos fut retourné et plongé dans une cuve d'eau
bouillante où on le laissa pendant vingt minutes.

Après quoi tous les ballons furent placés ensemble dans
une étuve à 50° C, et avec eux un témoin de contrôle consistant en un petit flacon bouché avec de l'ouate, dans lequel
un peu de cette même urine avait bouilli, seule, pendant
vingt minutes, et à laquelle on ajouta, quand elle fut refroidie, deux gouttes du mélange primitif contenant les spores
(ni séché, ni chauffé). Cette dernière opération s'effectua en
enlevant le bouchon d'ouate pendant un instant, en versant
le liquide sporifère dans l'urine, et en replaçant soigneusement le tampon, d'après le procédé si souvent employé par
Lord Lister [1].

Les résultats de ces expériences furent les suivants : au
bout de seize heures le liquide dans le flacon de contrôle
était très trouble, et au bout de vingt-quatre heures, une

1. *Quart. Journ. of Microsc. Science*, 1873, p. 384.

légère pellicule s'était formée à sa surface. Les liquides dans les neuf autres tubes étaient restés tous clairs, et le demeurèrent pendant les dix jours qu'il restèrent dans l'étuve.

Ainsi des milliers de spores de bacilles, après avoir subi une dessiccation très considérable étaient incapables de supporter une chaleur de 100°C, pendant seulement vingt minutes.

c) *Température mortelle pour les spores de bacilles après dessiccation pendant un temps prolongé.*

A peu près au moment où ces expériences étaient en cours (vers le milieu de 1877) Tyndall eut beaucoup à dire sur les « vieux germes du foin » — consécutivement à des expériences qu'il avait faites avec du foin vieux de cinq ans, expériences dont il ne pouvait expliquer les résultats qu'en supposant que certains germes de bacilles, qu'il n'avait ni vus, ni examinés, mais qu'il supposait être contenus dans le foin, avaient été par la raison de leur dessiccation prolongée, capables de supporter la température de l'eau bouillante pendant sept ou huit heures, et d'avoir été ainsi la cause de l'apparition d'une foule de bacilles dans ses tubes d'expérience.

Je reconnus à ce moment l'inutilité de discuter plus avant sur ce point, avant que des expériences exactes portant sur la question eussent été faites, de manière semblable à celle que j'ai indiquée, à la durée de dessiccation près, et où les spores de Bacilles auraient subi la dessiccation pendant des années au lieu de jours. — Je préparai une autre infusion de foin, où ces organismes fourmillèrent, et je versai de ce liquide sur six lames de verre de microscope, de façon à ce qu'il formât une mince couche sur chacune de celles-ci. Après que le liquide se fut évaporé, laissant un dépôt sec plein de spores de bacilles, les lames furent mises de côté dans un tiroir à l'abri de la poussière, et laissées là pendant près de six ans.

En 1883, à des moments différents, le dépôt sec fut gratté et mis dans des éprouvettes stérilisées, avec quelques centimètres cubes d'eau distillée. On secoua fortement de façon à séparer et à disséminer les particules, et former ainsi une sorte d'émulsion. Nous avions là un liquide certainement plein de « vieux germes de foin » qui avaient subi une dessiccation prolongée, et étaient par conséquent dans les conditions considérées comme les plus favorables pour leur permettre d'échapper à l'influence destructrice de la chaleur.

Avec ce liquide on fit deux séries d'expériences. L'une où il fut ajouté à l'eau distillée pendant quatre heures à la température de 50° C, de façon à imiter autant que possible ce qui se produit dans la préparation d'une infusion ; l'autre où l'addition d'eau ne se fit que très peu de temps avant le chauffage auquel il fut soumis. De l'urine acide stérilisée fut encore utilisée, dans chacune de ces séries d'expériences, comme liquide nutritif.

1. *Expériences avec le liquide à spores préalablement maintenu à 44° C pendant quatre heures.* — Au bout de quatre heures le liquide fut ajouté à l'urine stérilisée contenue dans un récipient stérilisé comme avant, dans la proportion de deux gouttes par 30 centimètres cubes.

On mit alors dans douze ballons d'une contenance de 30 centimètres cubes environ le liquide inoculé, et le col des ballons fut étiré à la flamme du chalumeau. Chaque liquide fut bouilli pendant une minute environ sur la flamme et clos durant l'ébullition ; après quoi les ballons furent renversés et plongés dans une cuve d'eau bouillante, pour une durée de temps différente.

2 furent bouillis dans la cuve pendant 5 minutes.

2	—	—	10	—
2	—	—	15	—
2	—	—	20	—
2	—	—	25	—
2	—	—	30	—

Après avoir été chauffés les douze ballons furent placés à l'étuve à 49° C, et les résultats furent tels que suit. Le liquide dans un des ballons qui avait été chauffé pendant trente minutes à 100° devint trouble au bout de deux jours et se trouva être plein de bacilles. Les autres, dans les onze autres ballons étaient encore tout à fait clairs au bout de quatorze jours.

Le dépôt contenant des spores de bacilles fut enlevé par grattage d'une autre lame de verre et après avoir trempé dans une éprouvette contenant un peu d'eau distillée pendant quatre heures à 100° C, fut traité de façon un peu différente. Le liquide à spores fut ajouté, dans la même proportion, à de l'urine contenue dans un flacon de Lister stérilisé. Pendant ce temps on avait préparé un certain nombre de flacons de 60 centimètres cubes à bouchon de liège qui, avec l'aide d'un assistant, furent remplis rapidement et avec tout le soin possible, après que le liquide eût bouilli pendant des durées de longueurs différentes. Une fois remplis, les flacons étaient immédiatement rebouchés, et placés à l'étuve à 49° C. Cette épreuve différait donc de l'autre en ce que les flacons contenaient de l'air.

Elle donna les résultats suivants :

RÉSULTATS

—

3 flacons munis de liquide ayant bouilli 5 minutes. / 2 troubles en 24 h. \ 1 clair après 5 jours.

3 flacons munis de liquide ayant bouilli 10 minutes. / 2 troubles en 24 h. \ 1 clair après 5 jours.

18 autres flacons reçurent de ce liquide, qui avait été bouilli pendant 10 minutes ; et de nouveau bouilli dans chaque flacon pendant 5 minutes encore — ce qui fait une ébullition de 15 minutes pour chacun / Les 18 flacons restèrent clairs après 5 jours [1].

---

1. Il parut inutile de garder plus longtemps en observation ces flacons. La naissance et la multiplication se produisent dans les trois jours ou pas du tout.

Ainsi dans ces 36 épreuves. quatre flacons seulement indiquèrent que les spores de bacilles, après dessiccation prolongée, sont capables de survivre à l'ébullition pendant dix minutes, et un seulement qu'elles peuvent résister à une ébullition de trente minutes.

II. *Expériences avec des liquides à spores chauffés sans un mélange préalable aussi prolongé du dépôt sec et du liquide.* — Six ballons d'une contenance de 60 centimètres cubes furent remplis à plus de moitié avec de l'urine stérilisée, ensemencés comme précédemment, et dans les mêmes proportions, avec le dépôt contenant une foule de spores de bacilles, gratté sur une autre lame de verre. Le col des ballons fut étiré, comme précédemment et le liquide dans chacun d'eux soumis à l'ébullition pendant une minute environ, puis le col des ballons fut fermé pendant l'ébullition. Puis les ballons furent renversés et plongés dans une cuve d'eau bouillante pendant un temps variable.

Deux furent bouillis dans la cuve pendant dix minutes, une demi-heure après l'addition du liquide à la poussière sèche.

Deux furent bouillis dans la cuve pendant vingt minutes, une heure après cette addition.

Deux autres enfin furent bouillis pendant trente minutes, une heure et demie après l'addition .

Un des ballons chauffés pendant vingt minutes fut accidentellement brisé, mais les cinq autres furent placés dans l'étuve, à 49° C et laissés là pendant cinq jours Tous les liquides restèrent clairs, et sans altération.

Une autre série d'expériences comporta une légère variante de méthode. On ajouta à de l'urine stérilisée, dans un flacon de Lister, une certaine quantité du liquide à spores (peu de temps après le mélange) dans la proportion de deux gouttes pour 30 centimètres cubes, comme auparavant. On ensemença vingt-trois petits flacons bouchés avec de l'ouate phéniquée avec le liquide et on le fit bouillir doucement sur la flamme

pendant douze minutes. Un de ces flacons se brisa accidentellement. Un témoin fut aussi préparé : on fit bouillir de l'urine
seule et quand elle se fut un peu refroidie, on l'ensemença
avec deux gouttes du liquide à spores non chauffé. Tous
furent alors placés dans l'étuve à 49° C, avec les résultats
suivants :

En vingt-quatre heures le liquide dans le témoin était
tout trouble, et rempli de Bacilles. Au bout de quarante-huit
heures, les 22 autres liquides étaient tout à fait clairs. A la
fin du troisième jour, deux d'entre eux se troublèrent, mais
aucun changement ne se produisit chez les 20 autres.

Par conséquent, en 27 épreuves faites avec un liquide
nutritif ensemencé avec des spores de Bacilles desséchées, dans
les conditions les plus favorables [1] à leur survie, ces spores
ne furent capables de survivre à une exposition à 100° C, que
dans deux cas où elles avaient été chauffées pendant douze
minutes. Par contre, dans les 63 épreuves où ces « vieux germes de foin » (c'est-à-dire, des spores véritables desséchées
pendant plus de cinq ans) furent utilisées comme substance
d'inoculation, on obtint une fois seulement la preuve qu'elles
peuvent résister à une exposition de vingt minutes à la température de 100° C. Et il est très possible que ce résultat
positif isolé ait été dû à une contamination accidentelle après
le chauffage.

On utilisa les spores de Bacilles desséchées de la dernière
lame de verre dans une expérience ayant pour but de voir
quelle serait sur elles l'action de 80° C. On stérilisa d'abord
de l'urine acide en la faisant bouillir pendant dix minutes
dans un flacon de Lister purifié. On y ajouta un peu de
l'émulsion contenant les spores de Bacilles, sans immersion
prolongée préalable, dans la proportion de deux gouttes pour
30 centimètres cubes, comme précédemment. On chauffa le

---

1. Les plus favorables, parce qu'à l'état sec, un peu comme un pois desséché, elles pourraient être capables de supporter pendant un temps l'influence
de l'eau bouillante, et, dans la suite, de se développer à l'étuve.

mélange ensemencé sur un bain de sable jusqu'à ce qu'un thermomètre, dans le liquide (passant à travers le bouchon du flacon) marquât 80° C. On le maintint à cette température cinq minutes seulement.

On versa ce liquide nutritif chauffé et ensemencé dans 12 tubes stérilisés bouchés avec un tampon d'ouate avec toutes les précautions possibles. Quand on eut remis en place les tampons, chaque tube fut mis dans l'étuve à 49° C, et resta à cette température. Les résultats furent les suivants.

Un des tubes fut accidentellement brisé. Mais sur les 11 autres, au bout de vingt-quatre heures, trois seulement étaient plus colorés et troublés par la multiplication des Bacilles. Au bout de trente six heures deux autres se troublèrent; mais à la fin du cinquième jour, le liquide du dernier tube était encore tout à fait clair. Ainsi, sur 11 épreuves en 10 occasions, l'on trouva les spores de Bacilles desséchées capables de supporter une température plus élevée de 6° à 11° C que celle que supportent les organismes dont elles proviennent. Quelle serait exactement leur température mortelle ? On ne le sait pas encore de façon certaine : on peut pourtant remarquer en se reportant aux 63 autres expériences qu'il y a très peu de chances pour qu'elles puissent résister à l'action destructrice de 100° C, pendant vingt minutes. Cette conclusion est des plus importantes en ce qui concerne l'interprétation des autres expériences qui seront relatées dans ce volume.

Le seul autre point concernant la résistance vitale à la chaleur est la température mortelle pour les spores des Bactéries thermophiles qui semblent être les plus résistantes de toutes. Nous l'examinerons brièvement. Christen[1] a étudié la question, et il est arrivé à la conclusion que les spores de ces organismes, que l'on trouve communément dans le sol, sont tuées par la vapeur comprimée appliquée pendant les

1. *Centralblatt für Bakteriologie*, XVII, p. 498.

durées suivantes et à des températures graduellement plus élevées.

A 100° C, en plus de . . . . 16 heures.
A 105° — 110°, en plus de . . . . . 2 à 4 heures.
A 115°, en plus de. . . . . 30 à 60 minutes.
A 125° — 130°, en plus de . . . 5 minutes et plus.
A 135°, en plus de . . . . 1 à 5 minutes.
A 140°,   —   . . . . 1 minute.

D'après Lehmann et Neumann (*Principles of Bacteriology*, 1906, p. 53) à qui j'emprunte ces chiffres : « l'appareil employé amenait très vite les objets au degré de température requis. »

Ce sont certainement des résultats très remarquables quand on les compare à la résistance thermique beaucoup moins grande que possèdent même les germes desséchés de bacilles du foin. Mais, ainsi que je l'ai dit, les Bactéries thermophiles du sol ne risquent guère de compliquer nos résultats. Le fait qu'elles ne se trouvent pas dans l'eau de robinet, et encore moins dans l'eau distillée, nous permet d'écarter l'idée qu'elles ont pu être un agent de contamination dans nos expériences.

Il nous faut seulement remarquer qu'elles sont peut-être les formes les plus basses de la vie, et à cause de cela, capables de résister à un degré de chaleur beaucoup plus élevé que celui qui est fatal aux Bactéries ordinaires : Bacilles, Micrococques, Streptocoques et Staphylocoques. Ces derniers, ainsi que nous l'avons vu, dans leurs formes végétatives, meurent, comme les Torules et les germes de champignons, quand on les expose brièvement à 60° C ou à peu près, tandis qu'il a été prouvé que les spores de bacilles ordinaires, plus résistantes, quoique beaucoup moins répandues, meurent, à une exception près dans de nombreuses expériences, quand elles se trouvent dans un liquide qui a bouilli pendant vingt minutes.

Après cette recherche approfondie du degré de chaleur auquel il nous faut exposer nos vases d'expérience clos et leur contenu liquide pour être absolument sûrs que tout organisme vivant y a été tué, nous pouvons continuer nos recherches, tout ce qui précède n'ayant été qu'un préliminaire nécessaire à l'étude de la question de savoir si certains liquides, en outre de leur pouvoir d'être un aliment pour des êtres vivants, sont aussi capables de les engendrer. Nous avons vu (p. 61) que certains liquides sont seulement nutritifs. Il nous faut maintenant nous assurer si ces mêmes liquides dans d'autres conditions ou si d'autres liquides ne peuvent pas, de plus, être des liquides « générateurs » de diverses sortes de Bactéries, de Torules, et de quelques moisissures simples.

CHAPITRE XI

COMMENT EXPÉRIMENTER POUR SAVOIR SI CERTAINES SOLU-
TIONS PEUVENT DONNER NAISSANCE A DES PARTICULES
DE MATIÈRE VIVANTE?

Une des meilleures méthodes pour l'étude de ce problème
a été employée au milieu du xviiie siècle, pendant la controverse qui eut lieu entre le savant abbé Spallanzani, professeur de philosophie à Modène, et Turberville Needham, un
prêtre catholique, qui, dit-on, fut le premier membre du
clergé catholique à avoir l'honneur d'être élu membre de la
Royal Society. Il était aussi membre correspondant de l'Académie de Paris, et était un ami de Buffon, le célèbre naturaliste. Ils travaillaient souvent ensemble, et partageaient les
mêmes opinions, ainsi qu'on peut le voir dans les premiers
volumes de la grande œuvre de Buffon, son *Histoire naturelle*, où l'on trouve un exposé des opinions de Needham.
Dans la controverse entre lui et Spallanzani c'est la méthode
de Spallanzani qui a été employée dans les expériences les
plus importantes[1]. Elle était extrêmement simple et pourtant
parfaitement pratique. Les infusions avec lesquels on devait
opérer étaient introduites dans des flacons à col étroit;
le col des flacons était étiré et scellé à la flamme du chalumeau,
puis les flacons et leur contenu étaient bouillis dans de l'eau
bouillante pendant des durées de temps différentes, en vue

1. On verra de préférence l'exposé de ces expériences dans la traduction
française d'un ouvrage de Spallanzani, intitulée : « *Nouvelles recherches
microscopiques* », 1769, avec des notes nombreuses de Needham. Voir
spécialement pp. 8, 102-135 et 216-218.

de tuer tous les organismes préexistants, se trouvant, ou dans les liquides, ou dans l'air enfermé dans les flacons, ou sur les parois de ceux-ci.

En 1837, Schwann introduisit un autre mode d'expérimentation dont Pasteur et Jeffries Wyman se sont beaucoup servis depuis ce moment (tel quel, ou avec de légères modifications). La matière organique en solution qui doit servir à l'expérience est bouillie dans un flacon dont le col est solidement rattaché à un tube rempli de pierre ponce chauffée au rouge ou bien d'un paquetage de fil de fer, ainsi que l'a fait Wyman. Après que la solution a bouilli pendant quelque temps, de façon à ce que tout l'air du flacon ait été expulsé on laisse refroidir lentement le flacon lui-même tandis que le tube contenant les substances encore au rouge est maintenu à la même température afin que l'air qui entre lentement dans le flacon soit porté à une chaleur calcinante pendant qu'il passe dans le tube. Quand le flacon est refroidi, son col est scellé à la flamme du chalumeau, de sorte qu'il ne contient que la solution préalablement bouillie, en contact avec de l'air (à la pression atmosphérique ordinaire) qui a été calciné.

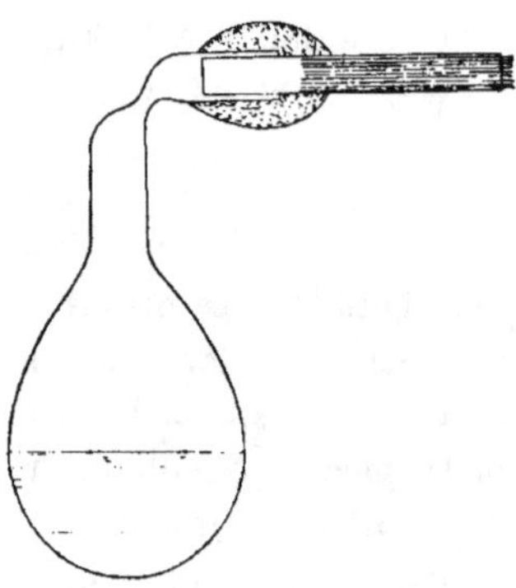

Fig. 1. — Modification de l'appareil de Schwann par Wyman.

Parfois Pasteur faisait bouillir la solution organique sur la flamme dans des flacons dont le col était bouché avec de l'ouate; ou bien dans des flacons avec un col long, étroit et recourbé. Dans le premier cas, l'air n'entrait dans le flacon par le refroidissement graduel de celui-ci que filtré et débar-

1. *Annalen* de Poggendorff, 1837, vol. XVI, p. 184.

rassé de ses impuretés par l'ouate; avec la seconde forme du flacon, l'air qui rentre doucement est supposé abandonner ses impuretés sur la courbure du long col recourbé. Ces méthodes ne sont pas aussi sûres que celles où l'on emploie des flacons scellés.

Quoique la présence de l'air dans les flacons clos ait été généralement considérée comme essentielle, il a été démontré par Fray[1], avant même l'époque de Schwann, que l'air atmosphérique peut être remplacé par des gaz tels que l'hydrogène ou l'azote; et que même alors (avec la méthode de fermer les tubes à cette époque en vogue) l'on rencontre dans la suite des organismes vivants dans ces infusions.

Plus tard, Mantegazza[2] et Pouchet[3] montrèrent que l'on peut substituer sans inconvénient l'oxygène à l'air atmosphérique dans des expériences qui à tous les autres points de vue remplissaient les conditions exigées par Schwann. Child[4] montra d'autre part dans des expériences similaires, que l'on rencontre aussi des organismes dans l'oxygène ou l'azote que l'on substitue à l'air atmosphérique.

Spallanzani avait dit que si l'on peut rencontrer des organismes dans des flacons hermétiquement scellés où l'air est quelque peu raréfié, en revanche on n'en trouve pas lorsque la raréfaction est extrême, ou qu'il existe le vide.

Pouchet rejeta aussi comme étant absurde l'idée que l'on puisse s'attendre à trouver des organismes dans de telles conditions[5]. Aussi Pouchet, et Pasteur, quand ils voulurent faire des expériences comparatives avec l'air de différents lieux, firent-ils bouillir le liquide et fermèrent-ils le col des flacons durant l'ébullition, ne supposant pas que des fermen-

1. *Essai sur l'origine des corps organisés et inorganisés.* Paris, 1821, p. 5-8.

2. *Giornale dell R. Instituite Lombardo*, t. III, 1851.

3. *Compt. rend.* 1858, t. XLVII.

4. *Essays on Physiological Subjects* 2ᵉ éd., 1869. p. 114

5. *Nouvelles Expériences*, 1884, p. 12, note et p. 156.

tations pussent se produire dans ces flacons privés d'air [1].

Au printemps de 1870, toutefois, après quelques expériences, j'adoptai définitivement ce mode d'expérimentation, et j'eus bientôt des raisons de croire que certaines infusions étaient plus aptes à subir des changements dans les tubes d'où l'air avait été chassé, que dans les flacons contenant de l'air, préparés à la manière de Needham et de Spallanzani. Il me vint à l'esprit aussi que des phénomènes de putréfaction et de fermentation pouvaient bien ne pas être toujours produits par le contact de la matière organique avec l'oxygène ou tout autre gaz. Je pensai qu'ils pouvaient parfois dépendre de l'instabilité inhérente à la matière organique elle-même. Indépendamment du fait qu'il est plus simple de fermer le flacon après que tout l'air a été chassé, et pendant l'ébullition, que de faire entrer de l'air calciné et de fermer le flacon après refroidissement, il me sembla possible que le fait d'un vide relatif, pour d'autre raisons, pût être un avantage.

La méthode que j'ai adoptée pendant longtemps fut la suivante. Après que chaque flacon, de 30 à 60 centimètres cubes de capacité, eût été soigneusement nettoyé avec de l'eau chaude, on le remplissait aux trois quarts avec le liquide qui allait servir à l'expérience. On étirait alors le col du flacon ou du ballon à la flamme du chalumeau à 5 ou 7 centimètres de la partie à remplir, jusqu'à ce qu'il eut à peu près une ligne de diamètre. Le col étant alors cassé on faisait bouillir le liquide pendant dix ou vingt minutes. On laissait d'abord l'ébullition se produire avec violence (ce qui faisait qu'un peu du liquide rejaillissait au dehors) de façon à obtenir une expulsion d'air aussi complète que possible, et à mettre en contact toutes les parois du flacon avec l'eau bouillante. Puis on maintenait l'ébullition pendant quelque

---

1. Ils transportèrent ces flacons dans les Alpes ou les Pyrénées de façon à briser le col de ces flacons dans les lieux dont ils voulaient recueillir l'air. Après les avoir refermés, on gardait les flacons pour les observer plus tard.

temps à un degré moins tumultueux au-dessus d'une lampe à alcool, et on scellait le col à la flamme du chalumeau durant l'ébullition.

Après un peu de pratique, on arrivait à clore les flacons au cours de l'ébullition même, c'est-à-dire pendant qu'il y a encore production de vapeur. Il faut bien se mettre dans l'esprit que même si l'émission de vapeur a cessé une seconde avant que l'orifice presque capillaire du col chauffé du flacon a été fermé, comme le col du récipient est à ce moment dans la flamme du chalumeau, l'air ne peut entrer que par la flamme et à travers l'orifice capillaire porté au blanc. Il est en somme calciné comme dans l'expérience de Schwann. Les conditions de l'expérience ainsi pratiquée ne sont pas moins rigoureuses et le seul effet est que le vide est un peu moins complet.

J'ai apporté dans mes dernières expériences une légère modification à cette méthode. Le liquide était bouilli pendant moins longtemps sur la flamme et aussitôt que le flacon était hermétiquement scellé, on le renversait et on le plaçait dans une cuve d'eau bouillante pendant le temps qu'il lui restait encore à subir l'ébullition. Je fis cette modification dans le but de répondre à des objections qui avaient été faites, et pour que toutes les parties du récipient fussent mieux en contact avec l'eau bouillante.

Il y a un autre mode d'expérimentation principal employé par le professeur Tyndall, et par lui seul : c'est un mode d'expérimentation extrêmement compliquée et peu sûr, qui lui donna beaucoup de peine et le conduisit à des résultats contradictoires. J'en parlerai bientôt au chapitre XVIII quand j'aurai à relater les expériences en question.

Dans les miennes, concernant le point essentiel, je me suis toujours servi de flacons ou tubes hermétiquement clos, et elles ont été faites de la manière que j'ai dite ou bien par la méthode également sûre de Needham et de Spallanzani,

TROISIÈME PARTIE

CE QU'ENSEIGNENT LES FAITS AU SUJET DES CONCLUSIONS DE PASTEUR

CHAPITRE XII

PASTEUR AVAIT-IL RAISON DE DIRE QUE LES LIQUIDES ACIDES PRÉALABLEMENT CHAUFFÉS A 100° C ET CONSERVÉS A L'ABRI DE L'AIR RESTENT STÉRILES ?

J'ai déjà montré, dans le chapitre v quelle influence énorme le mémoire de Pasteur, publié en 1862, avait eue pour édifier la croyance à la théorie des germes, et mettre en doute l'origine *de novo* de la matière vivante. Vers la fin de ce chapitre, j'ai aussi exposé les inductions et les corollaires fondamentaux sur lesquels Pasteur basa sa doctrine.

Je voudrais maintenant examiner ceux-ci en détail puisqu'il s'y est strictement tenu jusqu'à la date de ses derniers écrits en 1877, époque où il se montrait très intolérant à ceux qui doutaient de leur vérité.

Il posa en règle que les liquides à réaction acide, après avoir été bouillis pendant quelques minutes, et préservés de toute contamination par les particules contenues dans l'atmosphère, restent stériles pendant un temps indéfini et ne contiennent pas trace d'organismes vivants. Ce fait supposé le confirma dans l'idée que tous les ferments et leurs germes meurent promptement dans ces liquides acides quand on les porte à la température de 100° C.

L'influence fatale de cette température fut généralement admise, à ce moment et par la suite, et fut la cause du scepticisme qui accueillit les résultats de certaines de mes expériences, relatées en 1870-72. Ce fut aussi ce qui fit émettre l'idée (exprimée par Huxley et d'autres) que les organismes trouvés par moi dans mes tubes étaient des organismes morts plutôt que des vivants. Ainsi à l'une des sections de la *British Association* en 1870, le Président, après avoir relaté quelques-unes de mes expériences et parlé du fait que tous les mouvements vitaux incontestables cessent après que les Bactéries ont été chauffées à 100° C, ajouta[1] : « Je ne puis rien assurer en ce qui concerne d'autres personnes, mais je crois que les observateurs qui ont cru trouver des Bactéries vivantes après l'ébullition ont commis l'erreur que j'aurais pu commettre à un moment, consistant à confondre les mouvements browniens avec de vrais mouvements vitaux. » Il croyait si fermement qu'aucune Bactérie ne peut supporter la température de l'eau bouillante, et il avait aussi tant de foi dans les doctrines de Pasteur qu'il n'hésita pas alors, comme dans d'autres occasions, à émettre l'idée que les organismes que j'avais trouvés dans mes tubes étaient des organismes morts, qui se trouvaient préalablement dans les liquides, et que la chaleur avait tués.

A cela je répondis peu de temps après dans les termes suivants[2] : « Si les liquides *in vacuo* (dans des flacons hermétiquement scellés) clairs au commencement, se sont troublés peu à peu, si à l'examen microscopique on constate que ce trouble est dû presque entièrement à la présence de Bactéries ou d'autres organismes; ce serait alors une vraie plaisanterie que de discuter gravement sur la question de savoir

----

1. Voir le rapport dans le *Quart. Journ. of Microsc. Science*, oct. 1870.
2. *Modes of Origin of Lowest Organisms*, 1871, p. 9.

si les organismes sont morts ou vivants selon que les mouvements qu'ils font semblent être plus vifs ou plus lents. Des organismes morts peuvent-ils se multiplier en vase clos au point de rendre complètement trouble en deux jours un liquide qui était primitivement clair ? »

Le même complet scepticisme continua toutefois à accueillir les résultats de mes expériences. Je ne puis mieux le démontrer qu'en reproduisant quelques passages d'une critique de mon livre, alors récemment publié, *Les Commencements de la Vie*, qui parut dans l'*Academy* du 4 novembre 1872 ; critique signée par H.-M. Moseley qui se distingua comme naturaliste dans la suite, en tant que membre de l'expédition du *Challenger*. Cet auteur dit :

« Le Dr Bastian ferme les flacons avec lesquels il expérimente, pendant l'ébullition du liquide qui y est contenu, et de cette façon, quand le tout s'est refroidi, il se forme un vide partiel dans les flacons. Des expériences ont été faites de cette façon avec des infusions de foin et de navet, et il semble que toutes les précautions possibles aient été prises pour exclure ou détruire les germes. Dans presque tous les cas, après quelque temps les solutions se sont troublées ou recouvertes d'un pellicule, et l'examen microscopique a prouvé l'existence dans le liquide de corps organiques, et dans quelques cas, de Bactéries en mouvement.

« La seule réponse possible que l'on puisse faire à de telles expériences est que le trouble ou la pellicule des solutions ne sont pas dus à un développement d'organismes, mais à une coagulation ou à une altération similaire du liquide, et que les corps observés dans les solutions ne sont pas vivants, mais morts, et ont été là tout le temps.

« Considérant d'une part l'improbabilité *à priori* d'une origine *de novo* des Bactéries, etc., et le poids et la valeur des preuves que l'on a de la thèse contraire, et d'autre part la valeur des preuves ici avancées, il semble très improbable que les résultats du Dr Bastian soient confirmés. »

Il me serait facile d'ajouter d'autres témoignages semblables, émanant d'autres biologistes éminents, influencés évidemment par Huxley et fascinés par l'autorité de Pasteur; mais j'en ai dit assez pour montrer l'opinion qui existait alors. Comme je découvris que mon collègue le professeur (depuis Sir) J. Burdon-Sanderson partageait cette opinion, je lui proposai en décembre 1872 de faire devant lui quelques-unes de mes expériences, à condition qu'il en publierait ensuite un compte rendu, ainsi que des résultats obtenus. Il consentit et il publia la note suivante dans *Nature*, le 8 janvier 1873 :

LES EXPÉRIENCES DU Dr BASTIAN SUR LES COMMENCEMENTS DE LA VIE

Il est de grande importance dans toute science expérimentale que les méthodes par lesquelles les faits principaux sont le mieux démontrés soient aussi clairement définies, et aussi complètement connues que possible. Cela est particulièrement vrai pour la physiologie, science dont la base expérimentale est encore imparfaite. Toutes les expériences qui apportent une certitude là où il y avait un doute servant de pierres de fondation. Il vaut donc la peine de les établir avec beaucoup de soins.

Nos lecteurs savent que le Dr Bastian, dans son ouvrage sur « Les Commencements de la Vie » a affirmé que dans certaines infusions on constate l'existence d'organismes inférieurs dans des conditions reconnues généralement comme excluant la possibilité de la préexistence de germes vivants. On sait aussi que ces résultats expérimentaux sont très discutés.

Il n'y a pas longtemps, j'ai assisté à l'ouverture d'un certain nombre de flacons remplis, il y a quelques mois, par un de mes amis avec des infusions supposées semblables à celle que recommande le Dr Bastian. Les tubes avaient été bouillis et hermétiquement scellés selon la méthode du Dr Bastian. Par un examen microscopique soigneusement fait, je me convainquis que les infusions dans les tubes ne contenaient pas d'organismes vivants. Je remplis de ce liquide des tubes stérilisés. Je les fermai et je les envoyai au Dr Bastian. Quand je le revis, il me dit que deux des trois liquides employés n'étaient pas ceux qu'il avait recommandés, que si les infusions avaient été préparées comme il le fallait, il n'eût point été nécessaire de les garder pendant des mois avant l'examen, que des résultats avec des infusions organiques s'obtenaient après quelques jours, et que généralement, il n'y avait pas l'ombre d'un doute quant à leur nature. Pour satisfaire mes doutes sur le sujet, il m'offrit très aimablement de refaire en ma présence ses expériences relatives à la production d'organismes dans les infusions de foin et de navet. J'acceptai cette proposition avait plaisir (quoique n'ayant jusque-là point pris parti dans la discussion sur la génération spontanée, et n'ayant point l'intention de le faire), m'engageant en même temps à publier les résultats sans retard.

Quinze expériences furent faites en trois séries, dont les dates sont respectivement, 14 décembre. 20 décembre et 27 décembre.

PREMIÈRE SÉRIE (14 déc.).

Dans cette première série on employa deux infusions ; l'une, de navet dont on utilise l'écorce et la partie centrale ; l'autre de foin. Toutes deux avaient été préparées le même jour, peu de temps avant le moment de s'en servir. L'infusion de navet dont le poids spécifique était de 1012, et qui avait une réaction nettement acide, fut partagée en deux parties, dont l'une fut neutralisée avec de la potasse. Quatre récipients pouvant contenir, à moitié pleins, un peu plus de 30 centimètres cubes de liquide, avaient été préparés. Deux d'entre eux reçurent de l'infusion neutre, deux autres de l'infusion non neutralisée. On ajouta à l'un des récipients de chaque paire un peu de fromage râpé. On versa dans un cinquième de l'infusion non neutralisée diluée dans son propre volume d'eau. Aussitôt que chaque récipient était garni, l'extrémité ouverte de son bec était chauffée à la flamme de chalumeau, et étirée. Puis on coupait la partie étirée et on faisait bouillir sur un bec de Bunsen ; après quoi l'on maintenait un état d'ébullition active pendant cinq minutes. Pendant l'ébullition, il arrivait fréquemment à un peu du liquide de jaillir hors de l'orifice presque capillaire du récipient. A la fin de la durée mentionnée on fermait à la flamme de chalumeau, en ayant soin que l'ébullition continuât jusqu'au bout. On s'assurait de l'excellence du procédé, pour chaque cas, en mouillant la partie supérieure du récipient, ce qui renouvelait l'ébullition.

Trois vases semblables reçurent de l'infusion de foin, dont le poids spécifique était 1005, et la réaction, neutre. L'un d'eux contenait l'infusion, diluée dans son volume d'eau distillée : les autres contenaient de l'infusion à laquelle on n'avait rien ajouté. Ces trois vases furent fermés après ébullition exactement comme on avait fermé ceux qui contenaient l'infusion de navet. Les huit vases furent placés, immédiatement après leur préparation, dans un bain-marie que l'on maintint à la température de 30° C.

Nous nous réunimes pour examiner les cornues le 17 décembre, trois jours exactement après leur préparation.

Le Dr Bastian nous avait fait prévoir que nous trouverions les infusions de navet et fromage, neutralisées ou non, remplies de multitudes de Bactéries, et que nous observerions dans les autres infusions de navet non diluées, des modifications évidentes. Il pensait que, dans les infusions de foin, le processus ne se produirait pas aussi vite et croyait que les infusions diluées resteraient indéfiniment non altérées. Les résultats furent les suivants :

a) *Infusion neutre de navet avec du fromage*. — Le 16, je remarquai que le liquide se troublait. Le 17, le trouble était très marqué. Avant d'ouvrir le flacon on s'assura que quand la flamme du chalumeau était dirigée vers le récipient, la partie de paroi chauffée rentrait ; et de plus, lorsqu'on renversait le récipient, mettant la partie renflée en haut de façon à permettre au liquide de se diriger vers l'extrémité soudée un bruit caractéristique de marteau se produisait.

Lorsqu'on cassa la pointe, l'air se précipita avec un bruit assez distinct. Le liquide était rempli de Bactéries de taille moyenne, présentant des mouvements de progression actifs, Il y avait aussi des filaments de Leptothrix.

b) *Infusion non neutralisée de navet et de fromage*. — Le 17, le récipient ayant été éprouvé comme avant, avec des résultats semblables, fut ouvert. Il ne contenait aucune forme vivante.

c) *Infusion de navet neutre sans fromage*. — Le 17, il n'y avait aucun changement appréciable dans le liquide. On l'examina le 31, et on le trouva inaltéré.

d) *Infusion non neutralisée de navet sans fromage*. — Aucun changement dans cette infusion examinée le 31 décembre.

e) *Infusion de foin non diluée*. — Le 17, cette infusion était légèrement trouble, le 20, le trouble était plus marqué, et avant d'ouvrir, le bruit de marteau et d'autres preuves montrèrent qu'il était intact.

On trouva le liquide plein de Bactéries, très petites, mais fort actives, et de nombreuses colonies de sphéroïdes se transformant en Bactéries. Il y avait aussi des filaments de Leptothrix.

f) *(la même)*. — On examina cette infusion le même jour. Elle était devenue trouble à peu près au même moment que la précédente, mais de façon beaucoup moins accentuée. Une goutte de ce liquide contenait peu de Bactéries, comparée à celui de *e)*.

g) *Infusion de foin diluée.* — Le 20, on découvrit que le récipient s'était accidentellement fêlé. Il y avait quantité de Bactéries dans le liquide qui sentait mauvais. A cause de sa fêlure, le D*r* Bastian ne tint pas compte de cette expérience.

h) *Infusion de navet diluée.* — Ce liquide resta inaltéré.

SECONDE SÉRIE (20 déc.).

Le but des expériences faisant partie de la seconde série était de découvrir si les irrégularités des résultats avec des infusions de navet dans la première série, comparée avec les résultats déjà obtenus par le D*r* Bastian, étaient dues à ce que la matière employée consistait principalement en pelure. Le D*r* Bastian pensa que cela pouvait avoir quelque influence et fit préparer une autre infusion où l'on n'employa pas la peau. Comme auparavant, la nouvelle infusion acide de navet fut divisée en deux parties dont une fut neutralisée par de la potasse. Sur 4 récipients, trois reçurent du liquide non neutralisé, le quatrième du liquide neutralisé. Sur les trois, deux reçurent du fromage. Aucune addition au quatrième. En tous points, même préparation qu'avant. Dans chaque cas, on remarque la dépression de la paroi de verre chauffée avant brisure du col.

a) *Infusion non neutralisée avec fromage.* — Après vingt-quatre heures le liquide était opalescent. Le 23, il était tout à fait trouble. On l'ouvrit. Il était fétide et de réaction acide. Il était rempli de Bactéries.

b) *(idem)*. — On ouvrit le vase le 31 ; son contenu était légèrement trouble depuis quelques jours. Le liquide était acide et légèrement fétide et contenait des Bactéries caractéristiques, quoique peu nombreuses.

c) *Infusion neutralisée sans fromage.* — On ouvrit la cornue le 31 décembre. Le liquide était un peu trouble depuis quelques jours

Il était acide et légèrement fétide, mais avait encore l'odeur de navet. Une seule goutte contenait quelques Bactéries d'environ $0^{mm},003$ de longueur qui présentaient des mouvements oscillatoires.

d) *Infusion non neutralisée sans fromage.* — Le liquide contenait une masse blanche reposant au fond, et si résistante qu'on pouvait l'étirer en fils avec des aiguilles. Cette masse était composée entièrement de Bactéries et de Leptothrix inclus dans une matrice hyaline. Il y avait aussi des Bactéries dans le liquide.

TROISIÈME SÉRIE (27 déc.).

Je voulus m'assurer si l'état de la surface interne des récipients n'exerçait pas quelque influence. Je fis donc chauffer deux vases à 250° C. les gardant pendant une demi-heure à cette température et je les fermai encore chauds à la flamme de chalumeau. Le Dr Bastian les remplit en en cassant la pointe sous la surface d'une infusion neutre de navet sans pelure avec fromage, préparée tout exprès.

Les vases furent bouillis et fermés de la même façon que précédemment, excepté que l'un d'eux fut bouilli seulement pendant cinq minutes et l'autre pendant dix. Le poids spécifique de cette infusion était de 1.013. Je mis dans un troisième vase non calciné de cette même infusion sans fromage. Elle fut portée aussi à l'ébullition pendant dix minutes.

Je dus m'absenter du 28 au 30 et je ne pus examiner les vases avant le 31. Le Dr Bastian me dit que, le 24, vingt et une heures après la préparation, les liquides des deux vases calcinés étaient nettement troubles ; la température du bain-marie étant de 32° C. Soixante-dix heures après la préparation, alors que le trouble était encore plus marqué, chaque flacon contenait aussi ce qui semblait être une « pellicule » qui s'était formée et s'était enfoncée au fond. A ce moment, le liquide dans ce troisième vase était aussi devenu décidément tout à fait trouble.

a) *Infusion neutre de navet avec fromage dans une cornue calcinée ayant bouilli dix minutes.* — Après avoir éprouvé le vase de la façon précédemment décrite, celui-ci fut ouvert le 31. Le liquide était très fétide, avait une réaction acide et contenait beaucoup d'écume. Il était plein de Bactéries, et, dans l'écume, il y avait des Leptothrix en abondance, avec des granules de tailles différentes, fortement réfringents.

b) *Le même bouilli cinq minutes.* — L'état du liquide était le même que celui que nous venons de décrire.

c) *Infusion neutre sans fromage ayant bouilli dix minutes; vase non calciné.* — Dans ce liquide, les bâtonnets et les filaments étaient beaucoup moins nombreux. Aux autres points de vue, tout était semblable. Dans chaque cas, avant d'ouvrir la cornue, il fut observé que la paroi de verre rentrait quand on l'exposait à la flamme du chalumeau.

En ce qui concerne le résultat des expériences précédentes, il est inutile que je dise quoi que ce soit de leurs rapports avec la question de l'Hétérogenèse. Le sujet a été déjà discuté dans les colonnes du journal.

On a publiquement douté des faits annoncés par le Dr Bastian, en ce qui concerne les expériences dont il s'agit. J'en ai douté aussi, et exprimé mes doutes, sinon publiquement, au moins en conversation particulière. Il me suffit d'avoir établi (tout au moins à ma propre satisfaction) qu'en suivant les instructions du Dr Bastian, on peut préparer des infusions qui ne sont pas privées, par une ébullition de cinq ou dix minutes, de la faculté de subir les altérations chimiques qui sont caractérisées par la présence d'une foule de Bactéries, et d'avoir établi que le développement de ces organismes peut se produire avec une très grande activité dans des tubes hermétiquement clos, d'où presque tout l'air a été chassé par l'ébullition.

J. BURDON-SANDERSON.

University College, 1er janvier.

Peu de temps après la publication de ce rapport par le professeur Burdon-Sanderson, il vint une autre confirmation indépendante de mes travaux, sous forme d'une lettre publiée dans *Nature* le 20 mars 1873, par D. Huizinga, professeur de physiologie à l'Université de Groningue. J'en extrairai quelques passages. La communication était importante parce qu'elle répondait à quelques-unes des objections qui dans l'intervalle avaient été élevées par d'autres. Il insistait sur la nécessité du soin à apporter à ces expériences si l'on voulait en obtenir des résultats couronnés de succès. Le professeur Huizinga écrivait :

« M'étant occupé, pendant quelque temps, de l'étude expérimentale de l'Abiogenèse, j'ai suivi avec intérêt la controverse sur cette question dans des numéros récents de *Nature*, et je désire relater aux lecteurs de ce journal le résultat de mes expériences. Une décoction de navet d'un poids spécifique de 1.011 1.016 filtrée et bouillie avec du fromage (0,25 — 0,50 gramme pour 50 cc.) filtrée de nouveau et neutralisée, puis bouillie pendant dix minutes et hermétiquement enfermée, après avoir été exposée pendant deux ou trois jours à la température de 30° se trouve contenir une foule de *Bacterium termo*. Il faut remarquer toutefois qu'une trop grande concentration de la solution empêche l'évolution des Bactéries. Le volume du liquide employé ne doit par conséquent pas être trop petit, sans quoi l'ébullition pendant dix minutes rendra la solution trop concentrée. Peut-être les résultats négatifs obtenus par tant d'observateurs sont-ils explicables par cette circonstance?

On peut employer au lieu de fromage de la peptone (0,2 grammes pour 50 cc. avec le même résultat. On obtient la peptone par la digestion de l'albumine d'un œuf par du suc gastrique artificiel: elle est ensuite isolée et purifiée par la précipitation répétée par l'alcool.

Huizinga décrivait ensuite la constitution d'un liquide préparé avec certaines substances salines et avec du sucre de raisin, qui pouvait être employé au lieu de l'infusion de navet, et qui, additionné de peptone, donnait aussi des masses de Bactéries après avoir été bouilli et préservé de toute contamination.

Toutefois, Burdon-Sanderson, dans certaines remarques faites ensuite (*Nature,* 2 octobre 1872) sur les expériences de Huizinga, disait : « La substitution d'un principe soluble immédiat à un produit mixte insoluble, tel que le fromage, et l'emploi d'une solution définie de sucre et de sels, ne constituent pas des progrès matériels. La question n'est pas de savoir si la matière germinale des Bactéries est présente, mais si elle est détruite par la chaleur. Par conséquent, ce qu'il faut, ce n'est pas changer le liquide, mais faire que les conditions de l'expérience, en ce qui regarde la température, soient aussi exactes que possible. A ce point de vue, l'expérience de Huizinga est une confirmation de celle de Bastian, et rien de plus. »

Ces remarques sont absolument justes. Au point de vue de l'interprétation à donner à ces expériences, il était peu important de savoir combien il y avait de germes dans les substances employées. La vraie question, ainsi que Burdon Sanderson l'a dit, était de savoir si les germes qui sont présents sont ou non détruits par le procédé de chauffage employé.

Au plus, pour le présent, nous ne considérons pas la question de l'interprétation, nous nous occupons seulement d'une question de fait. Pasteur avait-il raison ou tort, en proclamant que les liquides ayant une réaction acide, après avoir bouilli pendant quelques minutes dans des tubes de verre, et été préservés ensuite de la contamination atmosphérique, ne présentent ensuite aucun signe de fermentation, et ne contiennent aucun organisme vivant ? En ce qui concerne la question de fait, mes expériences ont prouvé qu'il avait tort. En plus des infusions acides de navet, telles que je les ai employées dans certaines de mes expériences avec Burdon-Sanderson, j'avais obtenu des résultats similaires avec d'autres liquides acides. Aux chapitres xix et xx, je relaterai beaucoup de nouvelles expériences couronnées de succès faites avec des solutions acides contenant un sel ammoniacal ou d'autres encore.

Les pages de *Nature* de 1893 contiennent beaucoup de discussions relatives à ces expériences anciennes dont nous avons parlé ; mais comme les lettres et les articles en question ne concernent que la question d'interprétation, il est inutile d'en parler maintenant ; surtout parce qu'il sera parlé dans les chapitres suivants de la plupart des points essentiels et que la question d'interprétation doit être renvoyée jusqu'à ce que l'ensemble des faits ait été énuméré.

Il y a pourtant un point dont il faut nous occuper maintenant. La quantité de fromage râpé contenue dans mes flacons n'excédait pas quelques centigrammes et aucune des parcelles n'était plus grosse qu'une tête d'épingle, et pourtant des critiques ont parlé de l'influence protectrice des « morceaux » et semblent croire que des Bactéries contenues dans de si petites parcelles pourraient échapper à l'influence destructrice de la chaleur. Cette opinion fut mise en avant après qu'il eut été absolument certain que des foules de Bactéries apparaissaient vraiment dans mes flacons. C'était un complet changement de front de la part des critiques, car en 1870, quand le professeur Huxley et d'autres qui partageaient son opinion, ne croyaient pas à la présence de Bactéries vivantes dans mes flacons, ils étaient disposés à croire que des masses comparativement volumineuses de matières solides ou demi-solides pouvaient être complètement stérilisées par une température de 100° C. Le professeur Huxley, dans son discours présidentiel, après avoir relaté des expériences du genre des miennes (mais sans citer de noms) donna cette explication plausible du reste, mais très erronée : « La première réponse qui vient d'elle-même, est qu'il y a probablement eu quelque erreur dans ces expériences, parce qu'elles sont faites sur une grande échelle, chaque jour, avec des résultats contraires. De la viande, des fruits, des légumes, les éléments essentiels mêmes des infusions les plus aptes à fermenter et à se putréfier, sont conservés chaque année, je crois pouvoir dire par milliers de tonnes par une méthode qui est une simple application de l'expérience de Spallanzani Les matières à conserver sont bien bouillies dans une boîte en fer-blanc percée d'un petit trou, et ce trou est bouché quand tout l'air de la boîte a été remplacé par la vapeur. De cette façon on peut les conserver pendant des années sans qu'elles se putréfient, ou fermentent ou moisissent. »

Peu de jours après ce discours, je visitai à Londres un des plus grands établissements de conserves de viandes et de légumes. C'est à la courtoisie de M. M'Call de Houndsditch que je dus de pouvoir faire cette visite et de pouvoir recueillir de nombreux détails qui me furent communiqués dans une conversation, avec permission de les publier.

Les récipients où les provisions sont enfermées, au lieu d'être simplement chauffés à la température de 100° C (ainsi que presque tout le monde le comprendrait d'après ce que dit Huxley) sont d'abord chauffés dans un bain de chlorure de calcium (chauffé par la vapeur) puis portés à la température de 110° ou 120° C pendant plus d'une heure et demie. Le trou par lequel la vapeur s'échappait est ensuite soudé. Naturellement, il faudrait plus de temps pour porter le contenu plus ou moins solide des boîtes à une température donnée, qu'un liquide, mais la probabilité est que, pendant la dernière moitié du temps, la température du contenu n'est pas éloignée de 107 ou 108° C au moins.

Je me suis assuré qu'en faisant bouillir un liquide vivement dans un récipient à ouverture très étroite, on élève nettement le point d'ébullition[1]. Je découvris ceci en introduisant un petit thermomètre à maxima dans un des récipients contenant 30 centimètres cubes de l'infusion de foin ; puis j'en étirai le col afin de laisser seulement l'étroit orifice habituel, et je fis bouillir le liquide vivement pendant cinq minutes. Le thermomètre était un instrument très exact, fait spécialement pour moi par Hicks de Hatton Garden ; sa cuvette était éloignée d'environ trois quarts de pouce du verre, et pourtant, au bout de cinq minutes, il marquait 103°33 C. Avec une plus grande quantité de liquide et le même orifice étroit, surtout quand on chauffait pendant longtemps, comme dans la préparation des viandes et des légumes de conserve, la

1. Voir *Nature*, 10 juillet 1873. Une élévation de température similaire, jusqu'à un certain point se produit dans les expériences faites d'après la méthode de Schwann ; ou bien lorsqu'on emploie des flacons à col long et étroit et recourbé, ou d'autres bouchés avec de l'ouate, ainsi que l'a fait Pasteur. Dans tous les cas, la température s'élève certainement plus haut que 100°.

température du contenu a bien pu s'élever environ à 107° C.

La petitesse de l'ouverture et le volume du liquide ont beaucoup à faire dans la question, ainsi que le montre une lettre dans le même numéro de *Nature* (10 juillet 1873) de W.-N. Hartley qui dit : « Je soudai à un flacon, d'une capacité d'environ 100 centimètres cubes, un tube faisant angle droit avec le col, et j'en étirai l'extrémité de façon à former un orifice capillaire. A peu près 30 centimètres cubes d'eau furent introduits dans le flacon, et un bouchon de caoutchouc fut enfoncé dans le col. Quand l'eau se mit à bouillir, la vapeur ne s'échappait pas depuis plus d'une minute que déjà la température atteignait 102° C ; au bout de dix minutes, elle était de 118° C. Craignant que l'appareil ne devînt dangereux, je ne poussai pas plus loin, et je n'en avais pas besoin... Qu'une solution aqueuse puisse aussi facilement atteindre 118° C est un point dans les manipulations chimiques qui rendra de grands services dans le laboratoire. »

On voit que les températures obtenues par W.-N. Hartley sont beaucoup plus élevées que celles que j'ai relatées ; la différence tient probablement à ce que l'orifice de mes récipients (une ligne de diamètre) n'était pas aussi étroit que l'orifice du sien.

Mais dans la conservation des viandes, immédiatement après la soudure, quand la température du contenu de la boîte s'est probablement maintenue pendant quelque temps à 108° C au moins, on augmente la pression de vapeur, de sorte que le bain s'élève rapidement à 125° C environ. Il est maintenu à cette température pendant plus d'une demi-heure. Les boîtes étant complètement fermées, la température de leur contenu doit s'élever graduellement. Au moment même où je me trouvais dans l'établissement dont j'ai parlé, un des bains atteignit la température de 129° C environ. Ainsi il semble prouvé que le contenu des boîtes se trouve atteindre souvent en dernier lieu 126°,5 C. Tout cela est très différent de ce que l'on dit quand on relate que les provisions sont ou ont été « bouillies » pendant une durée que l'on ne spécifie pas.

Le professeur Huxley a mentionné la possibilité d'insuccès et il semble les attribuer à des « fermetures imparfaites ». Mais en m'informant, j'appris que le nombre de ces insuccès flagrants, même dans les meilleurs établissements, est très appréciable. Quoiqu'on puisse les attribuer en grande partie à une fermeture défectueuse, M. M'Call m'assura pourtant que dans un grand nombre de cas, où l'on ne pouvait découvrir aucun défaut à la boîte, où le mode de préparation avait été impeccable, et les matières premières de première qualité, pourtant, il arrivait que, par une raison qu'il ne comprenait pas, il y avait des conserves absolument manquées. Des gaz en faisaient bomber les extrémités et quand on les ouvrait, la viande se trouvait en état de décomposition accompagnée d'une odeur fétide, avec ou sans moisissures çà ou là à la surface. Par contre, on a des conserves se gardant pendant dix ans et plus, sans changement appréciable ; on me dit que la soupe à la tortue, et toutes celles qui se solidifient par refroidissement restent invariablement excellentes. On pouvait s'y attendre ; Huizinga ayant en effet vu que la concentration excessive d'une infusion ordinaire la rend moins apte à la fermentation.

On trouvera d'autres détails sur ce sujet dans *Nature* (29 septembre 1870, p. 433). Nous n'en avons parlé ici que parce que cela a une très grande portée à propos de nos expériences, et parce que l'exposé qu'en a fait Huxley était assez inexplicite pour être trompeur, sur plus d'un point, ainsi que j'ai tenté de le prouver.

CHAPITRE XIII

PASTEUR A-T-IL CORRECTEMENT EXPLIQUÉ LE FAIT QUE LES INFUSIONS NEUTRES OU LÉGÈREMENT ALCALINES, PRÉALABLEMENT CHAUFFÉES A 100° C. FERMENTENT SOUVENT?

Gerhardt dit, dans son *Traité de Chimie organique* (t. IV, 1856, p. 547) : « Beaucoup de substances, qui isolées, ou à l'état humide, ne sont pas oxydées par l'air, s'oxydent aussitôt qu'elles sont en contact avec un alcali. Ainsi, l'alcool pur, exposé à l'air, restera pur indéfiniment, et sans devenir acide ; mais si on y ajoute un peu de potasse, il absorbe vivement de l'oxygène, et se convertit en vinaigre, et en une substance brune résineuse. Il est clair, d'après cela, que la potasse doit favoriser certaines fermentations, puisqu'elle favorise l'absorption de l'oxygène, et que la présence de celui-ci aide à la fermentation. » Il dit aussi (*loc. cit.*, p. 556) : « On sait que les viandes et les substances végétales plongées dans le vinaigre sont préservées de la décomposition, au moins pendant un certain temps... La majorité des acides produit le même effet que le vinaigre. »

Pasteur connaissait certainement ces faits. Il eût pu aisément satisfaire sa curiosité en ce qui concerne la quantité relative de changements dus à la fermentation qui se produiraient dans des infusions semblables légèrement alcalines, ou organiques et acides, même à des températures ordinaires, et avec exposition plus ou moins libre à l'air. Ainsi, pour citer une des expériences que j'ai faites il y a de longues

années [1] « Je préparai une infusion de mouton assez forte,
dont je mis environ 45 centimètres cubes, après filtration,
dans deux tubes semblables. Je laissai une des portions de
l'infusion, à l'état neutre, et j'ajoutai à l'autre trois gouttes
d'acide acétique fort, de façon à ce qu'il se produisît une
faible réaction avec le papier de tournesol. Les deux tubes
furent exposés côte à côte pendant la journée à une température de 25° C. environ. Au bout de vingt-quatre heures la
solution neutre était nuageuse, et plus ou moins opaque ;
l'acide n'était nullement altérée. Elle était aussi claire qu'a-
vant, et elle resta ainsi quarante-huit heures. Au bout de ce
temps, la solution neutre était tout à fait opaque et boueuse,
avec une pellicule à la surface, et un dépôt floconneux dans
le fond du tube. » A l'examen, on trouva ce liquide rempli
de Bactéries.

D'autres expériences similaires, avec diverses solutions
neutres ou faiblement alcalines, ont aussi prouvé que l'addition de quelques gouttes d'acide font qu'un liquide, après un
temps donné, contient un nombre d'organismes beaucoup
plus petit que n'en contient le volume égal de la même solution non acidifiée. Et réciproquement, si l'on a une infusion
acide, dont la productivité est connue, le nombre d'organismes trouvé dans des volumes égaux dans des conditions
similaires peut toujours être notablement accru par l'addition de quelques gouttes de solution de potasse qui la ren-
dent neutre, ou légèrement alcaline.

On peut, naturellement, interpréter ces faits comme une
indication que l'alcalinité légère ou la neutralité des liquides
est plus favorable, que leur acidité, à la fermentation. De plus,
il semble tout à fait possible que la différence entre les solutions acides et neutres, au point de vue des organismes que
l'on y trouve quand elles ont été exposées pendant quelques
jours à la température atmosphérique ordinaire, puisse être

1. *The Beginnings of Life* I, p. 387.

exagérée après que ces liquides ont été soumis à la température où l'eau bout. Il semble tout à fait possible qu'une température élevée telle que 100° C. soit plus fatale à la matière organique quand elle est contenue dans des infusions acides que lorsqu'elle est contenue dans des infusions neutres ou faiblement alcalines. D'autres expériences que j'ai relatées ailleurs [1] montrent qu'il en est ainsi, et que les différences dans la production de la fermentation à la température atmosphérique ordinaire sont très amplifiées quand on a préalablement bouilli d'autres portions des mêmes liquides neutres et acides.

Maintenant, examinons les expériences de Pasteur avec des solutions acides et neutres, et le degré de précision qu'il a montré en essayant d'interpréter les divers résultats obtenus par lui.

Le sous-titre de son célèbre mémoire de 1862 est *Examen de la Doctrine des Générations spontanées*, et les vingt premières pages sont un historique où il discute assez complètement les expériences de Needham et de Spallanzani, ainsi que celles de Schwann et d'autres savants. Ses propres recherches l'avaient conduit à croire que les « ferments » ne sont pas des substances albuminoïdes subissant un changement spécial, quoique peu connu, ainsi que Liebig l'avait proclamé. A en croire Pasteur (*loc. cit.*, p. 23) les substances albuminoïdes « n'étaient jamais des ferments, mais l'aliment des ferments. Les vrais ferments étaient des êtres organisés ». Mais il était impossible d'établir cette doctrine, ou d'essayer de l'établir, sans détruire d'abord les preuves qui semblaient militer en faveur de la « génération spontanée ».

Si, dans les expériences qu'il avait discutées, préparées d'après la manière de Needham ou de Spallanzani, ou celle de Schwann, la chaleur avait été suffisante, et si la préserva-

1. *The Beginnings of Life*, vol. I. pp. 394-397.

tion contre la contamination avait été parfaite, et si néanmoins des organismes faisaient leur apparition, Pasteur eût
dû savoir aussi bien que tout autre que, s'il ne prouvait pas
par des *expériences directes* que l'élévation de température
n'avait pas été suffisante pour détruire toute vie pré-existante,
il fallait admettre l'interprétation rivale, comme l'avait
reconnu Spallanzani, et admettre une naissance *de novo* de
matière vivante.

Voyons donc quelle a été l'attitude de Pasteur en présence
de cette alternative.

On a cru communément que les expériences de Schwann
sont en faveur de la théorie des germes. Ceux qui liront son
mémoire verront toutefois qu'il a obtenu dans certaines de
ses infusions des organismes vivants. Quand les liquides
étaient de ceux qui sont capables de subir la fermentation
alcoolique par l'exposition à l'air, on trouvait parfois,
malgré toutes les précautions prises, des organismes dans
les flacons. Beaucoup d'autres observateurs ont aussi trouvé
des organismes dans des liquides contenus dans des vases
hermétiquement clos qui avaient été strictement soumis aux
conditions prescrites par Schwann. On a aussi remarqué
que souvent le changement subi par le liquide a le caractère
de la putréfaction bien plus que celui de la fermentation.
Nous pouvons citer Mantegazza, Pouchet, Joly, Musset,
Wymans, Hughes Bennett, Child, et d'autres parmi ceux qui
ont obtenu des résultats positifs.

En dépit du fait que ces observateurs avaient obtenu des
êtres vivants dans des tubes préparés d'après la manière de
Schwann, alors que diverses infusions étaient employées,
Pasteur fut enclin à croire pendant un certain temps, sur la
foi de ses propres expériences, qu'il suffisait de bien observer
les précautions recommandées par Schwann pour empêcher
l'apparition d'organismes dans ses infusions. Ses premières
recherches furent faites avec de l'eau de levure sucrée. A ce
propos Pasteur disait : « J'ai certainement eu l'occasion de

faire cette expérience plus de cinquante fois, et dans aucun cas, je n'ai trouvé dans ce liquide, si facilement altérable, un seul vestige d'organisme, lorsqu'il était au contact d'air calciné. » Quelque temps après, Pasteur employa un liquide entièrement différent, et dans toutes ses expériences des organismes vivants étaient invariablement présents dans les liquides préablement bouillis provenant de tubes que l'on venait d'ouvrir. Avant il se servait d' « eau de levure sucrée »; il employa ensuite du lait, aliment beaucoup plus complexe et plus nutritif. Après d'autres expériences avec le lait et d'autres liquides neutres, il arriva à cette conclusion que l'on peut rencontrer des organismes vivants dans tout liquide neutre ou faiblement alcalin, qui a été soumis aux conditions de Schwann ; et qu'on ne les rencontrait point quand les solutions employées avaient la réaction acide. Quels que soient les liquides employés, si, après qu'ils ont été bouillis et exposés à des conditions voulues, l'on ne trouve point d'organismes, leur absence s'explique par l'une ou l'autre des deux raisons suivantes. Ou bien la chaleur a détruit tous les organismes de ces solutions, ou bien les conditions particulières auxquelles la matière organique dans ces solutions a été exposée, ont été capables d'empêcher la fermentation. Quiconque était désireux de connaître la vérité, et capable de s'atteler à la question devait voir qu'il était obligé de donner une égale attention à ces deux possibilités. Il n'avait pas le droit d'affirmer que les probabilités étaient plus grandes en faveur d'une de ces explications que de l'autre. C'est là ce qu'il fallait prouver.

Mais, quand il obtint des résultats positifs avec du lait, ou des liquides neutres ou faiblement alcalins, soumis aux conditions exigées par Schwann, le cas devint tout à fait différent. La règle relative à l'impossibilité pour des êtres vivants de survivre dans des solutions portées pendant quelques minutes à 100° C. était absolue jusque-là, et avait pour base les preuves les plus certaines que Pasteur et d'autres

eussent pu trouver. Par conséquent personne n'eût dû tenter
de la mettre de côté, si ce n'est devant des preuves également
ment directes et également positives, mais plus étendues
que celle sur laquelle la règle avait été primitivement
fondée.

Voyons maintenant quelle fut la marche adoptée par Pasteur.
Il expliqua la différence entre ses premières et ses dernières
expériences en supposant que les Bactéries et les
Vibrions trouvés dans le lait qui avait servi à ses dernières
expériences provenaient de « germes » de ces mêmes organismes
qui, contrairement à la règle générale préalablement
admise, avaient été capables de résister à la chaleur requise
pour faire bouillir le lait. On n'essaya pas de fournir la preuve
directe de cette assertion ; et pourtant Pasteur n'hésita pas à
proclamer que les « germes » de ces organismes n'étaient pas
détruits par la température de 100° C dans les liquides neutres
ou faiblement alcalins, et qu'ils mouraient à 110 C. simplement
parce qu'en expérimentant avec ces liquides, on
trouva des organismes après qu'ils eussent été portés à la
première température, et on n'en trouva point quand ils eurent
atteint la seconde.

Il ne mentionna même pas l'autre possibilité, et ne tenta
point d'ajouter une preuve directe et positive en faveur de
ses idées. Et pourtant il devait connaître les faits que relate
Gerhardt dans le passage cité au commencement de ce chapitre,
et il est impossible qu'il n'ait pas vu qu'en outre de la
différence de température comme cause de ces différences de
résultats avec le même liquide il y avait aussi l'influence possible
de l'acidité ou de l'alcalinité légère des liquides dans la
production des résultats contraires quand les différents
liquides étaient chauffés à 100° C. Il eût été facile de s'assurer
de la réalité de cette dernière différence de la façon que j'ai
indiquée, et qui montre assez clairement que les infusions
neutres ou faiblement alcalines sont les plus favorables à la
croissance et au développement des Bactéries, et, par consé-

quent. *pourraient* aussi être les plus favorables à l'Archébiose. La génération et la croissance ne sont après tout peut-être pas si différentes.

Mais Pasteur ne dit pas un mot sur ce sujet, et il ne fit rien pour jeter de la lumière sur cette question. Il voulut ignorer complètement l'existence d'une des interprétations possibles du problème en litige. En arriver à la conclusion à laquelle il arriva par la suite, en présence de ce que l'on savait, et de ce qu'il acceptait au sujet de l'influence destructive de 100° C, sur la matière vivante plongée dans un liquide, était absolument injustifiable. On pourra à peine croire que les recherches de M. Pasteur qui ont eu tant d'influence, et qui ont été considérées par beaucoup comme des modèles de méthode scientifique, puissent contenir tant d'inexactitudes[1].

Pasteur entamait une controverse concernant une des plus importantes questions biologiques et pourtant il prit tout de suite l'attitude d'un homme qui est si convaincu à l'avance de l'erreur dans laquelle sont ceux d'une opinion contraire à la sienne, qu'il ne veut pas s'en tenir aux règles ordinaires. Il ne veut pas concevoir la possibilité de l'exactitude de l'opinion contraire à la sienne. Des faits ambigus furent expliqués comme s'ils n'étaient point tels ; des conclusions basées sur des preuves valables furent rejetées en faveur de preuves qui avaient comparativement moins de valeur. Et sur la foi de ces méthodes illogiques, Pasteur proclama qu'il avait « mathématiquement démontré » la vérité de ses propres idées. Et pourtant la réputation de savant consciencieux et brillant qu'avait Pasteur, justifiée du reste dans beaucoup d'autres recherches, a été toute-puissante, et la plupart des lecteurs ont été tout prêts à accepter ses conclusions en ce qui concerne l'origine de vie, conclusions qu'il a toujours proclamées si dogmatiquement.

1. Voir p. 62 ce que l'écrivain dans le *Contemporary Review* disait en ce qui concerne cette façon de raisonner.

Quand Pasteur découvrit que les infusions neutres ou faiblement alcalines sont si souvent fertiles dans des conditions qui laissaient les liquides faiblement acides stériles, avant d'ignorer l'autre explication possible, et de conclure que la fertilité des premiers était due à ce fait que les Bactéries et les Vibrions et leurs germes sont capables, dans ces liquides, de supporter l'influence destructrice de 100° C, il est clair qu'il aurait dû commencer par faire des expériences directes sur la question de la température où meurent les organismes dans les différentes infusions. Mais Pasteur n'a pas même fait allusion à la nécessité de ces expériences. Le lecteur se rappellera toutefois que j'ai fait des expériences décisives sur cette question, qui ont été relatées dans les chapitres ix et x.

Il fut d'abord montré que dans un liquide nutritif salin, ayant une réaction neutre (pp. 63 65), les Bactéries et les Vibrions et leurs germes meurent après une exposition d'environ dix minutes à une température de 60° C.

Je montrai ensuite qu'ils meurent à la même température environ dans les infusions organiques, et que certainement dans de telles infusions, la température mortelle n'excéda jamais 70° C. Et de plus qu'il n'y a point de différence quand on se sert d'une infusion de navet acide, ou d'une infusion de foin neutre ou faiblement alcaline.

Il fut montré aussi que la même température, ou à peu près, est fatale aux Torules et aux spores de champignons en général.

Elle était donc sans fondement aucun, cette simple supposition de Pasteur que certains « germes » supposés de Bactéries et de Vibrions ne sont pas tués dans des liquides neutres ou faiblement alcalins chauffés à 100° C. Car étant donné que les liquides nutritifs employés sont ensemencés avec une goutte d'un liquide dans lequel des myriades de Bactéries se multiplient rapidement, on doit supposer qu'elles se multiplient de la façon ordinaire, aussi bien par la méthode connue de division que par un mode quelconque de production inconnu et supposé. c'est-à-dire par des germes, visibles ou invisibles.

Ce qui a été déjà dit eût constitué une réponse complète à Pasteur au moment de la publication de son mémoire et pendant les dix années qui suivirent; car à ce moment, les spores des Bacilles étaient inconnues, et ce que Pasteur appelait des « germes » de Bactéries et de Vibrions étaient des corps hypothétiques que ni lui, ni personne d'autre n'avait jamais vus. A ce moment on ne connaissait comme moyen de multiplication des Bactéries et des Vibrions que la fissiparité.

Plus tard, en 1875, on découvrit les spores brillantes et réfringentes des Bacilles; et il a été déjà beaucoup parlé de la faculté de résistance à la chaleur de ces corps, surtout après dessiccation préalable. L'étendue de cette faculté a été très soigneusement étudiée par moi, ainsi que je l'ai montré dans le chapitre X. Mais pour des raisons très valables, le liquide nutritif dans lequel fut étudiée leur faculté de résistance était de réaction acide, de sorte que les résultats obtenus ne peuvent être cités ici en connexion avec la question dont nous nous occupons dans ce chapitre.

Toutefois, étant donné que les Bactéries et les Vibrions, qui n'ont point subi de dessiccation préalablement, sont tués (ou au moins perdent toutes leurs facultés de croissance et de multiplication) à une température de 70° C, et que la mort se produit aussi sûrement dans des solutions neutres ou faiblement alcalines que dans des solutions acides, ainsi qu'il a été montré dans le chapitre IX, il semble probable que la température mortelle pour les spores desséchées de ces organismes peut aussi ne pas différer dans des liquides nutritifs ayant ces différentes réactions. Jusqu'ici, toutefois, ce point n'a pas été prouvé. Aussi, dans l'état actuel des connaissances, faut-il admettre que jusqu'ici il n'a pas été donné de réponse absolue et complète à ce qui était indubitablement une simple supposition de la part de M. Pasteur.

CHAPITRE XIV

NOUVELLES EXPÉRIENCES SUR LA FERTILITÉ DES SOLUTIONS ORGANIQUES NEUTRES CHAUFFÉES A 100° C

On a longtemps considéré les températures entre 25° et 36°C comme étant celles qui sont les plus favorables à la fermentation. Les limites les plus élevées de la température favorable (ce que l'on appelle à présent température *optima*) n'ont pas été soigneusement établies ; et tel a été le cas, spécialement en ce qui regarde la fermentation dans des liquides qui ont été bouillis[1].

Dans les expériences antérieures de cet ordre, autant que je le puis savoir, personne n'avait à dessein fait usage d'une température génératrice au-dessus de 38° C. La température que quelques savants ont employée a même été trop fréquemment au-dessous (25° C). Avant le mois d'août 1875, je n'avais moi-même jamais employé à dessein une température génératrice au-dessus de 35° ou 36° ; au commencement de ce mois, je découvris que des liquides bouillis qui restent stériles à la température de 26°-30° C se troublent et se remplissent d'organismes si on les maintient à la température de 46° C. Ce fait important fut prouvé dans des expériences faites avec des infusions de foin, et du lait, qui avaient été auparavant soumis à des températures destructives beaucoup au-dessus de 100° C.

1. La première partie de ce chapitre est composée d'extraits d'un article paru dans le *Journal of the Linnaean Society* (*Zool.*) n° 73, 1877 et n° 74, 1878.

Peu après je découvris qu'une température d'incubation, ou génératrice, de 50 C pouvait être d'un grand avantage pour certains liquides. A cette température des infusions organiques qui autrement fussent restées stériles, et indemnes de tout signe de fermentation, sont devenues rapidement corrompues et troubles. Mais quoique cette température élevée favorise tellement la production de modifications chimiques de caractère fermentatif dans certains liquides organiques, il ne faut pas en conclure qu'il en est de même pour tous les autres. Les conditions les plus favorables à la production de ces changements doivent être étudiées séparément pour chaque sorte de liquide employé dans les expériences ; car on peut rencontrer des différences spécifiques considérables. Toutefois, je me suis déjà assuré que cette température élevée (50° C) est aussi favorable à la fermentation du lait et des infusions de farine, de navet et autres, qu'à celle de l'urine.

Peu après que j'eusse annoncé ce fait en juin 1876 [1] le professeur Cohn [2] fit savoir que le Dr Eidam avait aussi découvert que certains organismes croissent et se multiplient rapidement à cette température élevée, dans des infusions de foin, quoiqu'elle soit fatale aux *Bacterium termo*, aux Torules et à d'autres encore. L'influence fortement stimulante de la température de 50° C peut aussi se constater aisément d'une autre façon. Non seulement, elle cause la fermentation chez certains liquides qui resteraient stériles aux températures ordinaires (25° C environ), mais de plus, elle exerce son influence sur les liquides qui fermentent à température plus basse, en produisant la fermentation avec une rapidité bien plus grande.

Dans aucun liquide on ne peut constater ces différents effets mieux que dans l'urine qui a été neutralisée avec de la potasse avant l'ébullition, parce que bien que fermentant aux tempé-

1. *Proceedings of the Royal Society.* n° 172, p. 149.
2. *Beitrage zur Biologie der Pflanzen,* t. II, 1876, p. 268.

ratures basses, elle ne le fait que difficilement et seulement après plusieurs jours. Ainsi, j'ai trouvé que de l'urine à laquelle, pour la neutraliser, il fallait ajouter deux gouttes de potasse par 30 centimètres cubes (après cette adjonction et une ébullition d'une durée de cinq minutes) ne fermentait point avant douze ou quinze jours, si on la gardait à la température de 25° C environ, tandis qu'elle fermentait au bout de quinze ou trente heures à la température de 50° C. C'est aussi pendant l'été de 1875 que je fis tout d'abord ces expériences pour m'assurer si, comme chez les autres liquides acides, la fermentabilité de l'urine serait accrue par la neutralisation préalable avec de la potasse. Il fut répondu à cette étude préliminaire par l'affirmative.

Puis se présentait la question plus importante de la cause ou du mode de production de cette fermentabilité plus grande. Pour deux raisons l'urine me sembla un liquide d'un usage excellent dans mes essais pour jeter quelque lumière sur ce problème: 1° à cause de l'unanimité des observateurs à déclarer que l'urine, bouillie à l'état acide, reste invariablement stérile quand on la met à l'abri des contaminations; 2° parce que l'acidité marquée de l'urine nécessiterait l'emploi de la potasse en quantités facilement mesurables, même lorsqu'il s'agit seulement de neutraliser les petites quantités de ce liquide, que l'on emploie d'habitude dans ce genre d'expériences.

L'unanimité des observateurs antérieurs sur le fait que l'urine reste stérile quand elle a été bouillie à l'état acide et qu'elle a été préservée de toute contamination est remarquable; on pourra s'en assurer par les citations suivantes. Pasteur parlant de l'eau de levure sucrée et de l'urine dit[1] : « Nous avons reconnu que ces liquides portés à la température de l'ébullition à 100° C pendant deux ou trois minutes, puis exposés au contact de l'air qui a subi la température

1. *Ann. de Chimie et de Phys.*, 1862, t. LXIV, pp. 58 et 52.

rouge, n'éprouvent aucune altération. » Le dernier de ces liquides peut rester indéfiniment, dit-il, « sans éprouver d'autre altération qu'une oxydation lente de la matière albumineuse », et cela même, à la température de 25° à 30°, température si favorable à la putréfaction de l'urine. » Le professeur Lister[1] appelle vivement l'attention sur des expériences avec de l'urine bouillie à l'appui de la théorie des germes. Entre ses mains, le résultat invariable est qu'elle reste stérile de toute contamination après l'ébullition. En ce qui concerne les organismes et les germes qui peuvent y être contenus, il dit : « Il est nécessaire de maintenir cette température élevée (100° C) pendant cinq minutes, pour assurer la destruction complète de leur vitalité. »

Le D[r] (depuis Sir) William Roberts[2] parle de l'urine saine, et de l'urine diabétique comme étant les liquides les plus faciles à stériliser. « Trois ou quatre minutes d'ébullition, dit-il, suffisent à amener ce résultat, et font que le liquide reste indéfiniment stérile, quand il est maintenu à des températures oscillant entre 16° à 32° C environ. »

En 1875 le professeur Tyndall[3] trouva, lui aussi, qu'il suffisait de cinq minutes d'ébullition pour stériliser l'urine quand on l'exposait ensuite à de « l'air purifié ».

L'unanimité à déclarer l'urine stérile après une brève ébullition à l'état acide, et ce fait que, comme d'autres liquides, sa fermentabilité augmente après la neutralisation par la potasse, semblent en avoir fait, ainsi que je l'ai dit, un liquide spécialement favorable pour les expériences sur les causes de l'accroissement de fermentabilité.

Il y avait deux explications possibles de ce fait. 1° Il pouvait être dû à la « survivance de germes » de quelques-uns des ferments dans les infusions neutres bouillies ainsi que

---

1. *Introductory Lecture* à l'Université d'Edimbourg, 1869, p. 19.

2. *Phil. Trans.*, vol. CLXIV, fasc. II, p. 464.

3. *Phil. Trans.* 1876, vol. CLXVI, fasc. I, p. 42.

Pasteur l'affirma ; ou 2° il pouvait être dû à la simple influence chimique de la potasse mettant en train et favorisant les changements moléculaires conduisant à la fermentation, ainsi que cela avait été primitivement suggéré par Gerhardt, et parmi ces changements il pouvait y avoir un processus de génération de vie.

Il semble qu'il était si facile de résoudre cette question importante par des expériences définitives, que l'on ne peut que s'étonner que M. Pasteur ne les ait jamais tentées. Ainsi, on peut bouillir les liquides à l'état acide de façon à tuer tous les germes et organismes qui y sont contenus, et puis, on peut y ajouter de la potasse bouillie en quantité suffisante[1]. Les résultats d'un certain nombre d'expériences de ce genre seraient suffisamment décisifs pour nous permettre de nous rendre un compte exact de la façon dont la potasse opère pour déterminer la fermentation. Si les liquides auxquels de la potasse est ajoutée en quantité suffisante restent stériles, alors le résultat serait certainement en faveur de la première interprétation, celle qu'a donnée Pasteur et qui fut adoptée par les partisans de la théorie des germes. Si, d'un autre côté, l'addition de potasse bouillie à de l'urine qui a été bouillie à l'état acide, suffit à changer ce liquide préalablement pur en un liquide trouble où fourmillent les ferments, il serait ainsi prouvé que la fermentabilité plus grande de l'urine neutralisée est attribuable à la seconde cause, c'est-à-dire à l'influence chimique de la potasse mettant en train des changements d'ordre fermentatif, quelle que soit la nature précise de ces changements.

Quelques expériences préliminaires furent faites avec un appareil absolument semblable à celui qu'employa W. Roberts dans les quelques expériences qu'il fit avec de l'infusion de foin. On prit de petits flacons à col étroit capables de con-

---

1. Quelques expériences de ce genre furent faites par William Roberts avec de l'infusion de foin (*Phil. Trans.* 1874, vol. CLXIV, fasc. II, p. 474).

tenir environ 90 ou 100 centimètres cubes de liquide ; chacun fut rempli à moitié avec une quantité mesurée d'urine fraiche non filtrée dont on avait déterminé le degré d'acidité en recherchant quel nombre exact de gouttes de potasse de la « British Pharmacopœia » il fallait ajouter pour en neutraliser 30 cen-

Fig. 2. — Flacon bouché, avec tube de potasse.

timètres cubes[1]. On ajoutait alors la quantité de potasse exactement suffisante pour neutraliser l'urine de chaque flacon dans des tubes en verre ; chacun avait un petit renflement à chaque extrémité, dont l'un était étiré en un prolongement mince courbé à angle obtus. On chauffait à la flamme chacun de ces tubes avant de plonger son orifice capillaire ouvert dans la quantité de potasse voulue, contenue dans une petite capsule de porcelaine. Quand tout l'alcali mesuré eut été ainsi aspiré dans le tube de verre, on renversait celui-ci et son extrémité capillaire était scellée à la flamme d'une lampe à alcool. On entourait son col d'ouate, et le tube lui-même était mis dans un des flacons traversant l'ouate faisant bouchon tandis que l'extrémité capillaire du tube touchait juste le fond du flacon.

Les flacons ainsi remplis et préparés, on faisait bouillir l'urine dans son état altéré d'acidité sur la flamme pendant cinq minutes. Quand le liquide était refroidi, on pressait légèrement sur le tube afin de casser son extrémité capillaire ; et

1. Il faut dire ici que la solution de potasse employée avait un poids spécifique de 1058, et qu'elle contenait 5.84 de potasse caustique pour 100 d'eau. Celle dont je me suis servi a toujours été achetée chez M. Martindale, 10, New Cavendish Street, à Londres.

immédiatement après, on chauffait le renflement extérieur du tube afin de faire dilater l'air qui y était contenu. Ainsi la quantité mesurée de potasse était chassée dans l'urine stérilisée. Le flacon était ensuite placé dans une étuve et maintenu à la température de 40° ou 45°[1].

D'autres expériences furent faites de cette façon avec de l'urine fraîche dont le poids spécifique était de 1020 à 1025, et dont l'acidité exigeait pour la neutralisation de 7 à 15 gouttes par 30 centimètres cubes.

Dans presque tous les cas, l'urine prenait une couleur claire et se troublait en deux ou trois jours. D'autres expériences montrèrent qu'un léger excès de potasse tend à retarder ou à empêcher la fermentation, quoiqu'une quantité de potasse notablement inférieure à celle qui est requise pour la neutralisation permette à la fermentation de se produire, et cela presque aussi rapidement que si la neutralisation avait été complète. Même lorsqu'on ajoutait la potasse en quantité suffisante pour neutraliser à moitié, dans beaucoup de cas la fermentation se produisait, mais ralentie, et au bout de cinq ou six jours seulement.

Dans toutes ces expériences on remarqua que le liquide, quand il était trouble, n'était point fétide; le plus souvent l'odeur était à peine altérée. Dans certains cas, pourtant, elle était plus marquée que de coutume. Les organismes que l'on trouva dans l'urine en fermentation étaient dans tous les cas, les mêmes : des Bacilles courts, moyens, ou ayant la forme de longs fils (voir fig. 9) et non le petit ferment absolument différent que Pasteur croyait être la cause immuable de la conversion, dans l'urine, de l'urée en carbonate d'ammoniaque et en eau[2]. Quelquefois, on ne trouva que des bâtonnets courts et non articulés, mais le plus souvent il s'y joignait des quantités diverses de corps plus longs.

1. On n'employa pas dans cette expérience de températures plus élevées.
2. *Ann. de Chim. et de Phys.*, t. LXIV. 1862, p. 50.

analogues aux Vibrions, et à des filaments que j'ai désignés, comme l'ont fait d'autres, sous le nom de Leptothrix.

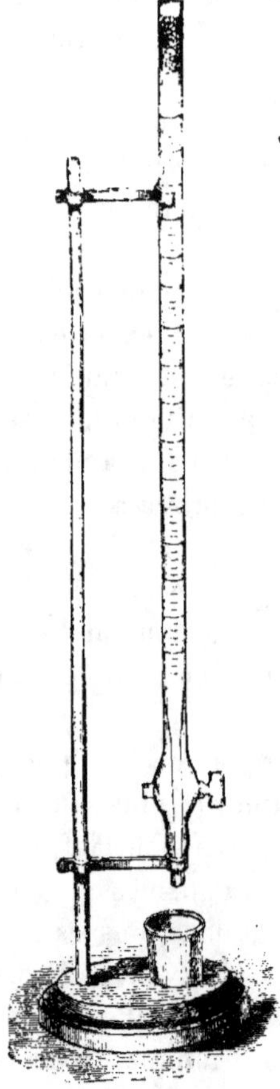

Fig. 3. — Tube-burette pour mesurer la solution de potasse.

Les résultats de ces expériences préliminaires m'incitèrent à chercher des méthodes plus strictes débarrassées de toute source d'erreurs pouvant agir sur les résultats.

Toutefois, pour me débarrasser de tout doute sur le coton considéré comme préservatif et filtre dans ces expériences, je décidai de refaire l'expérience de l'urine et de la potasse avec des flacons hermétiquement scellés, dont l'air avait été chassé par ébullition. Je pris aussi la précaution de faire bouillir les tubes de potasse, avant de les mettre dans les flacons d'expérience. Il était prudent d'avoir recours à cette méthode, car je m'étais auparavant assuré que l'urine neutralisée avant l'ébullition fermente dans ces flacons sans air presque aussi bien que dans les flacons bouchés avec de l'ouate. Il n'y avait donc pas de restriction excessive dans les conditions proposées.

Le nouveau procédé que j'employai fut le suivant.

D'abord, il fallait préparer une provision de tubes contenant la proportion de potasse à ajouter. On en fit avec 8, 10, 12 gouttes et plus. Ceux qui contenaient la même quantité étaient tous ensemble réunis en groupe, séparés, étiquetés et prêts à être utilisés à leur tour selon le degré d'acidité de l'urine avec laquelle on allait opérer. Pour obtenir une exactitude parfaite dans le titrage de la potasse, je me servis d'une petite burette (fig. 3) graduée par gouttes et munie d'un robinet d'arrêt grâce auquel on pouvait facilement mesurer des demi-gouttes. Après avoir préparé une certaine quantité de ces petits tubes, fermés à une extrémité, et étirés à l'autre, j'y mis les quantités mesurées de potasse.

Comme dans l'expérience précédente, la potasse était dans un petit pot de porcelaine. On y plongeait l'extrémité capillaire ouverte du tube, préalablement bien chauffée à la flamme d'un bec de Bunsen. Quand on n'a pas de support plus perfectionné on peut placer le petit pot de porcelaine dans l'angle entre deux bouteilles, de façon que la partie supérieure du tube chauffé est appuyée

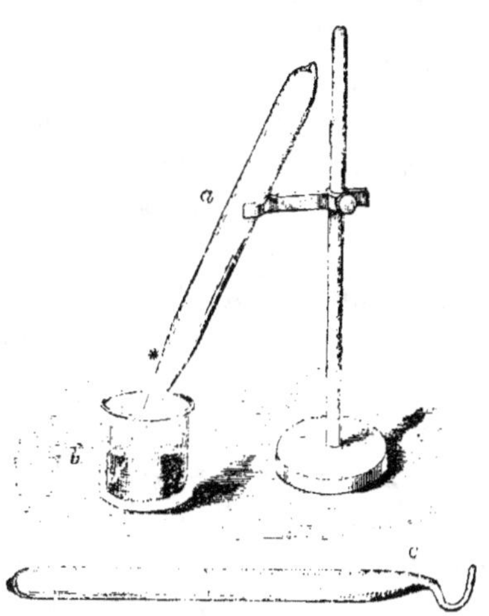

Fig. 4. — Tubes à solution de potasse, avec capsule et support.

sur elles, ce qui fait qu'il est supporté et qu'il se refroidit plus vite. Au bout de deux ou trois minutes, quand toute la potasse a pénétré dans le tube, on le renverse, et l'endroit où il s'amincit (fig. 4*) est chauffé à la flamme d'une lampe à alcool de façon que le tube peut être étiré encore plus dans cette position. Ensuite on recourbe l'extrémité du tube de la façon indiquée sur la figure et on ferme hermétiquement.

Ainsi préparé, le tube doit être juste à demi plein de potasse. Sa longueur doit avoir été diminuée autant que possible, et sa pointe doit être arrangée de telle façon qu'elle puisse se briser facilement par un léger choc. Cette dernière phase de la préparation des tubes de potasse devant être réalisée

lentement et avec soin, on opérera de préférence avec une
très petite lampe à alcool. D'une part, il est nécessaire que la
partie courbée du tube soit assez faible pour se casser quand
on l'appuie sur la paroi du flacon dans lequel elle est ensuite
enfermée ; d'autre part, il ne faut pas qu'elle soit trop fra-
gile non plus, et incapable de supporter la pression intérieure qu'elle a à subir pendant son immersion dans l'eau
bouillante. Ceci est la dernière phase dans la préparation des tubes de potasse. Une fois fermés, quelques-uns
d'entre eux doivent être placés dans un récipient contenant
de l'eau chaude, et on les porte à la température de 100° C,
pendant le temps qui a été fixé. Dans ces expériences je
trouvai bientôt que la durée de l'ébullition des tubes de
potasse n'a pas d'influence sensible sur les résultats ; aussi
je les fis bouillir pendant quinze ou vingt minutes seulement, quelquefois plus, et même deux ou trois fois pendant
deux heures. Ainsi préparés, les tubes étaient mis dans des
compartiments étiquetés selon le nombre de gouttes qu'ils
contenaient.

On peut faire des expériences à tout moment quand on a
ainsi une provision de tubes toute prête. On prend une urine
fraîche convenable, on s'assure de son poids spécifique et
de son degré d'acidité. J'ai procédé en prenant exactement
30 centimètres cubes de cette urine, et j'y ajoute de la
potasse, goutte par goutte, avec la burette, jusqu'à ce que le
point de la saturation soit presque atteint. Puis, on ajoute
l'alcali par demi-gouttes en faisant entre chaque addition
l'épreuve avec le papier tournesol pour s'assurer exactement
du moment de la neutralisation complète[1]. Pour faciliter
cette partie de l'opération, je me suis servi d'une éprouvette

1. Il n'est pas inutile de dire ici que les papiers dont je me suis servi
m'ont été vendus par M. Martindale, 10 New Cavendish Street, Londres. Ils
sont semblables aux papiers dont on se sert dans les services de l'*University College Hospital*. Je me suis assuré par expérience avec soin que 1 8
de goutte de potasse dans 30 centimètres cubes d'eau distillée peut être
décelé par le papier tournesol préalablement rougi, tandis que 1 4 de

graduée à bec (fig. 5) ayant un orifice étroit qui peut se laisser couvrir par le pouce de façon que l'on puisse secouer le contenu pour faciliter le mélange de l'urine avec la potasse que l'on ajoute. Je ne me suis servi que de ma propre urine pour ces expériences. Celle que l'on émet le matin avant le déjeuner est très favorable. Ce liquide est resté clair après l'ébullition ; aucun phosphate ne s'est déposé. Son acidité s'est trouvée neutralisée par de 10 à 14 gouttes de potasse par 30 centimètres cubes, son poids spécifique variait de 1020 à 1025.

Quand on s'est assuré du degré d'acidité de l'urine avec laquelle on va opérer, il est facile de rechercher quelle est la série de tubes de potasse tout préparés qu'il faut employer. Pour chaque expérience, je me suis servi de 30 centimètres cubes d'urine environ ; et après de nombreuses expériences j'ai trouvé qu'il valait mieux dans cette série ne pas ajouter de la potasse en quantité suffisante pour neutraliser exactement la quantité de liquide non bouilli. Il vaut mieux ajouter seulement dans un tube fermé les 2/3 ou les 3/4 de cette quantité ; la première de ces deux proportions étant aussi la plus sûre[1].

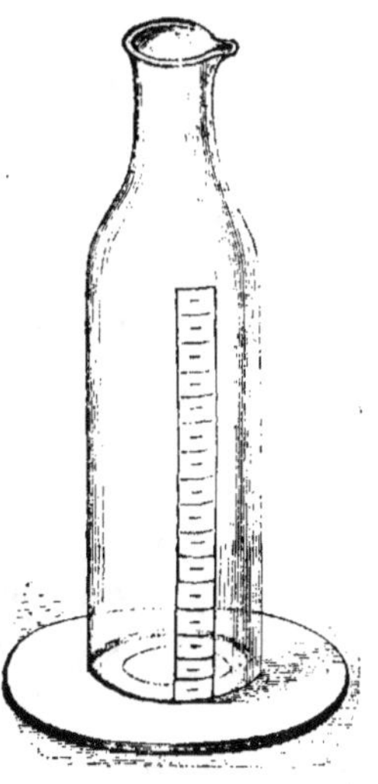

Fig. 5. — Éprouvette à bec pour mélanger la potasse à l'urine.

Un exemple rendra ceci plus clair. Si l'urine employée a

goutte dans la même quantité d'eau peut être décelé par le papier jaune. Ce dernier, quoique moins délicat, donne l'indication la plus certaine, surtout quand on laisse tomber une goutte de liquide à éprouver sur du papier sec. Comme le liquide est absorbé par ce papier en partie buvard, on voit un léger cercle brun pendant un moment, quand le liquide est très faiblement alcalin.

1. Il y a des raisons de croire qu'il faut compter avec des conditions autres que l'acidité seule. Pour une urine, 2/3 semblent suffisants ; pour une autre, les 3/4 de la quantité de potasse qui est nécessaire pour la

une acidité de 12 gouttes de potasse par 30 centimètres
cubes, il faut mettre 30 centimètres cubes dans chaque
flacon avec un tube de potasse contenant 8 gouttes, son
extrémité courbée et étirée vers le fond. Si, d'un autre côté
l'urine a une acidité de 8 gouttes de potasse par 30 centimètres cubes et que l'on n'ait sous la main que des tubes de

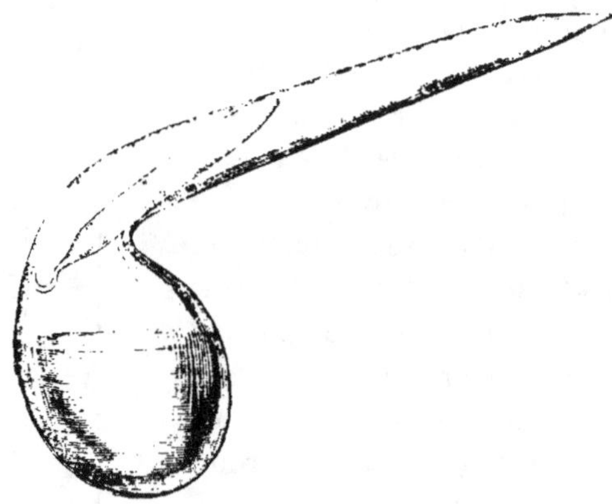

Fig. 6. — Cornue scellée renfermant le tube de solution de potasse.

8 gouttes, il faudrait alors placer dans chaque flacon 45 centimètres cubes d'urine avec un des tubes de 8 gouttes.

Lorsque c'est fait, on chauffe le col du matras ou de la
cornue et on l'étire jusqu'à ce qu'il soit aminci; après quoi,
on fait bouillir doucement l'urine pendant deux minutes,
au-dessus de la flamme en ayant bien soin d'éviter tout
jaillissement du liquide au dehors. Pendant l'ébullition, on
ferme hermétiquement l'extrémité du flacon. Il faut un peu
de pratique pour arriver à opérer selon les règles, c'est-à-dire
d'une part, sceller les flacons pendant qu'il y a une émission
calme de vapeur, d'autre part pour éviter tout bombement

complète neutralisation avant ébullition donnent des résultats plus rapides.
On a pu constater des différences semblables ou analogues dans l'urine
des différentes personnes.

intérieur du verre à l'extrémité fermée. Un bombement même très petit peut amener une fêlure dans la suite. On laisse s'écouler trois quarts de minute pour que l'extrémité fermée se refroidisse un peu ; puis on renverse le flacon, et il est plongé aussitôt dans une cuve d'eau bouillante, que l'on a préparée à cet effet. On laisse le tout pendant huit minutes au plus.

On remplit trois buts par ce double procédé de chauffage. D'abord cela simplifie les conditions expérimentales pour se débarrasser de l'air par ébullition. Puis la fermeture rapide du flacon et la prolongation de l'échauffement dans la cuve d'eau bouillante réduisent la perte du liquide par ébullition à un minimum. Et troisièmement, et principalement, l'inversion du récipient pendant la seconde période de chauffage amène la partie supérieure de la surface interne aussi bien que de la surface externe du tube de potasse qui pendant l'ébullition sur la flamme n'a pu être en contact qu'avec de la vapeur à 100° C) en contact continu avec le liquide chauffé lui-même [1].

Après que l'urine dans le matras bouilli a refroidi, on permet à la potasse de se mêler à celle-ci. C'est facile en secouant le flacon de façon à projeter l'extrémité capillaire courbée du tube de potasse contre la surface interne du flacon. Ainsi, le col du tube préalablement fermé se trouve brisé, et la potasse elle-même se trouve attirée par le vide relatif du tube et se mêle à l'urine acide stérilisée.

Si on a préparé ainsi de 6 à 10 matras qui ont reçu la même quantité d'urine, on peut en choisir un ou deux pour une expérience de contrôle. Dans ceux-ci, on laisse les tubes de potasse intacts. Ainsi, quand ensuite on les place dans l'étuve ensemble à la température de 50° C, les deux séries de matras constituent une expérience cruciale en ce qui

---

1. Toute la surface interne du tube de potasse est similairement exposée à l'influence du liquide chauffé et caustique dans les différents modes d'échauffement.

concerne l'influence de la potasse sur l'urine stérilisée.

Ce qui s'est produit presque uniformément dans deux cents expériences de ce genre, le voici. Si des liquides appropriés sont employés, — c'est-à-dire des urines fraîches dont l'acidité, pour être neutralisée avant ébullition, ne demande pas moins de 8 gouttes de potasse par 30 centimètres cubes, et qui ne dépose point de phosphates par l'ébullition, — l'urine dans le tube de contrôle reste claire et non altérée pendant un temps indéfini. Au contraire, là où la potasse a agi sur le liquide stérilisé, celui-ci devient trouble, plus léger de couleur, et est rempli d'organismes généralement au bout de dix-huit ou trente-six heures. La durée, pour les différentes urines, est quelquefois plus longue ou plus courte, mais il ne se produit de prolongation considérable que quand il y a une altération dans le rapport qui doit exister entre l'acidité du liquide bouilli et la quantité de potasse à ajouter. Ces retards de la fermentation furent assez fréquents durant mes premières expériences ; mais maintenant que j'ai étudié soigneusement et déterminé quelques-unes des causes, je suis à peu près sûr d'y remédier et d'assurer la fermentation en deux ou trois jours. Cette fermentation de l'urine à laquelle la potasse est ajoutée après ébullition, se produit sans aucun doute bien plus vite dans un flacon bouché avec de l'ouate que dans un vase clos dont l'air a été expulsé par l'ébullition. Il semble que la promptitude moins grande du liquide à fermenter dans le vase sans air, soit attribuable à l'absence d'oxygène atmosphérique. Ceci est confirmé par d'autres expériences dans lesquelles l'urine et la potasse changent beaucoup plus vite, sous l'influence d'oxygène naissant, ou moins dilué, libéré par électrolyse, les vases dans ce cas étant munis d'électrodes de platine [1].

Dans deux expériences encore avec des flacons fermés con-

1. *Loc. cit.*. pp. 9-12.

tenant de l'urine et de l'air atmosphérique[1], j'ai libéré la
potasse après que le flacon et son contenu eussent bouilli, et
j'ai vu la fermentation se produire plusieurs heures plus tôt
que dans les vases dont le contenu était semblable, à cela
près qu'il n'y avait point d'air atmosphérique. Il est très difficile de libérer la potasse d'un tube avec un orifice capillaire
dans un récipient qui contient de l'air; et c'est pourquoi j'ai

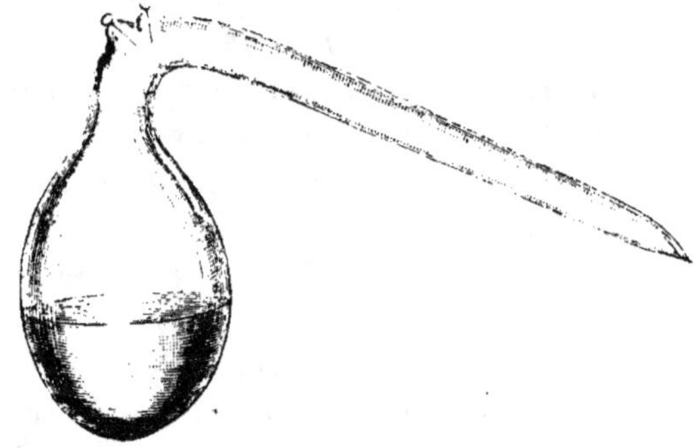

Fig. 7. — Cornue avec électrodes de platine pour la libération
d'oxygène.

abandonné ces conditions plus favorables à la fermentation
de l'urine bouillie pour profiter de la facilité automatique
avec laquelle le tube à potasse se déverse dans le vase d'où
l'air a été expulsé par ébullition[2].

LA QUESTION DE L'INTERPRÉTATION DE CES EXPÉRIENCES

Tous les observateurs avaient vu, ainsi que je l'ai montré,
que l'urine acide, bouillie pendant quelques minutes, et
préservée de la contamination reste stérile; l'explication

1. Les flacons ont été scellés tandis que l'urine était froide.

2. On trouvera dans *The Proceedings of the Royal Society* le premier
exposé de ces expériences, n° 72, juin 1876. — Voir aussi un exposé plus
complet, avec beaucoup plus de détails dans le *Journal of the Linnæan
Society* (Zool.) n°⁵ 73 et 74 (octobre 1877 et mai 1878). J'en ai en partie
reproduit ici des extraits.

donnée par tous était que tous les êtres vivants avaient été tués dans l'urine à la température de 100° C.

Par conséquent, le fait de la fermentation d'urine acide bouillie, avec apparition d'une foule de Bactéries, sous l'influence de la température d'étuve de 50° C, ne semble explicable qu'en supposant que la fermentation a dans ce cas été produite sans l'aide de germes vivants, et que les organismes qui se trouvent dans ce liquide se sont formés à ses dépens.

Si ma thèse *Proceedings of the Royal Society*, n° 143 et 145, 1873, que les Bactéries et leurs germes sont tués dans des liquides acides ou alcalins à la température de 70° C est exacte, alors la production de fermentation dans l'urine préalablement neutralisée et bouillie, annihile de même l'exclusive théorie de la fermentation par germes et établit celle de l'Archébiose.

Il a pu être difficile pour beaucoup d'accepter cette interprétation des résultats de ces dernières expériences, devant l'opinion de Pasteur d'après laquelle des germes de Bactéries sont capables, dans des liquides neutres, de résister à la température de 100° C. Mais les expériences imaginées à cet effet dont il vient d'être parlé où l'urine fut bouillie à l'état acide de façon à tuer tous les êtres préexistants, puis fertilisée par l'adjonction de solution de potasse bouillie ont dû répondre à toutes les objections.

Si nous considérons ces dernières expériences sans parti pris nous voyons que cette fertilisation d'un liquide qui était auparavant stérile, par la solution de potasse bouillie, ne peut s'expliquer que par l'une des trois hypothèses suivantes :

1re HYPOTHÈSE. — *La solution de potasse bouillie peut agir comme agent fertilisateur parce qu'elle contient des germes vivants.* — Cette hypothèse semble à première vue improbable, étant donnée la nature caustique du liquide, et son action dissolvante sur le protoplasma. Elle a été réfutée par beaucoup d'expériences faites à propos de ces recherches et qui ont montré que la solution de potasse n'agit comme agent d'ensemencement que lorsqu'elle est ajoutée en certaines proportions définies. Si elle agissait comme un agent d'ensemencement, une seule goutte devrait agir comme une goutte d'eau de robinet et suffirait à contaminer une grande quantité du liquide stérilisé. Ceci toutefois n'est jamais le cas ; la solution de potasse ne rend fertile le liquide stérilisé que lorsqu'elle est ajoutée dans une proportion qui ne doit pas être plus que suffisante pour neutraliser le liquide au moment où elle y est ajoutée.

2ᵉ HYPOTHÈSE. — *L'agent fertilisateur peut agir comme revivificateur des germes que l'on présumait avoir tués dans l'urine acide bouillie.* — Accepter cette hypothèse, c'est rétracter la conclusion préalablement adoptée que les Bactéries et leurs germes sont tués quand on les fait bouillir dans l'urine acide, aussi bien que dans d'autres liquides acides, tels que l'eau de levure sucrée de Pasteur, qui restait stérile après ébullition. — Mais une telle rétractation d'opinion ne serait justifiable que si l'on pouvait s'appuyer sur des preuves directes, valables et indépendantes.

Toutefois la possibilité d'accepter cette seconde hypothèse semble devoir être encore éloignée par les résultats des expériences dans lesquelles un léger excès de solution de potasse a été ajouté à l'urine bouillie. Le liquide restait invariablement stérile. Pourtant on peut aisément démontrer que le développement et la croissance des germes de Bactéries peut se produire à la fois rapidement et librement dans de l'urine bouillie contenant un excès considérable de potasse [1]. Il semblerait par là que cet agent ajouté à l'urine

---

1. Ainsi si 30 centimètres cubes d'urine peuvent être neutralisés par 10 gouttes de solution de potasse, nous pouvons ajouter 60 gouttes de ce liquide à 30 centimètres cubes de la même urine bouillie : nous pouvons verser le tout dans une bouteille bouchée qui a été lavée à l'eau du robi-

bouillie en quantité un peu plus considérable qu'il n'est nécessaire pour la neutralisation, empêche la *génération* de matière vivante. Toutefois, quand il est en excès considérable, ce même agent n'apporte pas d'obstacle au développement ou à la croissance ou à la multiplication des germes qu'on y ajoute exprès. En somme, le mélange est un bon mélange nutritif.

3ᵉ Hypothèse. — *L'agent fertilisateur agit en aidant à produire les changements chimiques de caractère fermentatif dans un liquide ne contenant ni germes, ni organismes vivants.* — Si la fermentation se produit en l'absence d'unités vivantes, alors elle doit être occasionnée par des réactions chimiques qui se produisent entre la solution de potasse bouillie et l'urine bouillie, et ces expériences sembleraient prouver que la matière vivante peut et doit se produire indépendamment, pendant la fermentation, dans certains liquides, puisque, dans les expériences en question, des quantités de Bactéries apparaissent dans les liquides employés.

net, de façon à le contaminer, et en quarante-huit heures le liquide sera rempli de bactéries si on a le soin de le tenir à la température de 50°C.

CHAPITRE XV

DISCUSSION AVEC M. PASTEUR AU SUJET DES EXPÉRIENCES
RELATÉES DANS LE PRÉCÉDENT CHAPITRE, SUIVIE DE LA
NOMINATION D'UNE COMMISSION PAR L'ACADÉMIE DES
SCIENCES DE PARIS.

Le 10 juillet 1876 fut lu à l'Académie des Sciences de Paris
un résumé des expériences relatées au précédent chapitre [1].
Pasteur y répondit le lundi suivant; ce fut là le commencement d'une assez longue discussion entre nous. Avant de
m'étendre en détail sur cette discussion, il est bon de parler
d'abord de deux tentatives de renouveler mes expériences,
faites peu de temps après en Angleterre.

Au mois de décembre, deux communications furent
envoyées à la *Royal Society* par le D[r] (depuis Sir) William
Roberts et par le professeur Tyndall où ils donnaient un
résumé de ce qu'ils considéraient comme des répétitions de
mes expériences.

Toutefois, ils y introduisent deux modifications, dont
l'une altérait tellement les conditions prescrites par moi
que l'on pouvait être sûr (et c'est ce qui se produisit)
d'obtenir des résultats négatifs.

La première fut de surchauffer les tubes de potasse. A
cela je n'avais point d'objection. Comme ce point sera longuement traité dans une discussion avec M. Pasteur, je n'en
parlerai pas maintenant.

1. Un résumé plus détaillé du mémoire original a été publié dans *Nature*
le 6 juillet 1876.

La seconde modification fut celle-ci. La solution de potasse fut ajoutée en quantité suffisante pour « neutraliser exactement » l'urine employée ; on faisait ensuite bouillir sur la flamme pendant cinq minutes avant de fermer le col du flacon. On mettait les flacons de côté dans un endroit tiède 21° à 27° C, pendant quinze jours, et le Dr Roberts ajoute que l'on n'ajoutait la solution de potasse que « lorsque le temps écoulé lui faisait croire que la stérilité était absolue. Le professeur Tyndall dit qu'à cet égard, dans ses propres expériences la façon de procéder fut exactement semblable à celle du Dr Roberts ». Et il dit à la fin de sa brève communication : « Il y a déjà eu 105 expériences, et pas une seule n'a prouvé en faveur de la doctrine de la génération spontanée. » Cela, je le crois aisément, car la méthode adoptée par ces savants faisait qu'ils mettaient beaucoup plus de potasse qu'il n'en fallait. A d'autres points de vue aussi, leur méthode était défectueuse. D'abord, il n'était point nécessaire d'abandonner la méthode ordinaire de l' « expérience de contrôle », surtout ayant affaire à un liquide tel que l'urine acide bouillie, que le Dr Roberts et le professeur Tyndall, comme tant d'autres, avaient déclarée être invariablement stérilisée par le chauffage de courte durée à 100° C (voir p. 118).

Ils commencèrent par se munir de potasse en quantité suffisante pour neutraliser complètement toute l'urine employée (au lieu des 3/4 de cette quantité ainsi que je l'avais recommandé) ; ils firent bouillir l'urine pendant cinq minutes (au lieu d'une ou deux) au-dessus de la flamme, procédé qui — Pasteur l'a vu comme moi — amène la décomposition de l'urée en carbonate d'ammoniaque. Puis, les flacons fermés furent conservés pendant quinze jours dans « un endroit tiède » alors que j'ai montré que dans ce laps de temps il se produit une nouvelle réduction, quoique plus lente, de l'acidité de l'urine. Ces effets combinés, trop de potasse d'abord, diminution de l'acidité de l'urine en la chauffant longuement sur la flamme, le fait de la garder

pendant quinze jours dans un endroit tiède avant de libérer
la solution de potasse contenue dans les tubes, tout cela
devait inévitablement conduire à la cause d'insuccès sur
laquelle j'avais appelé l'attention. Quoiqu'il soit probable
qu'aucun de ces observateurs n'ait rien su de la diminution
de l'acidité de l'urine par l'ébullition, et pendant son séjour
ultérieur dans un endroit tiède, on peut trouver des détails
complets sur ce sujet dans mon mémoire du *Journal of the
Linnaean Society* (*Zool.*, vol. XIV, pp. 28-43), qui fut publié
l'année qui suivit. On en trouvera quelques extraits au chapitre suivant.

Ayant montré la raison pour laquelle les expériences de
Sir William Roberts et du professeur Tyndall ne réussirent
point, nous pouvons maintenant examiner ce que Pasteur
en a dit.

A la différence des savants anglais il ne contesta point les
faits. Il dit : « Je m'empresse de déclarer que les expériences
de M. le Dr Bastian sont, en effet, très exactes ; elles donnent *le plus souvent* les résultats qu'il indique. » En somme,
c'était seulement l'interprétation qu'il contestait. Il déclara
que les expériences étaient du même genre que celles qu'il
avait publiées en 1862. Pasteur pensait que le fait d'avoir
bouilli l'urine dans son état d'acidité était rendu insuffisant,
parce que la potasse n'avait pas été chauffée à 110° C, et
qu'elle pouvait, à son avis, contenir des germes vivants. Il me
demandait de répéter l'expérience en ne me servant que de
potasse chauffée à 110° C.

Le 31 juillet, je répondis que beaucoup d'expériences
m'avaient prouvé que la potasse ne féconde l'urine que lorsqu'elle est ajoutée en quantité qui ne soit pas plus que suffisante pour neutraliser l'urine employée. Je lui demandai
de me donner des preuves évidentes de la survivance des
germes des Bactéries dans un liquide aussi caustique que la
solution de potasse de la Pharmacopée britannique, quand
elle a été portée, ne fût-ce qu'un instant, à la température de

100° C. Comme il avança qu'il ne trouvait point nécessaire la température d'étuve élevée de 50° C, je répondis que je la trouvais essentielle, étant donné que, sous son influence, certains liquides fermentaient en quelques jours, qui à des températures plus basses fussent restés stériles. Dans sa réplique du 7 août Pasteur répéta de nouveau qu'il ne contestait pas mes faits déclarant de nouveau que mes expériences n'étaient qu'une reproduction sous une autre forme de celle qu'il avait faite, en 1862; et prétendant que nous ne différions que quant à l'interprétation. Il ne répondit pas à ma requête d'une preuve directe de la survivance des germes dans la potasse portée à 100° C, même rien qu'un instant. En répétant mon expérience, il rendit l'urine « alcaline », dit-il, en y mettant de la potasse solide. Il concluait en disant à l'Académie que mon interprétation était « absolument erronée », et la sienne « incontestablement établie ».

Le 21 août, je déclarai qu'en rendant l'urine « alcaline » par de la potasse solide, il en avait probablement trop mis, et ainsi n'avait point obtenu la fertilisation, étant donné que presque toujours un léger excès rend l'urine stérile.

Je disais que les tubes à potasse dont je m'étais servi avaient été portés à 110° et qu'ils étaient aussi efficaces que s'ils n'avaient été chauffés qu'à 100° C. Le fait que trop ou trop peu de solution de potasse chauffée à 100° seulement laissait l'urine stérile montrait pourtant assez clairement que la solution de potasse était un liquide sans germes. Il était donc inutile de demander à M. Pasteur des preuves directes (qu'il n'essayait point de donner) qu'un tel liquide chauffé à 100° C peut contenir des germes vivants [1].

Pendant des mois, aucune réponse ne vint, mais dans les

1. A propos de l'idée de Pasteur que la solution de potasse portée à 100° contient des germes vivants, *The Lancet* disait dans un article de tête : « Il est difficile de concevoir une objection plus faible aux expériences en question que l'affirmation que des êtres vivants peuvent survivre à l'ébullition dans la solution de potasse, corps qui, à l'état froid, dissout et détruit le protoplasma. »

Comptes rendus du 8 janvier 1877, il parut une communication de MM. Pasteur et Joubert [1] disant qu'ils avaient revu avec soin les questions en litige, mais qu'ils désiraient pour le moment limiter la discussion à ce seul point : la potasse solide pure ou la solution de potasse, chauffées à 100° C, fertilisent-elles l'urine bouillie ? Ils impliquaient encore que des germes vivants sont contenus dans la solution de potasse bouillie, et considérant ses propres résultats négatifs, Pasteur disait que la question se réduisait à ceci : Ai-je dépassé le point de saturation (c'est-à-dire, rendu l'urine alcaline), et si oui, ai-je eu tort ?

Le 22 janvier, je réitérai ce que j'avais déjà dit : que l'usage de la potasse solide est tout à fait inutile, que la solution pouvait très bien être chauffée à 110° C, et agir comme si elle eût été chauffée à 100° C, quand elle était employée en quantité voulue ; qu'il n'y a absolument aucune preuve de l'existence de germes vivants dans la solution de potasse chauffée à 100° C [2]; la preuve en est que les résultats sont les mêmes, que l'on mette trop ou trop peu de potasse ; il n'y a pas d'effet fertilisant dans ces deux cas. Tels étaient les faits sur lesquels je m'appuyais. Quant à lui, il ne pouvait produire de faits contraires. Naturellement, si la solution de potasse bouillie contenait des germes vivants, une ou deux gouttes devaient produire le même effet que de l'eau de robinet et contaminer n'importe quelle quantité d'urine bouillie, et *a fortiori*, il en serait ainsi avec un excès de potasse. De sorte que ma réponse à sa question était : Oui, vous avez probablement ajouté trop de potasse (en rendant l'urine « alcaline ») et c'est là probablement pourquoi vous ne réussissez jamais à obtenir la fertilité.

1. Ce dernier était professeur de physique au collège Rollin. Pasteur reconnaissait sa collaboration aussi dans la première réponse qu'il me fit.

2. Ou dans l'air contenu dans les tubes de potasse bouillie, selon l'opinion émise par M. Roberts. Ce fut cette supposition qui l'amena à conseiller le surchauffage. Il ne s'aventura pas à suggérer que des germes peuvent survivre dans la solution de potasse bouillante.

Je conclus en disant qu'il me semblait inutile de poursuivre la discussion, mais que j'étais prêt à répéter mes expériences devant des témoins compétents.

Le lundi suivant, Pasteur me lit une réponse caractéristique, si erronée en ce qui concerne les faits, et de ton si dogmatique qu'elle vaut la peine d'être reproduite, avec les italiques du texte original. La voici :

« M. le Dr Bastian, répondant à la communication que j'ai faite le 8 janvier en collaboration avec M. Joubert, a adressé à l'Académie lundi dernier une longue note où il s'est encore appliqué suivant moi à éluder le point vif du débat. Dans notre communication du 8 janvier, il y avait un mot d'une signification capitale : c'était celui de *potasse pure*. Or, chose surprenante, dans la réponse de trois pages du Dr Bastian, il n'y a pas même une allusion à cette condition de pureté, qui était tout.

« Je vais faire une nouvelle tentative pour ramener le savant anglais à ce *criterium* auquel il ne saurait échapper, quoi qu'il fasse.

« La discussion a été soulevée par cette affirmation qui lui est propre : *Une solution de potasse bouillie fait naître des Bactéries à 30 degrés dans l'urine stérile, après qu'on l'a ajoutée à celle-ci en quantité voulue pour la neutralisation exacte.*

« Voici ma réponse au savant professeur d'Anatomie pathologique de Londres.

« *Je mets au défi le Dr Bastian d'obtenir, devant des juges compétents le résultat que je viens de rappeler, avec de l'urine stérile, à la seule condition que la solution de potasse qu'il emploiera sera pure, c'est-à-dire faite avec de l'eau pure, et de la potasse pure, l'une et l'autre exemptes de matières organiques. Si le Dr Bastian veut se servir d'une solution de potasse impure, je l'autorise encore parfaitement à la prendre telle et quelconque dans la pharmacopée anglaise ou ailleurs, très diluée ou concentrée, à la seule condition que cette solution sera portée préalablement à 110 degrés pendant vingt minutes ou à 130 degrés pendant cinq minutes* [1].

« C'est assez clair, ce me semble, et M. Bastian me comprendra cette fois. »

-----

1. Toutes les italiques se trouvent dans l'original.

Le 12 février, je répondis que j'acceptais son défi, et que j'avais refait mes expériences, d'abord avec la solution de potasse chauffée dans un tube à 110° C pendant soixante minutes, puis avec de l'autre potasse, qui avait été portée à 110° C pendant vingt heures, avec des résultats semblables à ceux que j'avais obtenus quand les tubes de potasse avaient été chauffés à 110° C, et ajoutés en quantité voulue; c'est-à-dire qu'en vingt-quatre ou quarante-huit heures, l'urine était en pleine fermentation et contenait des nuées de Bactéries.

M. Pasteur me remercia d'accepter son défi, et pria l'Académie de nommer une Commission « pour lui faire un rapport sur le fait » qui avait été en discussion entre le Dr Bastian et lui-même. Dans le numéro suivant des *Comptes Rendus*, il fut annoncé que « MM. Dumas, Milne-Edwards et Boussingault sont désignés pour constituer la Commission qui sera appelée à exprimer une opinion sur le fait qui est en discussion entre M. le Dr Bastian et M. Pasteur. »

J'écrivis à M. Dumas, le 27, disant : « Si l'on peut m'assigner un moment commode, je serai très heureux de venir à Paris pour trois jours, afin de faire mes expériences devant la Commission qui a été nommée par l'Académie. »

J'échangeai plusieurs lettres avec M. Dumas, que l'on trouvera, de même qu'un compte rendu de ce qui se passa à la réunion de la Commission, dans *Nature* du 2 août 1877. Je ne donnerai donc ici qu'un exposé abrégé de cette correspondance. N'ayant pas reçu une lettre que m'avait envoyée M. Dumas le 25 avril (et dont le double me fut renvoyé depuis), je ne sus plus rien de lui, jusqu'au moment où je reçus une lettre datée du 5 mai et disant que M. Pasteur avait déjà fait ses expériences devant la Commission, et qu'elle était prête à me recevoir quand je voudrais, mettant le laboratoire de l'École Normale à ma disposition.

J'écrivis pour dire qu'il me serait impossible de me rendre à Paris avant « la troisième semaine de juillet, époque où se termine notre session médicale », et je demandai à nouveau exactement quel programme la Commission se proposait. Plus tard, j'appris que « la Commission donnera à chacun de nous l'occasion de lui montrer les faits sur lesquels nous basons tous deux nos opinions respectives ». Je regardais ceci comme la condition essentielle de l'enquête. Je répondis donc : « Si la Commission se propose de se contenter de dresser un rapport sur cette simple question de fait, je me soumettrai volontiers à sa décision. Si toutefois elle veut aller plus loin, et est autorisée à exprimer une opinion sur l'interprétation du fait et de ses rapports avec la « théorie germinale de la fermentation », ou la « génération spontanée », alors, il me faudra respectueusement refuser de prendre part à cette enquête de cadre plus étendu... Je désire, par conséquent, être assuré par la Commission qu'on ne nous demandera point de nouvelles expériences, excepté avec l'assentiment complet de M. Pasteur et le mien. »

Après quelque temps, M. Dumas m'apprit que la Commission aussi désirait « si possible ne s'occuper que des expériences de M. Pasteur et des miennes au sujet de l'urine traitée par la potasse ; et que je n'avais pas à redouter la nécessité d'un long séjour à Paris ».

Je répondis le 6 juillet à M. Dumas, accusant réception de sa lettre (du 29 juin), mais disant : « Je n'y trouve point la pleine acceptation des conditions que j'ai mentionnées dans ma lettre du 24 mai, les seules dans lesquelles je sois prêt à renouveler mes expériences devant le Commission, c'est-à-dire : 1° limitation du rapport à la question de fait seule ; 2° assurance qu'on ne nous demandera pas de nouvelles expériences, excepté avec l'acquiescement complet de M. Pasteur et le mien. » Recevant une réponse favorable, je promis d'être à Paris le samedi 14 courant. En réponse, M. Dumas m'écrivit le 12 : « La Commission de l'Académie des Sciences sera dès le 15 à votre disposition... Elle est prête à vous entendre, mais elle désire, comme nous, que son examen soit borné au point en discussion entre vous et M. Pasteur. *Ce serait seulement au cas où vous désireriez aller plus loin* qu'elle aurait à examiner si le temps lui permet d'entreprendre davantage, votre séjour étant très court. »

Je jugeai essentiel de nous entendre sur ces points, parce que sur la simple question de fait, j'étais si sûr de pouvoir reproduire mes résultats que la constitution de la Commission ne m'importait guère. Mais discuter la question de l'interprétation avec une Commission ainsi constituée était une autre affaire. En Angleterre, la constitution de cette Commission avait été fort commentée. Ainsi, dans une des annotations de *The Lancet*, du 10 mars, on pouvait lire ceci :

« Le D\r Bastian a accepté ce défi, et tous ceux qui désirent, dans l'intérêt de la science, la solution de la très importante question dont il s'agit suivront avec plus que de la curiosité le travail des commissaires. On a choisi en France trois membres de l'Académie pour juger les cas. Ces messieurs sont bien connus par l'excellence de leurs travaux, mais malheureusement ils ont des opinions particulières sur le sujet qu'ils ont à examiner. La Commission est composée de M. Milne-Edwards, M. Dumas, et M. Boussingault, tous plus ou moins partisans de la doctrine de M. Pasteur. Le défaut d'une telle Commission est évident. Quiconque ayant un peu travaillé dans le domaine scientifique sait combien il est difficile d'arriver à la vérité à cause de l'influence néfaste qu'exercent les opinions préconçues. Nous faisons remarquer respectueusement à l'Académie des Sciences qu'il y a parmi ses membres des hommes aussi dignes de confiance que ceux que nous avons nommés, et qui ont donné une bonne part de temps, de soucis, et de talent au règlement de cette discussion, et qui pourtant ne partagent pas l'opinion des partisans de la théorie des germes. Pourquoi n'a-t-on pas nommé M. Frémy ou M. Trécul membre de cette Commission ? Il serait plus conforme aux intérêts de la science qu'à ceux des individus qu'un membre au moins de la Commission ne fût pas partisan de la théorie des germes ».

Un écrivain de talent écrivait à peu près de même dans la *Contemporary Review* d'avril 1877. Il disait :

« Ceux qui se rappellent l'histoire d'une Commission française précédente sur ce même sujet, dont deux des membres actuels faisaient aussi partie, peuvent se demander si les garanties d'une investigation juste et loyale qui furent refusées à MM. Pouchet, Joly et Musset seront accordées à un Anglais qui se permet de douter de l'infaillibilité de M. Pasteur. Les trois savants français qui alors contestaient les vues de Pasteur, furent placés dans des conditions de restriction telles par le programme imposé par les membres de la Commission qu'ils considérèrent de leur dignité de se retirer. La Commission avortée prit fin comme il est probable que se terminera celle-ci aussi, par l'audition d'une seule des parties. Il est possible pourtant que MM. Dumas et Milne-Edwards pensent que l'on doit plus de générosité à un étranger qui s'aventure devant un tribunal duquel tout partisan de ses propres idées a été éliminé. S'ils sont disposés à suivre un programme équitable, et à garantir la publicité, on peut espérer que le résultat sera intéressant. Mais si l'on veut obtenir un verdict qui ait du poids ailleurs qu'à Paris, il faudrait ajouter aux distingués savants déjà nommés, d'autres qui seraient moins partisans de Pasteur, et moins éblouis par sa grande réputation. Nous doutons fort que Pasteur consentît, même avec les plus solides garanties, à comparaître devant trois Anglais partisans de la génération spontanée. »

Dans l'après-midi du 15 juillet, je me rencontrai avec la Commission, ainsi qu'il avait été convenu, dans le laboratoire de M. Pasteur à l'École Normale. La Commission n'était représentée que par MM. Dumas et Milne-Edwards, M. Boussingault s'étant retiré en raison d'un deuil de famille récent. M. Pasteur était aussi présent.

Pour commencer, M. Milne-Edwards me fit part de ses

objections à la seconde condition mentionnée dans ma lettre du 6 juillet et de sa détermination de ne point prendre part à l'enquête si je persistais à maintenir cette condition. Ainsi, on annulait la lettre écrite le 12 juillet par M. Dumas au nom de la Commission, sur la foi de laquelle j'étais venu à Paris.

M. Milne-Edwards déclara qu'il ne pouvait faire partie d'aucune Commission académique où il n'était point accordé plein pouvoir de varier les expériences à l'infini; de mon côté je répondis que mon séjour à Paris devait, ainsi que je l'avais dit, être limité à quelques jours seulement, et que je ne pouvais voir par conséquent de quelle façon je pouvais consentir à de nouvelles conditions. Je fis remarquer que la Commission avait été appelée pour juger une simple question de fait, que M. Pasteur m'avait mis au défi d'obtenir certains résultats, devant des « juges compétents »; que j'étais venu à Paris pour refaire devant eux certaines expériences bien définies et que leur tâche était d'exprimer leur opinion sur les miennes et celles de M. Pasteur, à l'Académie des Sciences.

Une longue discussion suivit, sans arriver à une conclusion satisfaisante. Au cours de la discussion, M. Pasteur crut bon de parler de mes « erreurs » et je dus lui rappeler que la Commission avait été appelée pour décider qui de nous avait raison.

Le soir, j'écrivis à M. Dumas pour lui dire qu'après notre conférence de l'après-midi, « j'ai eu une longue conversation avec M. Pasteur et je vais à son laboratoire de bonne heure demain matin pour lui montrer comment j'opère ». J'ajoutais : « Je pourrai ainsi apprendre quelles modifications précises il désire que j'apporte pour que les expériences soient conduites d'une façon qui le satisfassent. Après quoi, je pense qu'il me sera plus facile d'entrer dans les vues de la Commission en ce qui concerne l'enquête. »

Le lundi 16 juillet, m'étant rencontré avec M. Dumas, je lui proposai une sorte de compromis.

La présente réunion devait nous fournir « le premier élément » de l'enquête telle que M. Dumas l'avait définie dans sa lettre du 25 avril, c'est-à-dire qu'il serait donné à M. Pasteur ainsi qu'à moi l'opportunité de répéter (sans variations) les expériences mêmes sur lesquelles étaient basées nos opinions respectives ; puis je retournerais à Londres, et si la Commission exprimait à M. Pasteur ainsi qu'à moi son désir d'apporter des modifications aux conditions expérimentales, je reviendrais à Paris, afin d'assister à ces expériences ou de les faire moi-même, modifiées.

J'avais mentionné les noms de MM. Frémy, Trécul, Robin et Wurtz comme étant de ceux des personnes que j'eusse voulu voir faire partie de la Commission en remplacement de M. Boussingault. Mais à la réunion de l'après-midi de l'Académie, il fut annoncé que M. Van Tieghem avait été nommé pour remplacer M. Boussingault. Comme c'était *un ancien élève et un collègue actuel* de M. Pasteur, la Commission se trouvait encore sans un seul membre qui pût être considéré comme représentant mes idées ou même comme restant neutre entre M. Pasteur et moi.

Le lendemain, je reçus un mot de M. Van Tieghem, m'informant que « la Commission se réunira demain mercredi, à huit heures du matin, au laboratoire de M. Pasteur », et me demandant d'être présent afin que l'on pût commencer les expériences en discussion.

L'après-midi je fis tous les arrangements nécessaires dans le laboratoire de M. Pasteur pour mes expériences, et le lendemain matin, à huit heures, M. Pasteur et moi nous nous trouvions au rendez-vous. M. Van Tieghem aussi était là, et peu après M. Milne-Edwards arriva. Il n'avait apparemment rien su de M. Dumas depuis mon entrevue avec celui-ci, et quand il lui fut dit, en réponse à une question qu'il avait faite, quelle était la proposition que j'avais faite à M. Dumas, M. Milne-Edwards exprima aussitôt sa désapprobation, et tout de suite, sans plus attendre, il quitta le laboratoire. Il fut

suivi par M. Van Tieghem. Je restai, et une heure après,
M. Van Tieghem revenait. Il me dit qu'ayant attendu en vain
l'arrivée de M. Dumas, M. Milne-Edwards était parti.

Je restai à causer avec M. Van Tieghem pendant une heure
environ dans une des pièces du haut, dans le laboratoire de
M. Pasteur. Quand nous descendîmes je fus surpris d'apprendre que M. Dumas était venu, qu'on lui avait appris le départ
de M. Milne-Edwards, et qu'il était parti aussi, disant que la
Commission était dissoute, mais sans essayer le moins du
monde de communiquer soit avec son collègue, M. Van Tieghem, soit avec moi-même. C'est ainsi que commencèrent et
finirent les travaux de cette remarquable Commission de
l'Académie des Sciences.

CHAPITRE XVI

DERNIÈRES EXPÉRIENCES SUR LA CAUSE DE LA FERTI-
LITÉ DES SOLUTIONS ORGANIQUES BOUILLIES, NEUTRES
OU FAIBLEMENT ALCALINES.

La raison du grand intérêt porté en Angleterre et en
France aux expériences avec l'urine et la potasse était due à
ce que presque tout le monde y voyait une expérience
absolument décisive, étant donné que tous les observateurs
jusque-là avaient vu l'urine acide bouillie rester stérile, et
qu'ils étaient unanimes à déclarer que cette stérilité était
due à ce que toutes les Bactéries et leurs germes y étaient
tués par une courte exposition à 100° C. La surprise fut
donc grande quand on apprit que le principal adversaire de
la doctrine de Pasteur assurait pouvoir facilement faire apparaître la vie, et cela par des procédés physico-chimiques, dans
ce liquide considéré par tous comme dépourvu de tout germe.

J'ai déjà montré comment Sir William Roberts et le professeur Tyndall, prétendant répéter mes expériences, ne s'en
tenaient pas du tout à ma méthode (faisant en somme justement ce que j'avais recommandé de ne pas faire) et de la
sorte n'obtenaient pas les mêmes résultats que moi, par la
raison qu'ils ajoutaient une quantité excessive de potasse,
quand ils finissaient par briser leurs tubes à potasse. Il nous
faut maintenant examiner la façon dont Pasteur répéta l'expérience, et tâcher de découvrir la raison pour laquelle il
n'obtint pas mes résultats. Pendant quelque temps je n'arri-
vai pas à saisir cette raison précise, quoique depuis le commencement, ainsi qu'on a pu le voir dans la discussion entre

nous, relatée au chapitre précédent, j'eusse conjecturé que
ces résultats uniformément négatifs devaient être dus, ainsi
que pour les observateurs déjà mentionnés, au fait d'avoir
ajouté un excès de potasse. Quelques mois plus tard, je fis
des expériences qui jetèrent un flot de lumière sur la cause
précise de son insuccès à produire des résultats semblables
à ceux que j'avais obtenus avec de l'urine bouillie, et de la
solution de potasse bouillie. Je jetai un jour les yeux sur la
5ᵉ édition du *Manual of Chimistry* de Fownes, publié en 1854,
livre dont je m'étais servi quand j'étais étudiant, et à la
page 537 je trouvai ceci sur l'urée. « Elle n'est pas décom-
posée à froid par les alcalis ou par l'hydrate de chaux, mais
à la température de l'ébullition elle émet de l'ammoniaque,
et forme un carbonate avec la base. » Et à la page suivante,
il est dit que « si l'urine fraîche est bouillie pendant longtemps, elle donne de l'ammoniaque et de l'acide carbonique.
On peut penser que ce fait était inconnu à M. Pasteur puisque dans son mémoire de 1862, il disait en parlant d'un petit
organisme en chapelet, commun dans l'urine non bouillie et
en fermentation (*loc. cit.*, p. 52) :

« Je suis très porté à croire que cette production constitue
un ferment organisé, et qu'il n'y a jamais transformation de
l'urée en carbonate d'ammoniaque, sans la présence et le
développement de ce petit végétal. » Pourtant il disait que
ses expériences sur ce sujet n'étaient pas tout à fait finies,
de sorte que « je dois mettre quelque réserve dans mon opinion ». Comme je l'ai démontré, dans un chapitre précédent (p. 121), ce petit organisme en chapelet n'apparaît
jamais dans aucune expérience avec de l'urine et de la
potasse ; l'urine dans ces conditions fermente avec le développement de myriades de Bacilles longs ou courts. En
outre, à la même page, parlant de ses expériences dans lesquelles l'urine acide a été bouillie quelques minutes dans un
tube où on a laissé entrer de l'air calciné avant de le fermer,
M. Pasteur dit que si l'on met ensuite le tube à l'étuve à la

température de 25° ou 30°C, « il peut y séjourner indéfiniment sans éprouver d'autre altération qu'une oxydation lente de la matière albumineuse de l'urine... La limpidité de l'urine reste parfaite, même après dix-huit mois, et il n'y apparaît pas la plus petite production animale ou végétale : *elle conserve également son acidité* et son odeur première ». Le passage que j'ai mis en italiques est absolument erroné, ainsi que je le montrerai bientôt.

Pasteur connut peu après le fait que j'ai cité d'après Fownes, et dans une des réponses qu'il me fit (celle du 8 janvier) il disait en note : « Il n'est pas inutile de dire ici que, contrairement à ce qui est généralement admis, l'urée dans une solution aqueuse, ou dans l'urine se décompose à 100°C et même à des températures bien plus basses. Le produit de la décomposition est du carbonate d'ammoniaque. » Ce que j'avais appris par Fownes, et cette assertion me conduisirent à accorder une attention spéciale au sujet; le résultat en a été la confirmation entière de ce que dit Pasteur en dernier lieu, en opposition avec ce qu'il en avait dit d'abord. Je doute toutefois qu'il eût quelque notion de l'étendue que présentent des changements de ce genre dans l'étuve, et ainsi que nous l'avons vu, ces changements étaient absolument inconnus de Sir William Roberts et du professeur Tyndall. Je reproduis quelques paragraphes de mon mémoire dans le *Journal of the Linnean Society* (pp. 38-39).

« Si on expose un morceau de papier tournesol humide à la vapeur venant de l'orifice capillaire d'une cornue dans laquelle de l'urine acide ordinaire bout, le papier devient pendant un moment légèrement bleu, ce qui prouve qu'il se dégage de l'ammoniaque en quantité suffisante pour rendre faiblement alcaline la vapeur de l'urine acide.

« Je fis alors quelques déterminations quantitatives relatives à la diminution d'acidité causée par l'ébullition de l'urine d'abord dans un vase ouvert, puis sous pression, dans un vase clos : relatives aussi à la rapidité de la transformation quand on garde l'urine en étuve à des températures différentes. Il arriva des accidents dans la première série d'expériences que je fis pour éclaircir la question. Les résultats obtenus dans 3 des tubes qui échappèrent furent toutefois assez significatifs pour montrer l'importance de cette recherche. »

	TRAITEMENT	RÉSULTATS
Urine dont l'acidité fut exactement neutralisée par VIII gouttes et demie de solution de potasse pour 30 centimètres cubes de liquide.	1° 30 centimètres cubes de l'urine acide sont bouillis dans une cornue avec un col capillaire pendant cinq minutes sur la flamme, assez vivement, mais sans que le liquide jaillisse.	1° Le liquide avait diminué de 3 cent. cubes. L'acidité de ce qui restait fut neutralisée par V gouttes et demie de solution de potasse.
	2° 30 centimètres cubes de la même, bouillis doucement sur la flamme pendant deux minutes et demie et mis dans une cuve d'eau bouillante après fermeture, pendant dix-huit minutes.	2° Le liquide avait diminué d'un cent. cube. L'acidité de ce qui restait fut neutralisée par VI gouttes de solution de potasse.
	3° 30 centimètres cubes de la même urine, bouillis doucement sur la flamme pendant deux minutes et dans le bain-marie après fermeture pendant huit minutes. Puis placés à l'étuve à 50° pendant six jours.	3° Liquide diminué d'un cent. cube. Acidité du reste neutralisée par IV gouttes de la solution de potasse.

« Ces observations, qui ont été du reste confirmées par d'autres, apportèrent la lumière. La grande diminution d'acidité causée par l'ébullition violente en vase ouvert avec un orifice capillaire, était très remarquable. Elle peut sans doute être attribuée principalement à ce fait que dans ces conditions la température du liquide monte de 3 ou 4° C au-dessus du point d'ébullition [1] ; la perte d'acidité occa-

1. Voir sur ce sujet p. 104.

sionnée par la diminution du liquide par l'ébullition, même
sans jaillissement appréciable, était probablement minime.
Mais quand on éloigne ces deux conditions autant que possible en faisant bouillir doucement sur la flamme pendant
deux minutes seulement, et en continuant à exposer à la chaleur, après que le tube a été fermé, dans une cuve d'eau
bouillante à la température égale de 100° C, la période
d'échauffement peut être quatre fois aussi longue sans causer
autant de diminution d'acidité que le font cinq minutes
d'ébullition vive sur la flamme. D'après la troisième expérience, il arrive que la transformation de l'urée en carbonate
d'ammoniaque se produit assez rapidement quand l'urine
est exposée dans l'étuve à la température de 50° C.

« Des expériences faites avec une urine d'une acidité
presque semblable donnèrent les résultats suivants.

« Dans chaque expérience, on employa exactement 30 centimètres cubes, comme auparavant.

	TRAITEMENT	RÉSULTATS
Urine dont l'acidité fut exactement neutralisée par IX gouttes de solution de potasse pour 30 centimètres cubes de liquide.	1° Bouillie doucement pendant cinq minutes sur la flamme, sans éclaboussement.	1° Diminuée de 4 c. c. Acidité : VI gouttes et demie de solution de potasse.
	2° Bouillie pendant deux minutes sur la flamme, pendant huit au bain-marie.	2° Diminuée d'un c. c. Acidité : VI gouttes de solution de potasse.
	3° Bouillie pendant deux minutes sur la flamme, huit minutes dans le bain-marie. Laissée à 50° C pendant trois jours.	3° Diminuée d'un c. c. Acidité : IV gouttes de solution de potasse.
	4° Bouillie pendant deux minutes au dessus de la flamme, dix-huit minutes dans le bain.	4° Diminuée d'un c. c. Acidité : IV gouttes et demie de solution de potasse.
	5° Bouillie pendant deux minutes au-dessus de la flamme, trente-huit minutes dans le bain.	5° Diminuée d'un c. c. Acidité : III gouttes de solution de potasse.

« Dans cette expérience l'urée a semblé changer plutôt plus rapidement que dans la dernière, comme une comparaison attentive le fait voir. Les expériences 2, 4, 5 montrèrent aussi que les changements se produisent très rapidement tout d'abord, puis tendent à diminuer ; ainsi dans le n° 2, après dix minutes d'ébullition, sur la flamme et dans le bain, on obtient une diminution d'acidité équivalent à trois gouttes de solution de potasse ; dans le n° 4 avec dix minutes d'ébullition de plus dans le bain la diminution d'acidité est l'équivalent de une goutte et demie de solution de potasse : tandis que dans le n° 5, avec vingt minutes d'ébullition de plus, la diminution additionnelle d'acidité est aussi équivalente à une goutte et demie de solution de potasse.

« D'autres expériences ont été faites pour chercher si le changement de l'urée en carbonate d'ammoniaque se produirait encore à des températures d'étuve plus basses ; et cette fois, l'urine avait une bien plus grande acidité et un poids spécifique plus considérable. On employa exactement 30 centimètres cubes comme auparavant, dans chaque expérience.

	TRAITEMENT	RÉSULTATS
Urine dont l'acidité fut neutralisée par XXI gouttes de solution de potasse pour 30 centimètres cubes de liquide.	1° Bouillie pendant deux minutes sur la flamme, huit dans le bain.	1° Acidité : XVIII gouttes de solution de potasse.
	2° Bouillie pendant deux minutes sur la flamme, huit dans le bain. Laissée à 28° C pendant sept jours.	2° Acidité : XVI gouttes de solution de potasse.
	3° Bouillie pendant deux minutes sur la flamme, huit dans le bain. Laissée à 50° C pendant sept jours.	3° Acidité : XIII gouttes de solution de potasse.

« Il semble par là que la diminution de l'acidité se produit très rapidement, même à la température relativement basse de 28° ou 29° C [1]. Pourtant M. Pasteur a dit (voir p. 147-148) qu'on ne trouve pas d'altération dans l'acidité même après une exposition de dix-huit mois à cette température. »

Nous pouvons maintenant voir exactement de quelle façon précise M. Pasteur essaya de reproduire mon expérience de l'urine, bouillie avec la solution de potasse surchauffée.

On remarquera d'après ce que M. Dumas m'avait dit dans sa lettre du 5 mai (p. 159) que la Commission avait autorisé M. Pasteur à faire ses expériences devant elle, sans que je fusse là, ce que je considère comme une injustice. Nous aurions dû chacun assister aux expériences de l'autre faites devant la Commission ; et évidemment, on comptait que M. Pasteur assisterait aux miennes.

Comme la Commission avorta, le lundi suivant (23 juillet 1877) M. Pasteur présenta une note sur son expérience à l'Académie. C'était sur l'expérience même faite en présence de la Commission. On la trouve dans les *Comptes Rendus* parus le 23 juillet 1877. L'expérience est fort ingénieuse, et si elle n'avait pas eu un défaut capital, que j'indiquerai tout à l'heure, elle eût dû conduire à une reproduction exacte des résultats par moi obtenus.

Voyons d'abord les détails de l'expérience : nous examinerons ensuite la question de l'interprétation.

On fait bouillir de l'urine dans un vase flambé, pendant dix minutes, et son degré d'acidité est éprouvé après qu'elle a refroidi. Une solution de potasse suffisante pour la neutralisation de 15 centimètres cubes de cette urine dont l'acidité a été déterminée, doit être introduite dans une branche (A) du tube double flambé, bouché avec de la ouate ainsi que le montre la figure 8. Le tube doit être hermétiquement scellé au-dessus du tampon de coton, et les deux branches étroites étant déjà fermées, on place le tube fermé contenant la solu-

1. La rapidité du changement est sans contredit plus grande avec la température de 50°, ainsi que je l'ai montré dans un autre tableau.

tion de potasse dans un bain de chlorure de calcium et on le chauffe à 110° C. pendant dix minutes. Puis, après refroidissement, on lave le chlorure de calcium resté adhérent à l'extérieur.

On doit, après que le tube et la solution de potasse ont été ainsi purifiés par la chaleur, couper le tube au-dessus du tampon d'ouate, et faire pénétrer dans le côté du tube (B) ne contenant pas la potasse 17 ou 18 centimètres cubes de l'urine bouillie.

L'indication qui suit est : *Plonger le tube dans de l'eau bouillante, et le chauffer à 100° C pendant dix minutes.* Laisser refroidir le tube.

Faire passer 15 centimètres cubes de l'urine dans la branche (A) contenant la potasse. Ainsi, 2 ou 3 centimètres cubes de l'urine doublement bouillie resteront en B, de façon à constituer un témoin et à montrer que l'urine a été bien stérilisée pour la température à laquelle on l'a exposée, ce qui, répète Pasteur est toujours le cas quand on a affaire à une urine acide. Placer le tube dans une étuve à 50° C.

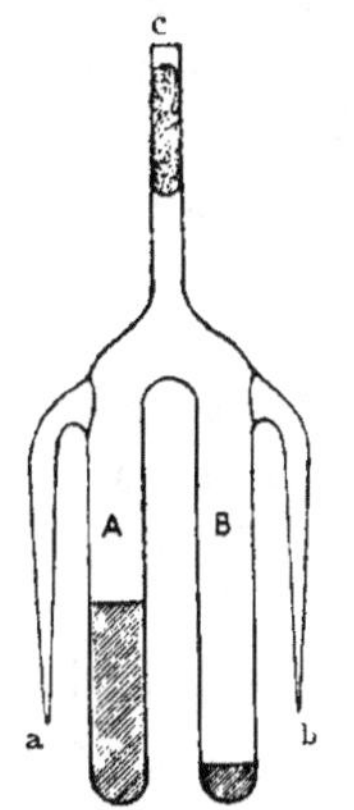

Fig. 8. — Tube double de Pasteur.

Résultat : Pas un seul micro-organisme.

M. Pasteur, me répéta, dans son laboratoire en présence de M. Chamberland, et écrivit même sur du papier au crayon bleu, qu'en opérant ainsi que je le faisais, on trouvait « le plus souvent » des organismes dans les liquides. Il avait déjà dit deux fois la même chose, dans sa réponse aux notes adressées par moi à l'Académie (voir p. 135). Mais il dit de sa propre expérience. « En opérant comme je vais le dire, l'expérience réussit cent fois sur cent, mille fois sur mille, c'est-à-dire que jamais elle ne donne des Bactéries. »

Je puis aisément admettre cette assertion vantarde, simplement parce qu'il est facile d'obtenir invariablement des

résultats négatifs quand on emploie une méthode défectueuse,
quoiqu'il ne soit pas possible d'obtenir invariablement des
résultats uniformes, même avec une méthode exacte quand
on opère avec un liquide naturellement sujet à varier plus
ou moins.

D'après ses propres paroles, M. Pasteur commit la même
erreur que Sir William Roberts, et le professeur Tyndall,
quand ils trouvaient leurs liquides invariablement stériles :
lui aussi, il mettait trop de potasse. Il est facile de le prouver.

Il commença par se munir d'une solution de potasse suffisante pour neutraliser 15 centimètres cubes d'urine qui
avait été bouillie pendant dix minutes dans un tube ouvert, au
lieu d'une quantité sensiblement inférieure à celle qui est
nécessaire à la neutralisation complète, ainsi que je l'avais
indiqué ; mais il n'ajoutait la potasse qu'après avoir bouilli
l'urine de nouveau pendant dix autres minutes, et cette fois
dans un tube fermé avec un tampon d'ouate ce qui, ainsi
que je l'ai montré (p. 104), élève le point d'ébullition de
2 ou 3° C au moins, et détermine ainsi une diminution très
sensible de l'acidité de l'urine.

On peut juger du degré de diminution d'acidité ainsi
produite par la diminution (p. 149) résultant de l'ébullition de 30 centimètres cubes d'urine dans un vase avec un
col capillaire pendant cinq minutes seulement. Le résultat
inévitable de la méthode de Pasteur est de diminuer l'acidité
de l'urine ; et alors il y a excès de potasse quand on l'ajoute,
cause d'insuccès que je lui avais sans cesse indiquée.

Maintenant, examinons l'interprétation que donne Pasteur
de ce qu'il considérait comme étant son succès et mon échec.
Il faut bien se mettre dans l'esprit que dans la discussion qui
eut lieu entre nous, avant d'en appeler à une Commission, il
attribuait invariablement mes résultats à l'ensemencement
de l'urine bouillie (qu'il croyait encore être dépourvue de
germes) par l'addition d'une solution de potasse bouillie. —
Les germes vivants se trouvaient *là*, répétait-il sans cesse.

Et quand il déclara deux fois qu'en opérant comme je le faisais, c'était un fait qu'on trouvait presque toujours des organismes dans les liquides, il semble qu'il parlait ainsi par confiance absolue dans les conclusions auxquelles il était arrivé en 1862. — Ainsi, pour lui, même la solution de potasse bouillie était semblable aux liquides dont il se servait à cette époque, et en tant que liquide alcalin, avait permis à des germes de survivre à une température de 100° C. Supposition vraiment extraordinaire.

Mais, dans la preuve finale de mes « erreurs » telles qu'elle fut faite devant la Commission et publiée dans les *Comptes Rendus,* cette interprétation est abandonnée. Un point de vue totalement différent est adopté. Il dit qu'il y a trois causes d'erreur principales dans mon expérience : 1° l'urine n'est pas suffisamment acide ; 2° la potasse n'est pas suffisamment chauffée ; 3ᵉ les tubes employés n'ont pas été stérilisés par surchauffage préalable. Il déclara qu'à son avis j'avais « complètement éliminé » les deux premières, mais non la troisième, puisque je n'avais pas l'habitude de flamber les tubes que j'employais.

Or il est certain que cette condition n'a été ni mentionnée, ni adoptée par Pasteur lui-même dans ses expériences précédentes telles qu'il les décrit en 1862.

Pendant le long intervalle qui s'écoula entre sa réponse du 7 août et la reprise de la discussion au mois de janvier suivant, il s'était occupé, en partie du moins, à étudier la pureté relative des différentes eaux, avec M. Joubert — recherches qui, dit-il dans une note aux *Comptes Rendus* du 29 janvier, furent entreprises par suite de la discussion avec moi. Dans cette note, il parle de recherches sur le même sujet faites par Burdon-Sanderson en 1871, qui trouva aussi des Bactéries en quantité dans l'eau de robinet ordinaire de Londres, mais n'était pas d'accord avec Pasteur sur la fréquence des germes de Bactéries dans l'air, malgré tout ce que Pasteur avait dit dans son mémoire en 1862.

Sanderson inclinait donc à conclure que les Bactéries qui apparaissent dans les expériences relatives à la génération spontanée proviennent, ainsi que le dit Pasteur, « exclusivement de l'eau ayant servi au nettoyage des vases, quand on ne les flambe pas ».

Quoique Pasteur professât ne pas aimer ces conclusions de Sanderson, ce dernier point semble avoir fait une vive impression sur lui, de sorte qu'il vit sous un tout autre jour les résultats de mes expériences. Il abandonna l'interprétation d'après laquelle c'était par la solution de potasse bouillie que j'introduisais des germes dans les liquides d'expérience, et il adopta l'idée que les germes sur les parois du flacon n'étaient pas véritablement tués par le contact avec les liquides acides bouillants. De sorte que (en ma qualité de médecin) j'avais réussi à redonner de la vie à des germes que lui et d'autres observateurs avaient cru être morts sans retour, tout cela parce qu'ils n'avaient jamais pris préalablement la précaution de flamber les vases dont ils se servaient dans leurs expériences[1].

Lui-même, en fait, déclara alors explicitement que les germes sur les parois du tube n'avaient point été vraiment tués dans les liquides acides bouillis, *quoique leur faculté de multiplication* eût été détruite. Cette conception fut dans la suite exposée longuement par l'ancien assistant de

---

1. La méthode employée maintenant consiste à placer quelque temps les tubes bouchés avec de l'ouate, dans une étuve à la température de 150°-200°, c'est-à-dire jusqu'à ce que le coton ait pris une légère teinte brune. Ce que dit dans sa thèse *loc. cit.* 1879, p. 21) Chamberland, l'assistant de Pasteur à ce moment, prouve que ceci n'avait point été jugé nécessaire jusque-là. Parlant d'expériences faites en 1876, il dit : « Au moment où j'ai fait ces expériences, je pensais qu'il suffisait de faire bouillir de l'eau pendant quelques minutes dans un appareil pour la priver complètement de germes ; mais j'ai découvert depuis, comme je le montrerai plus loin, qu'il existe certains organismes dont les germes ou spores peuvent résister pendant plus d'une heure à la température de l'eau bouillante. » Ce fut après cela que lui et M. Pasteur introduisirent ce nouveau procédé et insistèrent sur la nécessité de flamber les tubes employés dans les expériences de ce genre.

Pasteur, Ch. Chamberland (maintenant sous-directeur de l'Institut Pasteur) dans une thèse qu'il présenta en 1879 pour le doctorat ès sciences. Parlant des liquides acides bouillis, il dit (*loc. cit.* p. 89) : « Mais ils ne sont pas stériles au vrai sens du mot, car ils peuvent encore renfermer des germes vivants qui se développent dans les liquides neutres. »

J'ai donné mon interprétation de l'insuccès de Pasteur dans sa répétition de mon expérience, et elle explique ses résultats invariablement négatifs. Il me reste toutefois à produire des diverses sortes de faits qui s'opposent à l'interprétation qu'il donne de mes résultats. Les voici :

1° L'explication donnée par Pasteur de mes résultats positifs peut être réfutée par l'expérience directe, de la manière suivante, comme je l'ai montré dans mon travail du *Journal of the Linnean Society* (p. 45).

Prenons de l'urine trouble ayant une réaction neutre ou faiblement alcaline, dans laquelle des Bactéries et des Bacilles se trouvent en quantité et se multiplient rapidement, et comparons l'effet obtenu en chauffant ces organismes avec leurs éléments reproducteurs à 100° C dans un milieu acide, et dans un neutre respectivement. Il faut trois séries d'expériences.

1° *Ferments chauffés à* 100° C *en liquide acide.* — Ajouter une goutte du liquide trouble faiblement alcalin contenant les ferments et leurs germes à 30 centimètres cubes d'urine dont l'acidité est plus qu'équivalente à X gouttes de solution de potasse.

Bouillir pendant deux minutes sur la flamme, sceller, puis mettre cinq minutes dans l'eau bouillante, en position renversée. Après refroidissement placer à l'étuve à 50° C.

Résultat : Aucun changement dans le liquide.

2° *Ferments chauffés à* 100° C *en liquide faiblement alcalin.* — Placer une goutte du même liquide trouble faiblement alcalin dans un petit tube, étirer le col et sceller.

Plonger ce tube dans un flacon contenant 30 centimètres cubes de la même urine.

Bouillir deux minutes, sceller, faire bouillir huit minutes de la même façon et, quand le liquide est refroidi, casser le tube, afin de *libérer les organismes qui ont été chauffés dans leur propre milieu faiblement alcalin.*

Placer à l'étuve avec les autres à 50 degrés.

Résultat : Aucun changement dans le liquide.

3° *Expérience de contrôle.* Faire bouillir 30 centimètres cubes de la même urine acide dans un petit flacon dont le col est bouché avec de la ouate, pendant dix minutes. Quand le liquide est refroidi, ôter le tampon de coton et ajouter une goutte du même liquide trouble, mais non préalablement chauffé. Replacer vivement le tampon de coton et mettre dans l'étuve à 50° C.

Résultat : Trouble marqué, et quantité de Bacilles après dix-huit ou vingt-quatre heures.

Ces expériences ont invariablement donné les mêmes résultats. Deux épreuves furent faites avec une urine du poids spécifique de 1 030, dont l'acidité équivalait à 10 gouttes de solution de potasse par 30 centimètres cubes, et 9 épreuves furent faites avec une urine dont l'acidité égalait 25 gouttes par 30 centimètres cubes et dont le poids spécifique était de 1 030 aussi.

Ces expériences sont d'un grand intérêt parce qu'elles montrent de façon décisive que la neutralité ou l'alcalinité faible du milieu dans lequel les ferments sont chauffés n'est pas capable de les préserver de l'influence destructrice de la température de 100° C. Elles montrent aussi que les Bacilles *qui n'ont pas été préalablement bouillis* se développent et se multiplient très facilement même dans une urine très acide.

2° Mais il est prouvé aussi fortement que les Bacilles et leurs germes sont capables de se développer et de se multiplier *après qu'ils ont été bouillis* dans des liquides acides. Je n'ai besoin, pour le prouver, que de rappeler mes expériences avec de la simple infusion de navet acide et non altérée, expériences qui ont été confirmées par Burdon-Sanderson et par le professeur Huizinga. Considérées selon leur moindre valeur, celle que mes adversaires leur attribuent, ces expériences constituent une preuve directe contre l'explication donnée par Pasteur, et plus tard par Chamberland de mes expériences avec l'urine et la solution de potasse. On trouvera des preuves abondantes de la même sorte dans les chapitres XIX et XX, où les résultats de mes nouvelles expériences avec des solutions salines surchauffées sont relatés.

C'en est assez pour réfuter l'interprétation donnée par Pasteur de mes expériences, savoir que l'urine acide n'était pas véritablement stérilisée par l'ébullition, qu'elle contenait des germes que l'on supposait avoir été tués, parce que, après ébullition, ces germes n'étaient plus capables de se développer et de se multiplier dans le milieu acide.

Il y a toutefois quelques points accessoires dont il faut dire quelques mots. Ce sont :

a) La nécessité supposée de surchauffer les tubes ; *b*) la possibilité pour la solution de potasse ordinaire de contenir des germes ; *c*) l'urine saine qui sort de la vessie, préservée de la contamination et conservée en vases flambés, peut-elle fermenter? *d*) effets que produit la solution de potasse ajoutée en proportions différentes à une telle urine.

a) *Sur la nécessité supposée de surchauffer les récipients.*
— Ainsi que je l'ai dit, quoiqu'il n'y ait pas de preuve que Pasteur dans ses expériences précédentes (telles qu'elles furent relatées en 1862) ait jamais considéré comme nécessaire que les vases soient flambés, cette précaution fut considérée désirable par Burdon-Sanderson en 1873, et dans les expériences que je fis avec lui cette année, deux de la troisième série (p. 105) furent faites avec des récipients calcinés, et donnaient exactement le même résultat que dans les expériences où l'on ne prenait pas cette précaution. On ne peut dire non plus que dans ces expériences la fertilité de la culture était réellement due à ce que l'infusion de navet contenait des particules de fromage, puisque, ainsi que l'a montré le professeur Huizinga, les peptones solubles peuvent rem-

placer le fromage sans aucune altération dans les résultats expérimentaux.

Toutefois, dans toutes les expériences dont je vais parler (excepté, nous allons le voir, dans la première où on la supprima exprès), j'ai eu recours à cette précaution additionnelle, et les parois des tubes ont été bien flambées avant que l'on s'en servit. Tout ce que Pasteur trouva à dire, quand il fit remarquer cette nécessité, résultat de son examen, avec M. Joubert, de différentes eaux, est que l'eau ordinaire de laboratoire (eau de robinet), avec laquelle on lave les tubes d'expériences, contient des Bactéries et leurs germes; et que des tubes qu'on laissait ensuite égoutter et sécher pouvaient contenir sur leurs parois des germes capables de résister « à la température de 100° C, au moins, à l'état humide... pendant plusieurs minutes » (*Comptes Rendus*, 23 juillet 1877). Il supposait que c'était là la source des germes qui, après avoir été bouillis, étaient incapables de se développer dans un milieu acide. Il supposait de plus que ces germes étaient des *spores de Bacilles*.

On peut se rendre compte combien peu cette conception s'accorde avec les expériences directes destinées à éprouver l'effet contaminant de l'eau de robinet bouillie par les observations suivantes :

En 1882, alors que je m'occupais d'expériences analogues, je voulus savoir quel serait le résultat en faisant simplement bouillir de l'eau de robinet dans des flacons ordinaires préalablement lavés de cette façon, avant d'ajouter de l'urine pure et d'exposer les vases à une température d'étuve assez élevée. On mit de l'urine d'acidité moyenne avec toutes les précautions voulues (telles que les indique Pasteur) dans un des récipients flambés dont se sert Lister, et on reboucha aussitôt.

Trois flacons furent aux deux tiers remplis d'eau de robinet, et le liquide en A fut bouilli pendant cinq minutes, en B pendant dix minutes, et en C pendant quinze minutes, de façon à imiter les conditions ordinaires auxquelles étaient soumises les parois des tubes d'expérience. Quand le contenu de chaque flacon eût bouilli pendant le temps indiqué, on chassa l'eau bouillante qui fut remplacée vivement par de l'urine pure et chaque flacon, ayant été bouché avec de la ouate, fut mis dans l'étuve à la température d'environ 45° C.

Les résultats furent les suivants : A, au bout de trois jours trois quarts, se troubla et l'on y trouva seulement des Microcoques. B se troubla en trois jours et demi et contenait seulement des Microcoques. C se troubla en deux jours et demi et ne contenait aussi que des Microcoques. Ces résultats me surprirent beaucoup, d'abord parce que je ne trouvais que des Microcoques, au lieu de Bacilles, et puis, parce que le liquide dans le flacon où l'eau avait bouilli le plus longtemps était celui qui se troublait le plus vite.

Je recommençai cette expérience avec une autre urine (il fallait 11 gouttes de solution de potasse pour en neutraliser 30 centimètres cubes) qui fut recueillie avec toutes les précautions possibles dans un récipient flambé, et versée dans deux flacons dans lesquels de l'eau de robinet avait bouilli pendant dix minutes. Ils furent placés dans une étuve à 50° C. L'un d'eux devint trouble en vingt-quatre heures et l'autre en trente-six heures. A l'examen on remarqua que les deux liquides ne contenaient que des Microcoques.

Deux autres flacons furent traités de la même façon, et un peu de la même urine fut ajoutée après les dix minutes d'ébullition, puis on ajouta à chaque flacon de la solution de potasse en quantité suffisante pour la neutralisation, avant de reboucher et de mettre à l'étuve. Tous deux devinrent troubles en vingt heures, et dans chacun d'eux l'on trouva des multitudes de Microcoques avec des Streptocoques et des Bacilles de toute taille, jusqu'à de longs filaments semblables aux Leptothrix.

On fit trois autres expériences avec une urine différente.

De l'eau de robinet fut bouillie dans les flacons pendant dix minutes avant d'ajouter l'urine pure (sans neutralisation). Au bout d'un temps variant de vingt-et-une à trente-six heures, l'urine se troubla et elle ne présentait que des Microcoques.

Au point de vue de Pasteur ces résultats étaient remarquables. Les liquides, pour mettre en accord son interprétation et mes expériences, eussent dû dans chaque cas ne présenter que des *Bacilles*, et jamais ni lui, ni aucun autre n'essaya de montrer que les Microcoques peuvent survivre après avoir été exposés dans des liquides à 100° C. Et pourtant, seuls, des Microcoques parurent, et toujours.

b) *La solution de potasse ordinaire non bouillie est-elle un milieu contenant des germes ?* La solution de potasse bouillie n'est pas, ainsi que Pasteur le crut d'abord, un milieu contenant des germes. Ceci est prouvé par ce fait que je lui citai, que lorsqu'elle est en quantité trop grande ou trop petite, elle ne fertilise pas l'urine à laquelle on l'ajoute. Il n'essaya point de donner une preuve de ce qu'il avançait. Il eût pu reconnaitre facilement son erreur, en faisant ce que j'ai fait depuis, pour montrer que même la solution de potasse qui n'a pas été chauffée est un liquide dépourvu de germes.

J'ensemençai douze flacons flambés, bouchés avec du coton, contenant de l'urine stérile, qui était restée à l'étuve six ou sept jours[1] sans s'altérer, mettant dans chacun une goutte de solution de potasse prise avec une pipette flambée dans une bouteille qui avait été souvent ouverte et exposée à l'air. Ces flacons furent placés à l'étuve à 45° C environ, et après vingt-quatre heures, je trouvai le liquide dans l'un des deux troublé par des Bacilles courts ; tous les autres

---

1. C'étaient de ces liquides dans lesquels j'avais recherché la température mortelle pour les spores de Bacilles, ainsi qu'il est raconté au chapitre x.

étaient clairs[1]. A la fin du quatrième jour, les liquides des onze autres étaient encore clairs. Avec toutes les précautions, chaque flacon reçut une seule goutte d'urine troublée par les Bacilles, avec ce résultat que dans sept des onze flacons, les liquides se troublèrent au bout de vingt ou trente-six heures. Les liquides dans les quatre autres flacons restèrent clairs pendant trois jours encore, après que l'expérience fut cessée.

c) *L'urine pure contenue dans des tubes flambés, et préservée contre la contamination, peut-elle fermenter ?* — Dans sa note du 17 juillet 1876, M. Pasteur attachait peu d'importance aux températures d'étuve élevées que j'avais employées. De plus, il disait que la potasse en proportions voulues peut être ajoutée même à l'urine non bouillie, quand on la met avec toutes les précautions possibles dans un vase surchauffé, sans la faire fermenter. Et dans sa note du 8 janvier 1877, en collaboration avec M. Joubert, il disait que la discussion porte sur ceci : « L'urine qui a été bouillie de façon à être rendue stérile, et mieux encore, l'urine fraîche, non altérée, telle qu'elle provient de la vessie, après neutralisation par la potasse, et à la température de 50° C produit-elle des organismes ? » Pasteur affirmait que la fermentation ne se produirait pas, tant que la potasse ajoutée serait pure.

En 1883, quand j'étudiais la question de la résistance à la chaleur des spores de Bacilles qui avaient subi la dessiccation pendant plus de cinq ans, en réponse aux assertions de Tyndall, je fis aussi une quantité d'expériences avec de l'urine fraîche émise dans des vases surchauffés avec toutes les précautions indiquées par Pasteur et par Lister. Ces

---

1. Naturellement il y a toujours un risque de contamination accidentelle, pendant qu'on enlève le tampon d'ouate, pour faire l'inoculation, et qu'on le remet, quoique j'aie essayé de remédier à cela autant que possible en frottant le haut du flacon, entre son bord et le tampon avec un pinceau imbibé d'une solution de 20 p. 100 d'acide phénique.

expériences portaient en particulier sur deux points :
d'abord les effets du degré d'élévation de la température sur
ce liquide (que nous allons considérer dans cette section) et
puis les effets des températures élevées combinées avec différentes proportions de solution de potasse, dont nous parlerons dans la section suivante.

Je trouvai que l'urine pure émise avec toutes les précautions dans un vase flambé, et préservée contre la contamination reste pure, ainsi que Pasteur et Lister l'ont dit, si on la
garde à une température basse de 21° C.

Mais si on met de cette urine dans d'autres tubes purifiés
gardés à l'étuve à la température de 45° C, j'ai constaté bien
souvent que l'urine de ces tubes devient trouble au bout de
trois jours, et à l'examen on la trouve contenir des milliers
de microcoques seulement.

D'autre part, si l'on maintient de l'urine pure dans des
tubes purifiés à une température d'étuve d'environ 47° C, elle
ne donne point de microcoques. Les liquides, dans ces conditions, restent non altérés, ou bien l'acidité de l'urine étant
minime, ils se troublent, et l'on y trouve force Bacilles. Pour
voir apparaître des microcoques dans les urines auxquelles
n'a pas été ajoutée de solution de potasse, il faut exposer le
liquide à des températures basses dans l'étuve.

*d) Effet produit par l'addition de potasse en proportions
différentes et à des températures d'étuve différentes, à
l'urine pure dans des tubes flambés.* — Dans beaucoup d'occasions, on remarque que l'urine pure, versée dans un tube
flambé, entièrement ou aux trois quarts neutralisée avec de
la solution de potasse surchauffée, et exposée ensuite à des
températures variant de 44° à 50° C se trouble plus rapidement, c'est-à-dire en dix-sept ou vingt-quatre heures ; et à
l'examen, on n'y trouve point de microcoques, mais une
foule de Bactéries.

D'autre part, si on emploie des quantités moindres de

solution de potasse, suffisantes pour la demi-neutralisation, ou un peu supérieures ou inférieures, avec des températures d'étuve entre 44° et 47° C, on trouve dans les liquides un mélange de microcoques, streptocoques, et staphylocoques, avec des Bacilles de tailles très diverses.

Je trouvai ainsi que, employant l'urine pure dans des tubes flambés, sans ou avec de la solution de potasse en proportions différentes, je pouvais, presque à volonté, obtenir des microcoques seuls, des Bacilles seuls, ou un mélange de ceux-là avec des streptocoques plus spécialement.

Dans toutes les expériences où j'employais la solution de potasse, je l'avais, de façon à éloigner toute objection, si mal fondée fût-elle, préalablement chauffée dans des tubes entre 105° et 120° C pendant une heure, ainsi que je l'avais fait auparavant pour répondre aux objections mal fondées faites par Pasteur à mes premières expériences.

CHAPITRE XVII

PASTEUR AVAIT-IL RAISON DE DIRE QUE LES LIQUIDES ORGANIQUES NEUTRES OU FAIBLEMENT ALCALINS, PRÉALABLEMENT PORTÉS à 110° C. ET MIS A L'ABRI, RESTENT TOUJOURS STÉRILES ?

Sans contredit, beaucoup de liquides organiques qui ont été chauffés seulement à quelques degrés au-dessus du point d'ébullition et qui sont ensuite gardés à une température de 30° C au plus restent stériles [1].

Il est bien connu que des liquides neutres ou faiblement alcalins fermentent après exposition à cette température, mieux que ne le font les liquides acides. Si, comme j'ai essayé de le prouver, les premiers de ces liquides ont, grâce à leur constitution une tendance plus grande que les liquides acides à fermenter, c'est seulement ce à quoi l'on devait s'attendre. Il est évident que si la chaleur au delà d'un certain degré tend à supprimer la fermentabilité des liquides organiques, il faudra un degré moindre de chaleur pour étouffer cette propriété chez les liquides les moins fermentables que pour l'annuler chez ceux qui le sont le plus.

Si la fermentabilité est une qualité des liquides organiques inséparable ou dépendant seulement de la présence de certains organismes vivants, alors le fait de la persistance de la

---

1. Ce chapitre est une reproduction. avec quelques légères additions et quelques altérations verbales. d'une partie de mon mémoire dans le *Journal of the Linnean Society* (Zool.), vol. XIV, n° 74, 1878.

fermentabilité dans un liquide organique après qu'il a été chauffé à 105° C serait, naturellement, une preuve que des organismes vivants peuvent supporter l'influence d'une telle température.

M. Pasteur a trouvé que du lait et de l'eau de levure sucrée, neutralisés par le carbonate de chaux, fermentent en effet souvent après qu'ils ont été chauffés à 105° C, et il en a conclu que c'était grâce à la survivance des Bactéries et des germes de Vibrions dans ces liquides. Toutefois, observant qu'entre ses mains ces liquides étaient invariablement stérilisés après avoir été exposés quelques minutes à une température de 110° C, M. Pasteur proclama que ce degré de chaleur détruisait tous les germes dans les liquides. même dans ceux qui viennent d'être mentionnés où pourtant, pour lui, ils résistent le plus obstinément à l'influence destructive de la chaleur.

Les expériences déjà relatées ont montré que l'explication donnée par Pasteur de la cause de la fermentation des liquides neutres après l'ébullition et chauffage jusqu'à 105° C n'est pas suffisamment fondée, qu'elle est, en fait, directement contredite par des expériences décisives et strictes.

Il me faut maintenant citer des faits supplémentaires établissant que l'induction de ce même observateur distingué, en ce qui concerne la stérilité invariable des liquides neutres,. après qu'ils ont été chauffés à 110° C, est contredite par une expérience plus étendue. Si l'on a recours à un simple agent physique (par exemple une température d'étuve plus élevée que celle dont M. Pasteur se servait) on peut facilement démontrer que beaucoup de liquides convenablement préparés peuvent fermenter après qu'on les a exposés même à 110° C et plus.

Cette preuve finale n'est naturellement pas absolument nécessaire pour détruire les fondations sur lesquelles M. Pasteur a basé sa théorie de la fermentation. Ce qui a été dit sur la fertilité des liquides acides bouillis, et de la cause de la fertilité des liquides neutres bouillis est, en soi, une preuve suffisante pour les détruire.

Cette preuve que j'ai donnée de la cause de la fertilité des liquides neutres bouillis, ébranle aussi les fondations de la croyance des autres investigateurs à la « survivance des germes » dans tout liquide préalablement bouilli. Cette croyance a toutes ses racines dans la preuve que Pasteur croit avoir donnée de ce phénomène, et dans des faits d'un ordre similaire par lesquels on admettait qu'il l'avait démontrée. Le processus est essentiellement le suivant, et a été souvent répété : 1° une conviction fortement enracinée que la matière vivante ne peut pas surgir *de novo* ; 2° la découverte de matière vivante dans des liquides qui ont été bouillis ou surchauffés. Une telle combinaison des faits et une telle conviction conduisent aisément à la conclusion que des germes ont survécu à l'ébullition, quelle qu'ait été la durée de celle-ci.

Et de même cette conviction continuant à être profondément enracinée, la découverte d'organismes vivants dans des liquides mis à l'abri de la contamination, qui ont été chauffés à 110° C sera immédiatement expliquée de la même façon, par une « survivance de germes », en dépit des assertions du contraire, et indépendamment de toute preuve directe. La fertilité se présente-t-elle de nouveau, après qu'une autre température mortelle a été dépassée ? Les liquides qui ont été chauffés à 120° C fermentent-ils ? D'abord on nie les faits, puis quand ils sont établis de nouveau, sans rien qui justifie l'abandon des croyances primitives, on y renonce et le vieux cri « survivance de germes » se fait entendre de nouveau. Il est probable que les résultats expérimentaux qui suivent n'apporteront avec eux aucune signification autre que celle qui est indiquée plus haut à ceux qui croient fermement qu'une origine *de novo* de la matière vivante est impossible. Pourtant, pour ceux qui font à tel point un abus de ces idées, il est bon de les relater. Les tubes employés dans ces expériences furent tous flambés pendant la préparation, et utilisés peu après.

Il arrive assez souvent que de l'*urine* presque neutralisée avec de la solution de potasse, qui a été chauffée à 100° C pendant une à trois heures dans des tubes scellés, sans air, fermente en deux ou trois jours quand on la garde à la température de 50° C. Une très petite quantité de potasse en plus ou en moins suffit toutefois à empêcher le changement de se produire, avec quelques urines.

Dans les flacons fermés, à demi remplis d'urine neutralisée et d'air ordinaire qui ont été chauffés au bain de chlorure de calcium à 110° C pendant de cinq à vingt minutes, la fermentation se produit beaucoup plus rarement. Pourtant, je l'ai vu se produire 14 fois sur 50 épreuves, apparaissant au bout de deux ou trois jours.

Dans sept de ces cas, les liquides ne devenaient généralement pas troubles, malgré l'apparition d'un ou plusieurs flocons de Bacilles dans chaque flacon. C'étaient tous des fractions de la même urine chauffée à 110° C pendant cinq minutes. Dans les sept autres cas, il y avait un trouble général très léger, et les tubes avaient été chauffés à 110° C pendant trente minutes.

Dans douze expériences avec de la *levure de bière* faiblement acide, en partie d'un poids spécifique de 1060, et en partie diluée à 1030, chauffée dans des tubes avec de l'air à 100° C pendant dix minutes, la fermentation ne se produisit pas une seule fois ; et pourtant, comme dans les expériences avec l'urine, les liquides furent gardés, après avoir été ainsi surchauffés, plusieurs jours à la température de 50° C.

Les résultats avec l'*infusion de foin* acide[1], neutre, ou faiblement alcaline, ayant un poids spécifique d'environ 1005, ont été beaucoup meilleurs. Dans chaque cas, on pre-

---

1. Seulement trois fois dans cet état. Dans les autres cas la solution de potasse fut ajoutée de façon à la rendre neutre, ou légèrement alcaline.

nait environ 15 centimètres cubes de liquide, remplissant à moitié un tube que l'on scellait quand il était froid, de sorte qu'au-dessus du liquide il y avait de l'air ordinaire. Après avoir fait chauffer les tubes dans le bain de calcium, on en mettait quelques-uns dans l'étuve à des températures variant entre 40°-45° C et d'autres à la température de 50° C.

Dans 14 cas les infusions furent chauffées à 110° C pendant cinq minutes; et dans chacun de ces tubes, il parut des organismes en moins de trente-six heures. Dans 21 cas ils furent chauffés à 120° C pendant trente minutes, et dans cinq de ces dernières expériences (faites toutes avec la même infusion de foin), il ne se produisit pas de fermentation. Dans les autres 16 expériences, une fermentation plus ou moins distincte se produisit. Dans quelques cas toutefois, avant d'ouvrir les tubes, on ne voyait que peu d'altération. Nous parlerons ailleurs des caractères des organismes trouvés dans ces différents liquides.

Une autre fois, on versa dans cinq tubes une infusion **de** foin neutralisée, et après que les tubes furent fermés, on les chauffa à 125° C pendant trente minutes. On les exposa à une température d'étuve de 45° C environ ; et le quatrième jour, on remarqua que dans chaque vase les liquides étaient légèrement troubles. À l'examen, on y trouva abondance de Torules et de Bactéries.

Dans six autres expériences avec une infusion de *pommes de terre* neutralisée, ayant un poids spécifique de 1011, on ne remarqua point de fermentation. Deux fois les infusions furent portées à 120° C et quatre fois à 110° C pendant trente minutes.

Dans seize expériences avec une infusion de *concombre* neutre ayant un poids spécifique de 1003, chauffée à des températures variant entre 105° et 120° C pendant vingt minutes, il y eut aussi des résultats uniformément négatifs. Mais dans quarante expériences avec du bon *lait de vache* chauffé en tubes clos à moitié pleins d'air à 110° C pendant de cinq à

soixante minutes, et aussi dans cinq autres expériences où
le lait fut chauffé à 115°5 C pendant dix minutes, une fermentation plus ou moins marquée se produisit dans chaque
cas au bout d'un temps variant de deux à dix jours.

La grande variabilité de ces résultats, spécialement avec
les liquides différents chauffés de même, fait qu'il est impossible de les expliquer uniquement par la température mortelle pour les germes, ainsi que beaucoup tenteront pourtant
de le faire. Pourquoi cette température mortelle serait-elle
si différente dans des liquides divers ?

De plus, ces nouvelles expériences, comme celles que j'ai
précédemment relatées, contredisent absolument les opinions
du professeur Cohn, qui dit que les Bacilles sont les seuls
organismes qui apparaissent quand les liquides bouillis ou
surchauffés fermentent. S'il est vrai, comme il le dit, que les
autres organismes sont tous tués par les températures inférieures à 100°C quand ils sont plongés dans un liquide, comment les partisans de la théorie des germes expliquent-ils
l'apparition dans ces conditions, de foules de Microcoques,
ainsi qu'il a été dit dans le chapitre précédent et comme cela
sera indiqué de nouveau ? Et aussi de Torules, dont quelques-unes ont pu former un mycélium typique et bien
formé ? Nous décrirons maintenant les conditions et la façon
dont ces différents organismes ont fait leur apparition dans
la série d'expériences qui va être relatée.

SIGNES DE FERMENTATION DANS LES LIQUIDES SURCHAUFFÉS EMPLOYÉS DANS LES EXPÉRIENCES PRÉCÉDENTES

Urine. — L'observateur expérimenté ne confondra jamais
le trouble causé par la précipitation des phosphates avec
celui qui est dû à la fermentation. Il doit autant que possible,
et excepté quand elle lui est nécessaire, éviter l'urine chez
laquelle se manifeste cette précipitation. Quand le nuage dû
à cette cause est très léger, il disparaît parfois quand l'urine

refroidit. Mais quand il est considérable, un dépôt épais tombe graduellement au fond, laissant le liquide au-dessus tout à fait clair.

Tous ces dépôts de phosphates disparaissent, toutefois, quand le tube est mis à l'étuve, de sorte qu'au bout de douze heures au moins, le liquide qui surnage est clair, et l'on peut y découvrir toute trace de trouble qui pourrait s'y produire. Dans des tubes sans air, même la première opacité du liquide semble être répandue uniformément dans le liquide, et elle est toujours accompagnée d'une légère diminution de couleur. L'urine prend une teinte plus claire qnand la fermentation est forte, l'opacité du liquide se transforme en un trouble bien défini qui continue généralement pendant un temps assez long, et sans que se forme à sa surface la moindre écume ou pellicule.

Si la fermentation est moins forte, elle peut se manifester de trois façons différentes :

a) Elle peut ne constituer qu'un obscurcissement léger du liquide, même quand le tube est gardé à l'étuve pendant une semaine ou deux[1] et dans ce cas les organismes sont très rares ; on n'en découvre guère plus d'un ou deux dans le champ du microscope[2]. Un tel changement est souvent long à se manifester.

b) Le liquide lui-même peut rester parfaitement clair, mais sur les parois du récipient ou sur le dépôt de phosphate au fond, on voit un, deux ou trois petits flocons blanchâtres se produire qui grossissent pendant deux ou trois jours, tandis que le liquide reste parfaitement clair. Ce

---

1. Il est possible pour un observateur inexpérimenté de confondre cet état avec un autre dans lequel le liquide reste inaltéré, mais où le verre est attaqué et rendu opaque par le liquide. Ceci se produit parfois quand on garde trop longtemps de l'urine à la température de 50° C, et surtout si on élève la température de quelques degrés au-dessus de ce point.

2. Une pareille rareté d'organismes se rencontre souvent dans le sang de certains animaux qui souffrent de fièvre splénique, quoique chez les autres, il y en ait en abondance (*Quart. Journ. of Microsc. Science*, janvier 1877. p. 87).

ne sont pas des flocons de champignons ainsi qu'on pourrait le croire, mais des masses emmêlées de longs Bacilles en filaments[1].

c) Dans d'autres cas, le liquide lui-même peut rester clair, et il ne se montre aucun flocon ; mais lentement et après plusieurs jours, un dépôt floconneux s'accumule au fond du vase, et l'on y trouve des organismes. Ce dernier changement n'a pas été l'objet de beaucoup d'attention dans ce travail[2]. Il ne s'est manifesté que dans peu d'occasions encore ; et à en juger par mes expériences précédentes il est plus apte à se manifester à des températures basses, telles que 25°-35° C, plutôt qu'à 50° C. La fermentation qui se produit dans l'urine bouillie ou surchauffée est entièrement différente de celle qui se produit dans l'urine non chauffée dans des tubes ouverts. Même quand le liquide est tout à fait trouble, il n'est jamais fétide. L'odeur peut être restée tout à fait la même ou s'être légèrement accentuée[3]. D'une manière générale, aussi, les organismes que l'on trouve sont des Bacilles (fig. 9 *a*) longs et non articulés (droits ou courbés) ou plus longs et ressemblant à ce que j'ai décrit comme des

1. Quelquefois ils ressemblent plus à ce que le professeur Cohn appelle le *Vibrio serpens* (*Beit. zur Biolog. der Pflanz.*, t. I, *Heft* 2, pl. III, fig. 18). Mais je ne crois pas qu'il faille considérer les différences qu'il constate entre ces germes comme ayant une valeur spécifique ou générique. Le Dr Warming, de Copenhague, dit : « Les Bactéries sont douées en réalité d'une *plasticité illimitée* et je crois qu'il faudra renoncer au système de M. le Dr Cohn et de quelques autres savants qui caractérisent les genres et les espèces d'après leur forme » (cité dans le *Quart. Journ. of Microsc. Science.*, janv. 1877, p. 85). Il faut ajouter toutefois que le professeur Cohn n'était pas libéré de tout doute sur le sujet.

2. C'est le changement que j'ai appelé « fermentation lente ». Dans la dernière partie d'un mémoire dans les *Proceedings of the Royal Society* n° 145, 1873, j'ai décrit tout au long les différents degrés de fermentabilité qui peuvent se montrer dans différents liquides lorsqu'ils sont chauffés à des degrés différents ou qu'après l'échauffement on les expose à de différentes températures d'étuve.

3. Avec l'urine diabétique, en partie neutralisée, qui a subi la fermentation dans un tube sans air, j'ai remarqué deux ou trois fois une fétidité extrême du liquide ; et de plus, ceci se produit très fréquemment quand l'infusion de navet fermente dans les mêmes conditions.

Vibrions; ou plus longs encore, affectant la forme de longs fils de Leptothrix non articulés. J'ai dit tout au long que je ne voyais là que des formes différentes d'un même organisme[1], c'est la théorie adoptée à présent, et ils sont considérés, d'accord avec la nomenclature de Cohn et Eidam, comme des Bacilles de longueurs différentes.

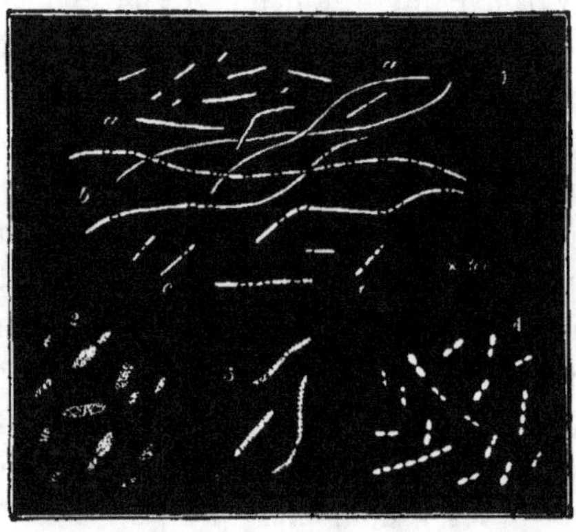

Fig. 9. — Micro-organismes provenant de tubes contenant de l'urine ou de l'infusion de foin.

1, bacille de l'urine ; *aa*, filaments courts, moyens et longs : *bb*, filaments sporifères ; *cc*, petits fragments de ces filaments : 2, petites torules de l'infusion de foin : 3, *Vibrio Rugula* de l'infusion de foin : 4. microcoques en 8 et en chaînes courtes (Streptocoques) du lait et de l'infusion de foin.

Dans les flacons sans air il ne se produit dans les filaments rien qui ressemble à la formation des spores; de sorte qu'à cet égard le Bacille de l'urine se comporte comme celui du foin et de la fièvre splénique. Il y a encore un point de ressemblance. Dans les tubes ouverts, ou dans ceux qui sont simplement bouchés avec de la ouate, une écume se forme à la surface de l'urine bouillie ensemencée avec des Bacilles, en vingt-quatre heures (à la température de 38° C), écume qui se compose surtout de filaments à l'intérieur desquels, au bout de quarante-huit heures, on peut distinguer les corps

1. Voir *Nature*, 14 juillet 1878, p. 221.

réfringents (fig 9 *b*) et qui se brisent effectivement en partie (*c*) après cette formation de spores. Tout ceci concorde avec la description qu'ont faite Cohn et Koch du bacille du foin et de celui de la fièvre splénique.

Il est donc très évident qu'il nous faut reconnaître l'existence d'un Bacille de l'urine. Mais je n'essaye point de lui donner un nom spécifique. Cela ne servirait, je crois, qu'à confirmer des idées fausses sur la netteté de la biologie de ces formes inférieures, sans avoir la moindre utilité, même au point de vue des faiseurs d'espèces.

On pourrait décrire comme des espèces nouvelles, et gratifier de noms nouveaux, les Bacilles des infusions de navet et de concombre et de cinquante autres liquides. Mais atteindrait-on ainsi un but rationnel? Toutefois, les Bacilles ne sont pas les seuls organismes que l'on rencontre dans l'urine bouillie ou surchauffée. Quelquefois, quoique rarement, on rencontre d'autres formes.

Par exemple, là où de l'oxygène a été ajouté par électrolyse et où la réaction du liquide a continué faiblement acide, dans deux ou trois occasions j'ai trouvé des Bactéries composées de deux petites cellules ovoïdes — quelque chose comme des *B. termo,* en somme, à cela près qu'elles sont toujours absolument immobiles. On les a vues là où il y avait eu une faible fermentation du type *c* ; et dans quelques-unes de mes principales expériences, avec des résultats analogues (quoique sans oxygène), et où l'étuve avait été entre 30° et 38° C, j'ai trouvé des Diplocoques, Streptocoques en courts chapelets, et des petites Torules. Dernièrement, avec une ou deux urines diabétiques en partie neutralisées avec lesquelles je faisais des expériences au printemps, j'ai trouvé quelques jours après l'ébullition des Torules se développant librement au milieu de plaques composées de Bacilles agrégés.

Le phénomène se manifeste tout d'abord par un léger trouble près de la surface du liquide, là où la fermentation se produit dans des tubes surchauffés qui ont été fermés après refroidissement, de façon à contenir de l'air, d'après la manière adoptée par Spallanzani et Needham, et si souvent adoptée depuis.

Lorsqu'on traite l'*infusion de foin* de cette dernière façon ou qu'on la chauffe à 110° C au plus, elle ne se trouble pas de façon bien marquée. Néanmoins le liquide s'obscurcit un peu, et tandis qu'il devient d'une couleur plus claire, un dépôt floconneux s'accumule graduellement. Dans d'autres cas, on peut avoir des flocons d'organismes qui augmentent de dimensions tandis que le liquide reste clair. Enfin dans les cas les moins satisfaisants il peut ne se produire aucun des changements décrits, mais seulement une accumulation lente de matière sédimentaire dans laquelle se trouvent, dans certains cas, des organismes qui sont incontestablement vivants. Il est vrai aussi que des dépôts de matière amorphe et cristalline se forment après un certain temps au fond d'une infusion même bien filtrée, dans des cas où aucune fermentation ne se produit. Ce dernier changement n'est pas satisfaisant, et il nous faut le microscope pour nous dire si nous avons vraiment affaire à une « fermentation lente » dans laquelle il ne se trouve qu'un nombre limité d'organismes.

On se rend compte par là que la fermentation est presque toujours moins violente dans les infusions de foin surchauffées que dans les infusions simplement bouillies, et ses façons de se manifester sont presque les mêmes que dans l'urine. J'ai pourtant vu des exceptions. Ainsi, l'été dernier, il se produisit dans 14 cultures d'infusion de foin chauffées à 110° C pendant cinq minutes et mis ensuite dans l'étuve à la température de 50° C, des flocons de Bacilles, au bout de vingt-quatre heures, flocons qui continuèrent à augmenter pendant les deux jours suivants, tandis que les liquides eux-mêmes restaient clairs. Puis, à ma grande surprise, dans plusieurs tubes, les liquides se troublèrent complètement fort vite. J'évitai la production de ceci chez d'autres en les ôtant de l'étuve et en les mettant dans un tiroir frais. Quelques-uns d'entre eux y restèrent longtemps avec les touffes de Bacilles flottant dans le liquide clair.

On examina tôt deux des tubes de cette série ; on découvrit que les flocons étaient formés de longs Bacilles, et de plus qu'il se trouvait, disséminés parmi les filaments, un nombre assez faible de corpuscules de Torules, ovoïdes, petits et séparés pour la plupart (fig. 9²). Çà et là, ils étaient plus nombreux et agglomérés en grappes. Ce ne fut que quelques mois plus tard que j'examinai un des tubes dont le contenu était devenu trouble, et qui avait, dans l'intervalle, été mis de côté dans un tiroir. Je trouvai alors que le liquide était plus *acide* que d'ordinaire, et qu'il contenait des foules de Bacilles courts. Et à ma grande surprise les flocons se composaient ici de touffes de moisissures admirablement développées (fig. 10, *aa*) qui croissaient sur, et cachaient plus ou moins, les flocons de Bacilles primitifs avec corpuscules de Torules (*b*). Un autre de ces tubes fut alors examiné, et on remarqua que son contenu était presque semblable. Les tubes étant faits avec une composition, et ayant été scellés quand ils étaient froids, avaient les extrémités très fortes et très saines[1].

L'infusion de foin surchauffée, quand elle fermente, conserve toujours son odeur caractéristique, qu'elle ait été chauffée dans son état naturel d'acidité ou après neutralisation faible, ou alcalinisation par la potasse. Dans le processus de la fermentation, il y a toujours production d'un acide quelconque puisqu'on remarque une acidité notable même dans le liquide légèrement alcalin, quand on en examine le

---

1. Une fermentation plus forte, ainsi que le montre le trouble, rendit le liquide plus acide ; et ce changement dans le milieu semble avoir amené le développement des corpuscules préexistants de Torules.

2. L'acidité est toujours minime, presque toujours équivalente à 1 ou 2 gouttes de solution de potasse par 30 centimètres cubes.

contenu au microscope. Dans les infusions de foin à l'état
de fermentation, j'ai quelquefois rencontré, en plus des
Bacilles de toutes tailles, et de diverses Torules, des Diplocoques et des Streptocoques ayant la forme de courts chapelets (fig. 9⁶). Dans les liquides dont j'ai parlé, où les Torules
avaient formé du mycélium bien développé, je rencontrai
aussi quelques organismes (fig. 9⁵) qui semblaient corres-

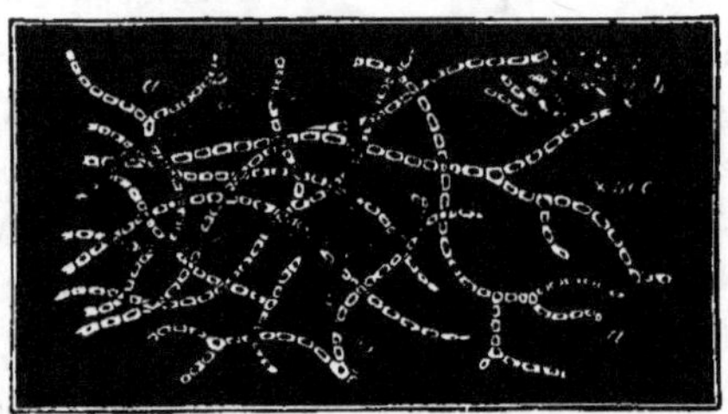

Fig. 10. — Autres organismes de l'infusion de foin.
aa, mycélium d'une moisissure ; *b*. corpuscles de Torule.

pondre exactement au *Vibrio Rugula* de Cohn. Je ne les ai
jamais revus dans les liquides de ce genre.

Lait. — Si on le chauffe à 110° C pendant trois quarts d'heure
ou plus le lait devient nettement décoloré. Il a une couleur
beige clair. Si l'exposition est moins longue, la couleur reste
inaltérée.

Après qu'il est resté à l'étuve pendant vingt-quatre heures
environ, on trouve à sa surface une pellicule analogue à de
la crème, dont la surface extérieure est jaune et sèche,
quoique parsemée ici et là de globules huileux. Le liquide
en dessous est encore blanc et opaque à ce moment, mais
lorsque la fermentation se produit, il devient graduellement
semblable à du petit-lait, après quoi il finit par ressembler
à de l'eau sale. Si on le laisse longtemps le liquide subit
d'autres changements et se décolore beaucoup. Si le lait a
été chauffé à 110° C pendant trente minutes ou plus, il peut

rester dans l'étuve à 50° C pendant longtemps avant que l'on n'y aperçoive un changement quelconque.

Quand un lait surchauffé a fermenté et que son apparence a beaucoup changé, il garde encore pourtant l'odeur simple du lait bouilli. Toutefois sa réaction a changé, il est toujours devenu plus ou moins acide.

Quand j'examinai pour la première fois un lait de ce genre, au microscope, je fus étonné de ne pas y découvrir des organismes définis ou distincts parmi les globules. Il est vrai qu'il y avait des myriades de particules, mais trop petites pour qu'on pût les reconnaître individuellement, et reconnaissables principalement à leurs mouvements d'ensemble.

Peut-être étaient-ce des organismes, comme il est possible que cela n'en fût pas. En somme, c'est plutôt vers cette dernière opinion que j'incline. L'échantillon qui suivit fut examiné peut-être avec une meilleure lumière. En tout cas, j'y découvris en petite quantité des Micrococques en forme de chiffre 8. Et j'ai retrouvé ceux-là dans tous les laits surchauffés où je les ai cherchés, lorsque le liquide présentait les autres signes de la fermentation. On les reconnaît le plus facilement dans les parties du petit-lait où les globules de lait ne sont pas aussi abondants. Ils ont l'habitude agaçante de se placer verticalement sous la lamelle recouvrante où ils ressemblent exactement à de petites particules de lait; mais quand ils se retournent, on voit bien leur forme, et l'on voit qu'ils se composent d'un protoplasme délicat ayant une réfringence de beaucoup inférieure à celle des particules de lait auxquelles ils sont mêlés. Une fois qu'on les a vus, il n'y a pas de danger qu'on les confonde avec des couples de particules de lait réfringentes d'à peu près mêmes dimensions que l'on rencontre assez souvent. La longueur ordinaire de ces organismes est $\frac{1}{0^{c},00025}$. Quelquefois ils sont plus grands, et aussi beaucoup plus petits (fig. 9⁴).

Quand la fermentation n'est pas très accentuée, les organismes sont rares, et la plupart du temps petits. Là où elle est plus marquée, ils ne sont pas seulement plus grands, mais aussi en nombre assez considérable pour qu'on les découvre facilement. Dans quelques occasions seulement, j'ai rencontré une chaine à quatre éléments. Ces organismes affectent presque invariablement la forme binaire. Les mêmes organismes sont aussi les premiers à paraître quand le lait non bouilli tourne à l'aigre dans un récipient couvert, mais dans ces conditions ils sont suivis rapidement par d'autres formes.

INTERPRÉTATION GÉNÉRALE. ÉTAT PRÉSENT DE LA QUESTION EN CE QUI CONCERNE L'ARCHÉBIOSE

La théorie de la fermentation par germes fut adoptée par M. Pasteur, et la doctrine de la génération spontanée rejetée par lui dans son célèbre mémoire de 1862 sur la foi de trois inductions principales dérivées de son œuvre expérimentale, avec trois corollaires que l'on en déduit. En les classant par ordre, on peut les énoncer ainsi qu'il suit :

Induction I. — Tous les liquides acides préservés contre la contamination restent stériles après l'ébullition.

Corollaire. — Les Bactéries, Vibrions, Torules et leurs germes meurent quand on les chauffe dans des liquides acides pendant deux ou trois minutes à la température de 100° C.

Induction II. — Quelques liquides neutres ou faiblement alcalins, même quand ils sont soigneusement préservés de la contamination, fermentent après l'ébullition.

Corollaire. — Certains germes de Bactéries ou Vibrions ne meurent pas quand on les chauffe pendant deux ou trois minutes dans des liquides à la température de 100° C, quand ces liquides ont une réaction neutre ou faiblement alcaline.

Induction III. — Tous les liquides neutres ou faiblement alcalins conservés à l'abri de la contamination restent stériles quand on les a chauffés pendant quelques minutes à 110° C.

Corollaire. — Tous les germes de Bactéries et de Vibrions même dans les liquides neutres ou faiblement alcalins sont tués quand on les porte pendant quelques minutes à la température de 110° C.

Telles furent les inductions et les inférences auxquelles le Président de la *British Association* en 1870 donna son approbation sans réserves, approbation non qualifiée, puisque c'était en se basant surtout sur les idées et les recherches de Pasteur qu'il proclamait du haut de la chaire présidentielle que la doctrine *omne vivum ex vivo* était « victorieuse sur toute la ligne ».

Si l'on a pu juger en 1870 ce verdict comme étant impartial, ce qu'il n'était certainement pas, actuellement, il faut rendre un jugement totalement différent. Depuis 1870 j'ai pu en différentes occasions, et en m'appuyant sur des preuves diverses, affirmer que ni la première ni la troisième de ces inductions ne sont exactes et que le second corollaire n'est ni licite, ni exact. Je crois avoir donné de mon opinion, dans les chapitres précédents, des raisons nouvelles et décisives. J'ai la prétention d'avoir montré que les preuves sur lesquelles M. Pasteur et le monde scientifique en général, à sa suite, ont édifié la « théorie de la fermentation par germes » et rejeté la doctrine de la « génération spontanée » sont insuffisantes, et en grande partie erronées. Des expériences plus étendues, avec d'autres substances, des expériences exactes sur la température mortelle pour les Bactéries et leurs « spores », et des conditions expérimentales nouvelles l'ont bien montré.

Le dernier travail sur ce sujet sortant de l'Institut Pasteur a laissé les choses presque là où elles en étaient. Pourtant il est survenu un petit changement depuis que Ch. Chamberland, ancien assistant de Pasteur, et maintenant sous-directeur de l'Institut, dans sa thèse pour le doctorat ès sciences, publiée en 1879, et aussi dans une note des *Comptes Rendus* du 24 mars de cette même année, dut conclure que les spores des Bacilles peuvent résister à une température un peu plus élevée dans les liquides neutres ou faiblement alcalins que ne l'a indiqué Pasteur. Pourtant, lui-même disait, après deux ans de travail sur ce sujet et d'autres connexes, parlant des spores les plus résistantes qu'il ait jamais trouvées, celles du Bacille du foin et d'un autre : « Une température de 115° les stérilise complètement et très rapidement. » Il voulait dire par là, ainsi que le prouvent ses assertions antérieures, qu'une exposition d'une minute environ à cette température est invariablement fatale pour eux.

Ce que Pasteur et Chamberland ont dit se rapporte aux « spores » des Bacilles et plus encore aux spores ayant subi une certaine dessiccation. Ces assertions, pourtant, n'expliquent pas le moins du monde l'apparition des Microcoques, des Streptocoques ou des Torules, dont l'existence fréquente dans les liquides a été mentionnée au chapitre précédent et dans celui-ci, comme s'observant dans des liquides qui avaient été bouillis, et même chauffés à des degrés variant de 100° à 125° C. Je ne connais pas de preuve que l'un ou l'autre de ces trois types d'organismes de ferments organisés soit capable de résister, même pendant quelques minutes, à la température de 75° C.

Il nous faut maintenant dire quelques mots des expériences du professeur Tyndall. Il ne prétendait point faire plus que de défendre les conceptions de Pasteur (et même pas toutes) et à cause de ses méthodes compliquées et de ses résultats contradictoires, il réussit à introduire temporairement la confusion dans le sujet.

Nous passerons ensuite à l'examen de nouvelles expériences d'une simplicité extrême, conduites avec toutes les précautions possibles, dans des conditions nouvelles. Elles ont amené des résultats remarquables, capables de résister à toutes les objections qui peuvent exister encore, et elles montrent clairement que dans ces expériences il a dû y avoir aussi une origine *de novo* des différents êtres vivants qui y furent trouvés.

1. Il y a cependant une exception, de date récente, et dont il est parlé à la page 199, en note.

QUATRIÈME PARTIE

MÉTHODES COMPLIQUÉES ET RÉSULTATS CONTRADICTOIRES

CHAPITRE XVIII

FAITS EXPÉRIMENTAUX OBTENUS PAR LE PROFESSEUR TYNDALL AVEC DES LIQUIDES ORGANIQUES CHAUFFÉS

En 1875, le professeur Tyndall[1] commença à étudier la question et proclama ses résultats au début de l'année suivante. Il n'essaya pas de déterminer quelle est la plus basse température qui soit fatale aux Bactéries et Torules et à leurs germes, quoiqu'il arrivât à la conclusion qu'ils meurent tous quand ils ont été bouillis pendant cinq minutes dans des liquides organiques. Il sembla impliquer que ce résultat était indépendant du degré précis d'acidité ou de neutralité des liquides employés[2]. Cette conclusion sur la mort des ferments organisés et de leurs germes, dans des infusions portées pendant quelques minutes à 100° C était basée sur 500 expériences environ faites avec les liquides les plus variés. Aussi le professeur Tyndall semblait-il avoir grande confiance dans son exactitude[3]. Ses faits, jusqu'où ils allaient,

---

1. *Philosophical Transactions*. 1876, part. 1, p. 27.
2. *Loc. cit.*, p. 51.
3. Il dit (*loc. cit.* p. 42) que dans des expériences faites avec « de l'urine, du mouton. du bœuf, du porc, du foin, du navet. du thé, du café. du

confirmaient entièrement les miens. Au commencement de 1876, les idées du professeur Tyndall sur cet important sujet étaient aussi opposées à celles de M. Pasteur que l'étaient les miennes. Nous croyions tous deux avoir de bonnes raisons pour douter de la survivance de germes dans des liquides bouillants neutres ou faiblement alcalins.

Le professeur Tyndall semble avoir oublié à ce moment quelques-uns des résultats positifs de M. Pasteur avec certains de ces liquides. En tous cas, incapable d'obtenir la preuve que des liquides bouillis et conservés à l'abri de la contamination peuvent fermenter, il tenta de jeter du discrédit sur moi parce que j'avais obtenu de tels résultats. Il oublia les expériences de Pasteur auxquelles il a été fait allusion plus haut, et il ne se douta point sans doute de la confirmation que mes recherches avaient reçue de nombreux observateurs indépendants. Aussi, il apporta triomphalement « une foule de témoignages » pour convaincre la *Royal Society* et le monde scientifique en général, et les autres mondes que les résultats particuliers de mes expériences où la fermentation s'était produite dans des liquides bouillis et préservés à l'abri de la contamination n'étaient dus qu'à des erreurs expérimentales dans lesquelles on pensait que j'avais dû tomber facilement puisqu'il avait fallu la grande habileté et la longue expérience du professeur Tyndall pour les éviter. Il nia énergiquement qu'un certain résultat expérimental pût être obtenu quand on se servait de méthodes strictes. C'est sur la question de fait, plutôt que sur l'interprétation que le professeur Tyndall essaya alors de discréditer mes travaux.

Toutes les affirmations et conjectures de ce nouvel obser-

---

houblon. du haddock, de la sole, du saumon mariné, du turbot, du mulet, du hareng, de l'anguille, des huitres, du merlan, du foie, du rognon, du lièvre, du lapin, de la volaille, du faisan, du coq de bruyère », en tout plusieurs centaines d'expériences, il suffisait de cinq minutes d'ébullition pour produire la stérilisation complète.

vateur étaient basées sur sa croyance, et doivent être prises comme étant la mesure de la certitude qu'il avait à cette époque, que les Bactéries et organismes semblables et leurs germes sont tués quand on les chauffe dans des liquides pendant une minute ou deux à 100° C.

On ne peut expliquer autrement la stérilité continue de ses 500 liquides différents, placés, dit-il, dans des conditions propices à la multiplication des organismes et des germes qui eussent pu s'y trouver, non seulement pendant des jours, mais pendant des semaines et des mois.

Le professeur Tyndall semble n'avoir pas vu l'aspect réel de la question telle qu'elle se présentait devant le monde scientifique au commencement de 1876. Il était d'accord avec moi sur le seul point qui fut réellement en discussion, c'est-à-dire sur le point de savoir si les ferments organisés, et leurs germes supposés « omniprésents » sont tués ou non par une brève ébullition. Tandis que le fait qu'il mettait en question était celui qui avait été abondamment confirmé et qui était alors généralement admis, quelques interprétations que divers observateurs en eussent données [1]. Le professeur Tyndall n'avait pu réussir à provoquer la fermentation dans des liquides bouillis et préservés de toute contamination ; mais trois ans auparavant, j'y étais moi-même arrivé, en présence d'un témoin très habile et alors très sceptique, le professeur Burdon Sanderson.

Il publia dans la suite sa déclaration [2] : il y attestait que des résultats positifs, avec des infusions bouillies acides ou neutres avaient été obtenus sans qu'il y eût d'erreur d'expérimentation. Pourtant, en dépit de ce témoignage, et sans même le mentionner, le professeur Tyndall essaya de discréditer mes expériences et d'écarter mes résultats.

Pendant ce temps, presque au moment où ce physicien dis-

1. Voir la liste de ces expérimentateurs dans *Nature*, 10 février 1876, p. 284.

2. *Nature*, 8 janvier 1873 (reproduite au chapitre XII).

tingué se comportait de si étrange manière, une des principales autorités sur ce sujet en Europe, le professeur Ferdinand Cohn, confirmait à Breslau mes expériences si attaquées et obtenait avec des infusions acides et des infusions neutres bouillies, ces preuves de fermentation que le professeur Tyndall n'avait pas, chose singulière, réussi à reproduire [1]. Le fait fut de nouveau complètement admis par le professeur Cohn, quoiqu'il posât encore un point d'interrogation en ce qui concerne mon interprétation. Il est tout à fait inutile que je cite ici les autres observateurs qui avaient, précédemment, obtenu des résultats semblables. Ce côté de la question a été en somme tellement établi par mes expériences, et elles ont reçu des autres tant de confirmations, qu'il est tout à fait inutile ici de s'arrêter davantage sur cette partie du sujet. Il est clair que ce qui était nécessaire était la connaissance exacte de la température mortelle, et de la capacité de résistance, dans différentes conditions, des ferments organisés, et de leurs germes. C'est ce qui me poussa alors et plus tard, à entreprendre de longues recherches portant directement ou indirectement sur cette partie du problème.

Douze mois plus tard, nous trouvons le professeur Tyndall [2] annonçant qu'il arrivait à obtenir les résultats qui avaient été niés précédemment. L'attitude de ses dernières infusions rendait complètement intenables ses idées premières. Il n'était plus en désaccord avec moi et avec d'autres en ce qui concernait les faits. Nous ne différions plus que par l'interprétation. Malgré les 500 résultats négatifs tant vantés et les preuves qu'ils apportaient à l'égard de la température mor-

---

1. *Beiträge zur Biologie der Pflanzen*, 1876, p. 259. Cette confirmation, après les dénégations de Tyndall, ressemblait beaucoup, par son opportunisme, à celle du professeur Sanderson après les dénégations antérieures, mais similaires, et l'insuccès du professeur R. Lankester (*Quart. Journ. of Microsc. Science*, janvier 1873, vol. XIII, p. 74).

2. *Brit. Med. Journ.*, 27 janvier 1877, p. 95.

telle pour les Bactéries et leurs germes, le professeur Tyndall essayait autant qu'il le pouvait de garantir la position malheureuse qu'il avait prise auparavant. Le résultat fut un changement de front complet. Pendant ses premières expériences, quoique opérant au milieu de Londres dans un air qu'il avait lui-même fortement stigmatisé, et faisant de nombreuses expériences avec toutes sortes de liquides, il n'avait pas trouvé un seul germe qui pût survivre à l'influence de l'eau bouillante exercée pendant quelques minutes.

A en croire l'expérience du professeur Tyndall à ce moment la dessiccation des germes eût été un phénomène des plus rares ; et des germes capables de résister à une courte ébullition eussent constitué un phénomène presque, sinon entièrement inconnu.

Mais jamais magicien n'accomplit avec sa baguette un changement aussi complet que le fit le professeur Tyndall, quand il introduisit un ballot de « vieux foin » dans son laboratoire. A partir de ce moment, il y eut des preuves abondantes de fermentation dans les liquides bouillis. Il prétendit alors que les germes desséchés se trouvaient partout, capables de résister à deux, trois, quatre heures, et même plus, d'ébullition, partout répandus, et ayant pu s'introduire dans ses infusions.

Telles furent les hypothèses par lesquelles le professeur Tyndall essaya de concilier ses premiers avec ses derniers résultats. Mais on est tout de suite frappé de voir qu'il y a dans ces hypothèses, et dans la façon dont il les a défendues deux faits très peu satisfaisants.

En premier lieu, on peut remarquer que le fait d'avoir introduit un ballot de « vieux foin » dans le laboratoire de la *Royal Institution* ne peut pas être considéré comme une explication satisfaisante des résultats que d'autres savants, et moi-même, avions obtenus, de la fermentation de liquides bouillis, longtemps auparavant, sans l'aide d'aucune baguette de magicien semblable à celle que le professeur Tyndall employa.

Et puis, il y a la nature très douteuse des faits sur lesquels il basait son interprétation, et l'absence, dans tout ce qu'il avait publié sur ce sujet, de quoi que ce fût qui pût donner une base sérieuse à son interprétation. Ainsi, pour citer un exemple, dans les *Proceedings of the Royal Society* [1], il se trouva une note sur *La chaleur comme Germicide, en applications discontinues*, dans laquelle le professeur Tyndall dit : « Suivant les indications naturelles fournies par la théorie des germes j'ai pu, même au milieu d'une atmosphère fortement infectée, stériliser toutes les infusions à une température plus basse que celle de l'eau bouillante... Avant que la période latente des germes ait pris fin (quelques heures après la préparation de l'infusion par exemple) je lui fais subir pendant un court intervalle de temps une température qui est inférieure à celle de l'ébullition. Les germes ramollis et vivifiés qui sont sur le point d'entrer dans la vie active, se trouvent ainsi tués ; ceux qui ne sont pas ramollis restent intacts. Je répète l'opération avant achèvement de l'espace de temps nécessaire pour que les plus avancés des derniers soient au bout de leur période de latence. Le nombre des germes non détruits est ainsi diminué par ce second chauffage. *Après avoir répété ceci un certain nombre de fois variable selon les caractères des germes, l'infusion, si réfractaire soit-elle, est complètement stérilisée.* »

Notant en passant que le « caractère des germes » n'a d'autre réalité que celle que lui donne le professeur Tyndall d'après l'obstination de l'infusion à résister à la stérilisation, il suffit de remarquer que ce procédé et ces résultats ne permettent absolument de tirer des conclusions en faveur de la survivance des germes qu'à la condition d'ignorer l'autre et la seule interprétation légitime. A soumettre fréquemment

1. Nº 178, vol. XXV. p. 569.

à la température destructrice, ou aux environs de 100° C, on peut, après quelque temps, aussi bien réprimer toute tendance à la fermentation dans un liquide, que détruire des germes que l'on suppose s'éveiller successivement à la vie et à l'activité[1]. Quand un observateur a décidé de parti pris qu'il n'y a pas lieu de considérer comme possible une des deux interprétations, le problème devient très simple pour lui. Et au milieu de faits contradictoires le professeur Tyndall donna toujours fermement son adhésion à la théorie des germes. Toute la question pour lui, c'était de savoir si les germes sont tués ou non à une température donnée. Il ne songea nullement à l'autre côté de la question, au pouvoir « générateur » possible des liquides employés.

Il déclara même dans le *Times* (18 juin 1877) en parlant de ses expériences « qu'il n'y a qu'une interprétation. Une interprétation qui est en contradiction avec toutes les connaissances acquises est indigne de ce nom ». Ceci fut écrit dans une de ses lettres les plus caustiques, dirigée contre mes idées et mes expériences, et en réponse à mon insinuation qu'il pourrait bien y avoir à ses expériences une autre interprétation qu'il ignorait complètement.

1. On peut contrôler l'idée du professeur Tyndall de façon plus juste un peu comme je l'ai moi-même fait. Je préparai de la façon habituelle une infusion de foin qui, après qu'elle fut filtrée, était transparente, de couleur cerise foncée et de réaction neutre. On employa 9 tubes longs de 5 ou 10 centimètres et ayant un diamètre de 2 centimètres et demi et qui furent soigneusement flambés. Ils furent remplis à un peu plus de moitié avec l'infusion de foin, puis on les fit bouillir pendant une minute, et on les scella durant l'ébullition. On fit ces expériences exprès, en janvier, par temps froid, variant entre 0° et 8° C. Les tubes furent mis à la fenêtre, à l'ombre et on les renversa deux fois par jour pendant quatre jours, pour que les germes ou spores pouvant se trouver dans le liquide ou sur les parois du tube eussent tout le temps de se ramollir. On mit ensuite les tubes dans de l'eau que l'on porta à l'ébullition, l'ébullition se poursuivant pendant quatre minutes. — Pendant cette dernière opération, deux tubes se cassèrent, mais les sept qui restaient furent mis à l'étuve à 45° C avec les résultats suivants. Au bout de vingt-quatre ou trente-six heures, le liquide dans tous les tubes était devenu légèrement trouble et d'une couleur plus claire, grâce à la présence d'une foule de Bacilles. J'ai obtenu des résultats analogues dans d'autres occasions.

On comprendra sans peine que l'homme qui avait adopté cette attitude, et qui avait une confiance tellement illimitée dans la vérité de ses propres doctrines, ne se dérangerait guère pour envisager les idées de ses adversaires. Dans sa lettre suivante au *Times* (24 juillet 1877) qui était une condamnation de mes idées, et rédigée dans le style le plus dogmatique, il dit que lorsque la différence entre ces premières et ces dernières expériences se produisit, il pensa tout de suite à « l'âge du foin ». Il fit alors les remarques suivantes : « C'en était assez pour me faire chercher dans tout le pays des échantillons de vieux foin. Lord Claud Hamilton eut la bonté de m'en envoyer de Heathfield. De Colchester, j'obtins du foin vieux de cinq ans, et d'autres endroits, du foin à divers degrés de desséchement. » Puis vient cette phrase surprenante et pleine de vanité : « Je suivis cette contamination par le foin jusqu'à ce que je pusse mettre le doigt dessus, et je montrai par des expériences continues et laborieuses, les ravages qu'elle produit dans les infusions de toute sorte. »

Je dis que cette phrase est assez surprenante, parce que l'on doit se rappeler qu'à ce moment les « spores » du bacille du foin avaient été tout récemment découvertes. J'avais fait des expériences sur le degré de température qui leur est mortel, quoique le professeur Tyndall n'ait absolument rien dit sur ce sujet, et que nulle part dans ses écrits on ne trouve la preuve qu'il ait vu aucun de ces corps. J'avais appelé l'attention publique sur ce fait et il me répondit ainsi dans la lettre que je viens de citer :

« Ce qu'il dit en ce qui concerne les germes invisibles ne repose point sur une connaissance personnelle. Les germes peuvent se voir collectivement, quoique le microscope puisse ne pas les rendre individuellement visibles. On peut les voir très facilement au microscope, ainsi que le montre la Planche I (fig. 2).

« Un groupe de campanules sur une colline n'en est pas moins un groupe de campanules, parce qu'à distance on ne voit que leur couleur, sans distinguer chaque fleur individuellement. »

Telle fut la façon de traiter le sujet qui satisfit le professeur Tyndall. D'autre part, le lecteur peut maintenant revoir, pages 77 à 84, le récit de mes expériences avec des milliers de spores de Bacilles qui avaient subi la dessiccation pendant plus de cinq ans ; et aussi pages 74 à 77, le récit d'expériences directes sur la température qui est mortelle pour ces corps, quand ils ont subi une dessiccation moindre. Les résultats obtenus prouvent que ces véritables « germes de vieux foin », — connus pour être présents par milliers, — après une dessiccation prolongée ne semblent avoir survécu qu'en une seule occasion à la température de 100° C prolongée pendant vingt minutes. Je dis « semblent » parce que, ainsi que je l'ai dit, il est très possible qu'il y ait eu dans cette opération un résultat inexact, dû à une contamination [1] accidentelle après chauffage du liquide nutritif.

Pour montrer que mon opinion sur les méthodes peu satisfaisantes et les résultats contradictoires obtenus par le professeur Tyndall n'est pas due à des préjugés personnels, je crois devoir citer ici ce qu'a dit sur le sujet un écrivain de la *Contemporary Review* en avril 1877, sous la signature de *Inquirer*. En ce qui concerne la compétence de l'écrivain, je suis autorisé maintenant à dire que l'auteur était feu G.-W. Hemming, ancien lauréat universitaire, un éminent magistrat et plus tard, pendant quelques années, un des Référendaires de la Haute Cour. C'était un homme d'une grande puissance intellectuelle et de grande sagacité et qui connaissait tous les détails de la controverse qui durait depuis six ou sept ans presque aussi bien, sinon mieux, que

---

1. Le professeur Tyndall a tant commis d'erreurs de fait dans un article hostile à mes idées qui parut dans *The nineteenth Century* de janvier 1878, que je fus obligé d'y répondre dans le numéro de février de cette même Revue. Je n'ai rien publié depuis sur l'Archébiose, si ce n'est un chapitre dans mon livre. « La nature et l'origine de la matière vivante », 1903.

moi-même, et voici ce qu'il dit des expériences du professeur Tyndall.

« Les seules autres expériences dont il nous faille parler, sur la question qui nous occupe, sont les recherches très compliquées exécutées par le professeur Tyndall depuis le rapport Bastian-Sanderson. Celles-ci, comme celles de Pasteur, n'ont pas été précisément répétées, mais la position du professeur Tyndall est de nature à rendre une discussion minutieuse, même de son œuvre isolée, extrêmement intéressante. On peut peut-être déduire de l'insistance avec laquelle le professeur Tyndall limite ses assertions aux infusions liquides seules qu'il a répété et confirmé les expériences de Bastian avec le navet et le fromage; mais à un moment (quoi qu'il en pense à présent) il a maintenu qu'aucune infusion purement liquide, qu'elle soit acide ou alcaline, ne peut se putréfier si on la fait bouillir et si on la préserve du contact des poussières atmosphériques. Ses expériences ont été faites en deux séries, dont l'une fut relatée dans une conférence à la *Royal Institution*, au début de 1876, et publiée sous forme plus mûrie dans les *Transactions of the Royal Society* de la même année. L'autre fut relatée dans une conférence faite à la *Royal Institution* le 19 janvier de la présente année (1877) et un résumé en a paru dans le *British Medical Journal* du 27 janvier.

« La méthode adoptée était celle-ci. On fixait un grand nombre d'éprouvettes dans le fond d'une boîte, avec les extrémités inférieures dépassant le fond afin de permettre l'application de la chaleur. La boîte était fermée et rendue imperméable à l'air. A l'aide d'une pipette, on remplissait les tubes avec les liquides voulus. Le professeur considérait que l'air dans la boîte était absolument purifié des germes par la chute de ceux-ci. L'intérieur de la boîte était enduit de glycérine, afin de retenir les poussières qui pouvaient y tomber. Par le rayon électrique, on s'assurait définitivement de la pureté de l'air inclus. Une communication·avec l'air extérieur était établie par des tubes recourbés, munis de tampons de coton que l'on considérait comme suffisants pour empêcher l'intrusion de germes extérieurs.

« Pourquoi préféra-t-on cette méthode incertaine et compliquée aux moyens bien connus et tellement plus simples, il est difficile de le dire ; mais dans la première série d'expériences, tout se passa bien. On introduisit diverses infusions dans les tubes à l'aide de la pipette où aucun air ne pouvait pénétrer sans avoir traversé de la ouate. Les tubes étaient chauffés pendant quelques minutes par une immersion dans un bain d'huile, et on les laissa dans le laboratoire pour produire de la vie, s'ils le pouvaient. La température de l'étuve ne fut pas prise, mais le professeur Tyndall dit après coup que l'on « obtenait généralement » une température de 32° C dans le laboratoire, et que, par les jours doux et dans des conditions favorables, la température à laquelle les infusions étaient portées atteignait plus de 38° C. Toutes restèrent stériles, mêmes les solutions neutres qui, selon Pasteur, eussent dû se putréfier.

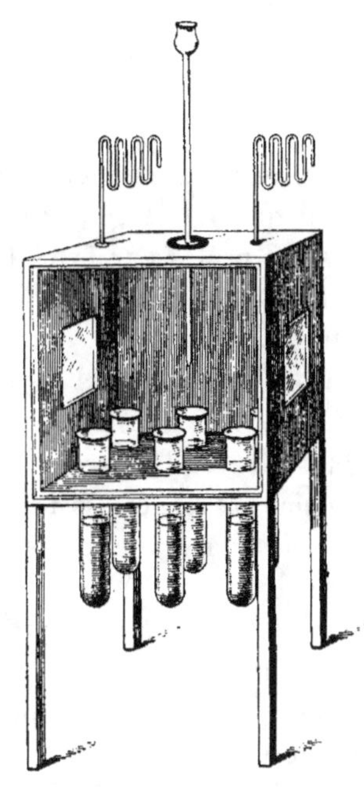

Fig. 11. — Chambre d'expériences de Tyndall.

« Cette année-ci, la même expérience fut refaite à la *Royal Institution* avec des résultats opposés. La plupart des infusions se putréfièrent, plus rapidement même que ne l'eussent fait des infusions semblables exposées à l'air extérieur. L'expérience fut refaite après des modifications apportées à la pipette sur laquelle l'attitude des infusions avait fait porter les soupçons, mais avec le même résultat.

« Alors, non seulement l'air entrant fut filtré par la ouate, mais il fut calciné au moyen de platine porté au rouge : mais les résultats ne varièrent point. On essaya à Kew, avec une autre boîte, et cette fois les infusions restèrent stériles sauf une seule, après avoir été gardées quelque temps (on ne le spécifie point) à une température variant de 25° C à 32° C environ, température qui n'est pas la plus favorable, mais qui a très souvent été suffisante pour développer la vie. Le professeur Tyndall donna de ces résultats contradictoires des explications ingénieuses. L'insuccès à Kew fut attribué à un petit trou, et ceux de la *Royal Institution* à ce que les tubes recourbés, les tampons et le platine au rouge, n'avaient pas suffi à chasser ou à tuer les germes vivants dans Albemarle Street, quoiqu'on considérât ces précautions comme suffisantes dans une atmosphère plus pure, et qu'on les eût trouvées telles l'année dernière à la *Royal Institution* même.

« La théorie spéciale invoquée pour expliquer le contraste entre les expériences faites à la *Royal Institution* à une année d'intervalle fut qu'en 1877, l'air était chargé de tant de germes de Bactéries que les moyens énumérés plus haut ne suffisaient pas à s'en débarrasser et que cet excès était dû à ce que, dans une des pièces de la *Royal Institution*, il se trouvait du vieux foin. Jusqu'à quel point on peut considérer cette hypothèse comme acceptable, c'est matière sur laquelle on peut différer ; mais le professeur Tyndall oserait-il nous demander de l'accepter sans preuves à l'appui, prouvant que c'est là l'explication véritable ? Pourquoi des germes de Bactéries en quantité plus grande passeraient-ils à travers un crible qui est généralement assez resserré pour les exclure ? On ne le voit pas. On ne voit pas non plus bien clairement pourquoi le platine au rouge, qui tuerait tous les germes dans l'air ordinaire, ne les tuerait plus quand ils

sont en grand nombre. Et nous ne sommes pas du tout
assurés que la précipitation des petites parcelles de l'air soit
le moins du monde entravée quand on augmente leur nombre ;
et si cela était, ce ne serait pas une grosse difficulté pour
un observateur possédant comme le professeur Tyndall une
méthode optique de vérification de la pureté de l'air assez
délicate pour déterminer l'instant où la dernière parcelle de
germes ou d'autre matière a fini de se déposer.

« Même quand on a passé sur ces objections, rien, à notre
avis, ne nous prouve que le vieux foin sec remplit l'air de
germes de Bactéries. Au contraire, tout à présent est en
faveur de l'hypothèse que la dessiccation est fatale aux Bactéries et à leurs germes, si elles en ont [1]. Il est certain sans
doute, ainsi que le fait remarquer le professeur, que des
graines dures et sèches peuvent supporter une température
qui les détruirait entièrement si elles étaient imbibées. Il se
trouverait probablement beaucoup de gens pour confirmer son
affirmation qu'un pois très sec peut être bouilli pendant des
heures avant que l'humidité ne pénètre sa dure enveloppe.
Et c'est une chose connue qu'une température très élevée ne
détruira pas le pouvoir germinateur d'une graine, chez
laquelle, à l'état humide, ce pouvoir serait entièrement détruit,
aussitôt, à une température humide très inférieure au point
d'ébullition. Faire bouillir un pois, par conséquent, ne prouve
guère de façon bien concluante que les germes de Bactéries,
s'il s'en trouve, peuvent résister à la dessiccation et au dur-
cissement, que le vieux foin en émet librement d'ainsi préservés, et que, lorsqu'ils arrivent dans l'air, ils ont un pouvoir spécial, qui n'est point possédé par leurs frères à l'état
humide, de résister à la précipitation, de traverser les tampons d'ouate et de supporter le contact de l'air calciné par le

---

1. Ceci n'est pas tout à fait correct. L'auteur pensait probablement aux
assertions très nettes faites sur ce sujet par Burdon Sanderson en 1871
(*Thirteenth Report*, etc., 1871) ; mais. ainsi que je l'ai indiqué pages 74-75,
son opinion eut à se modifier beaucoup par la suite.

platine au rouge. Tout ceci pourra être établi quelque jour, mais il faudra autre chose que des pois bouillis et des graines sèches pour le démontrer.

« Ce que l'on peut correctement déduire de ces deux séries d'expériences, c'est que les différences observées entre les résultats proviennent d'une cause que ni le public ni le professeur lui-même n'ont encore le moyen assuré de seulement soupçonner. Le mieux serait d'abandonner à l'avenir le dispositif compliqué et peu satisfaisant que le professeur Tyndall a employé, et d'utiliser des moyens plus simples pour exclure la poussière atmosphérique. Quant aux expériences contradictoires de 1876 et 1877, il est indiqué de n'en pas tenir compte dans la discussion jusqu'au moment où on pourra les expliquer, d'autant plus que, dans le cas des liquides neutres ou faiblement alcalins, beaucoup d'entre elles contredisent l'orthodoxe champion des ferments organisés, Pasteur, tout autant que des hérétiques tels que Bastian et Huizinga, sans parler de ce mystérieux Dr Sanderson que nous n'osons classer ni parmi les orthodoxes, ni parmi les incroyants, mais qui, quelles que soient ses théories, a témoigné courageusement des faits qu'il a observés.

« Une assertion beaucoup plus importante se trouve dans le mémoire des *Philosophical Transactions* de 1876, où le professeur Tyndall développa sa conférence de cette année. Il y est dit clairement, quoique brièvement, que le professeur Tyndall a répété les expériences Bastian-Sanderson, et qu'avec des infusions purement liquides, il a constaté dans des expériences nombreuses que ces infusions sont uniformément stériles. Son explication l'an dernier était que le Dr Bastian avait laissé passer de graves erreurs dans ses expériences ; que la vie dont le Dr Sanderson avait témoigné, dans le cas des infusions purement liquides, provenait d'erreurs de manipulation. Et il ajoute cette année que même le célèbre professeur Cohn semble n'avoir pas une notion adéquate des soins qu'il faut prendre dans les expériences de cette sorte. Pour être logique, il eût dû attribuer le même manque de soin à Pasteur quand celui ci obtint des organismes vivants dans des liquides neutralisés bouillis, chose que le professeur Tyndall déclare impossible quand les précautions voulues sont prises. Peut-être encore eût-il pu se prendre lui-même à partie pour avoir négligé l'influence maligne possible d'une botte de vieux foin.

« Ce qu'il y a de pire dans cette façon de raisonner n'est pas qu'elle peut être adoptée d'un côté, et de l'autre aussi bien : c'est qu'elle tend à ranimer cette habitude de pensée qui a tenu la science morte pendant de longs siècles ; l'habitude d'en appeler à l'autorité plutôt qu'aux faits. La suite prouvera si le professeur Tyndall a, ou n'a pas, raison, mais il nous faudra pour le croire autre chose que la simple affirmation que certainement sa grande autorité comme expérimentateur (appuyée de celle de Pasteur pour une partie de ses expériences, mais combattue par elle quant au reste) lui donne le droit de traiter avec dédain la contre-autorité de Bastian, Sanderson, Huizinga et Cohn[1]. »

---

1. Il me semble utile d'ajouter, comme un exemple des difficultés contre lesquelles j'eus à lutter, qu'au moment où ces discussions se produisaient, le professeur Huxley était un des secrétaires de la *Royal Society*. Le professeur Tyndall était son ami intime, et tous deux soutenaient fortement M. Pasteur sur les théories duquel j'eus l'audace d'exprimer des doutes. Mon mémoire intitulé : « Recherches concernant la théorie physico-chimique et les conditions favorisant l'Archébiose dans des liquides préalablement bouillis, » fut lu en juin 1876, et un résumé en fut publié dans les *Proceedings* de la Société de ce mois-là, tandis que le mémoire lui-même ne fut point imprimé mais fut consigné aux Archives de la Société. Au mois de décembre suivant, on publia, aussi vite qu'il fut possible, les communications de Sir William Roberts et du professeur Tyndall, qui voulaient réfuter mes expériences. Il en fut de même pour une autre communication du professeur Tyndall en février de l'année suivante. Ses deux longs mémoires furent aussi publiés *in extenso* et aussi rapidement que possible dans les *Philosophical Transactions* de 1876 et 1877.

CINQUIÈME PARTIE

NOUVELLES EXPÉRIENCES AVEC DES SOLUTIONS SALINES SURCHAUFFÉES

CHAPITRE XIX

BUT ET MÉTHODE DES NOUVELLES EXPÉRIENCES ; PREMIERS ESSAIS

Jusqu'ici, autant que nous l'avons vu, il est admis que tous les micro-organismes, à l'exception des spores des Bacilles et de certaines conferves vivant dans des sources chaudes, meurent à l'état humide quand on les porte à des températures variant de 60° à 75° C [1]. Pourtant, ainsi que je l'ai montré, on a trouvé non seulement des Bacilles, mais des Microcoques, des Streptocoques, des Torules, et d'autres micro-organismes, vivant, et, dans de nombreux cas, se multipliant dans des liquides organiques venant de tubes fermés qui avaient été chauffés à des températures variant de 100° à 125° C.

En présence de tels faits, il semble qu'apporter encore des preuves en faveur de l'origine *de novo* d'organismes vivants, est inutile. Mais la majorité reste encore incrédule : les gens aiment mieux croire à des erreurs expérimentales qu'admettre comme vrai ce qu'on leur a appris si longtemps à considérer comme impossible.

---

[1]. Je ne connais qu'une seule exception. On a découvert un Saccharomycète qui produit la fermentation vers 84° C. Il en a été parlé dans le *Journal of the Federated Institute of Brewing*, vol. XI. n° 6, 1905.

Pour jeter quelque lumière additionnelle sur cette question de l'origine de vie, je me remis aux expériences après un intervalle prolongé, en 1906.

Il me semblait désirable de les faire autant que possible dans des conditions ressemblant plus exactement à celles dans lesquelles se trouvèrent les choses, au moment de l'apparition de la vie sur notre planète. Pour cela, il fallait éliminer, autant que possible, toute matière organique des liquides avec lesquels les expériences allaient être faites.

L'usage de solutions salines de diverses sortes, faites avec de l'eau fraîchement distillée, venait tout de suite à l'esprit comme un moyen de réaliser les conditions requises.

Se débarrasser, autant que possible[1], de matière ayant servi à la composition d'êtres vivants pré-existants serait sans aucun doute un grand avantage; et cela serait, au cas où des résultats positifs seraient obtenus, une preuve convaincante de plus pour tous ceux qui n'ont pas un parti pris à cet égard. Les matières chimiques employées seraient comparativement, sinon absolument, dépourvues de germes de Bactéries. Il serait certainement aussi improbable d'y trouver des Bacilles et leurs spores que dans l'eau fraîchement distillée elle-même.

Je dis « fraîchement distillée » parce que chacun sait que l'eau distillée, quand elle est restée un certain temps dans des récipients ordinaires, peut renfermer des micro-organismes simples, croissant plus spécialement au fond. En nous servant d'eau fraîchement distillée, il est certain que nous arrivons à nous débarrasser presque complètement de ces organismes; en tout cas, à éviter les Bacilles sporifères. Les micro-organismes qui pourraient se trouver là sont d'une espèce qui ne compliquerait en aucune façon nos résultats. S'il ne se trouve point de Bactéries thermophiles, ainsi qu'on

---

1. Les chimistes savent combien il est difficile d'obtenir des solutions, si soigneusement les ait-on préparées, qui soient absolument débarrassées de petits fils de coton ou d'autres fibres.

nous le dit, dans l'eau de robinet ordinaire [1], on doit admettre qu'il est encore moins probable qu'il s'en trouvera dans de l'eau fraîchement distillée. Et même en ce qui concerne la pureté relative de l'eau de robinet ordinaire, il faut se rappeler que MM. Pasteur et Joubert ont fait une longue série de recherches sur les « germes des organismes inférieurs » qui se trouvent dans les eaux de différentes régions et entre autres dans l'eau de Seine, certainement beaucoup moins pure que n'importe quelle eau de robinet. Or voici tout ce qu'ils ont dit de la capacité de résistance à la chaleur humide possédée par les organismes ou germes y vivant [2] :

« Une goutte d'eau prise au-dessus de Paris, et bien plus encore au-dessous de Paris, est toujours fertile, et permet le développement de différentes sortes de Bactéries, parmi lesquelles il s'en trouve dont les germes résistent à plus de 100° C à l'état humide, et dans un milieu qui n'a pas une réaction acide. »

Quelque temps après ces recherches, Chamberland, l'ancien assistant de Pasteur, et sous-directeur actuel de l'Institut Pasteur, travailla pendant deux ans, dans le laboratoire de Pasteur, à préparer sa thèse de docteur ès sciences, intitulée *Recherches sur l'origine et le développement des organismes microscopiques*. Le but des recherches était un essai — qu'on a cru couronné de succès — de réfuter les faits apportés par moi-même et par d'autres en faveur de l'origine *de novo* des organismes vivants. Pendant ses recherches, Chamberland étudia à fond la capacité de résistance à la chaleur des spores de Bacilles quand elles sont plongées dans l'eau, et dans des infusions acides, neutres ou alcalines. Et la conclusion à laquelle il arriva sur les divers liquides contenant les germes en question est que : « Une température de 115° C les stérilise complètement et très rapidement. » Et le contexte

---

1. Voir p. 70.
2. *Comptes rendus*, 29 janvier 1877, p. 208.

prouve qu'il veut dire par là, ainsi qu'il l'a répété ensuite dans les *Comptes Rendus* (1879, I, p. 659) qu'une ou deux minutes de cette température suffisent à tuer toutes ces spores quand elles sont plongées dans ces liquides. Il faut donc voir de nouveau quels résultats positifs on peut obtenir avec des liquides chauffés à 115° C et plus, puisque cette température a été, si délibérément et avec autorité, déclarée être fatale à tous les germes et spores plongés dans des liquides.

Je fis d'abord des expériences avec des solutions différentes ; presque toutes contenaient un sel ammoniacal combiné avec d'autres bases ou acides. Finalement, mon attention se concentra sur quelques solutions dont je donnerai plus loin la composition exacte. Il a été fait aussi quelques expériences avec de l'eau de mer parce que c'est une des sources les plus probables des premiers êtres vivants qui apparurent sur terre. Quoiqu'elle ne soit pas aussi débarrassée de germes que les solutions salines dans l'eau distillée, l'eau de mer n'est certainement pas un milieu où se trouvent probablement des germes de Bactéries desséchées, et, par conséquent, la simple ébullition doit détruire tous les êtres vivants contenus dans ce liquide.

Les liquides qui servirent aux expériences étaient contenus dans des tubes stérilisés, la plupart en verre mou, ayant 75 millimètres de long, et 25 millimètres, ou un peu moins, de diamètre, et pourvus d'une extrémité effilée. Le verre dont on devait souffler les tubes était d'abord bien nettoyé, et naturellement, pendant qu'on les préparait, ils se trouvaient complètement stérilisés. L'avantage de cette condition était maintenu par le fait que les tubes étant scellés à mesure qu'on les fabriquait, ils restaient fermés depuis le moment où ils étaient fabriqués jusqu'à celui où on les remplissait avec les liquides d'expérience. Après que chaque tube avait été rempli à moitié, il était soigneusement scellé de nouveau à la flamme d'un bec de Bunsen, présentant l'apparence de la figure 12. Je donnerai dans la suite l'explication du dépôt au fond du tube.

Puis, on mettait les tubes clos dans une cuve d'eau, s'il fallait les chauffer simplement à 100° C ou dans une solution de chlorure de calcium pour les températures variant de 115° à 130° C. S'il me fallait des températures plus élevées encore, j'employais un bain d'huile de colza ; il faut beaucoup de soins pour maintenir le bain à une température définie. Si l'on ne prend pas de précautions de façon à ralentir l'ébullition quand la température voulue est presque atteinte, elle monte toujours à 4 ou 5 degrés plus haut qu'on ne le voulait. Le bain de calcium se chauffe plus lentement, et, naturellement, peut être préparé de manière à bouillir à n'importe quelle température jusqu'à 130° C. En sorte que, pendant de courts moments, on peut maintenir l'échauffement des tubes dans un tel bain à la température que l'on veut. J'ai employé un récipient profond, se rétrécissant en haut ; le thermomètre était fixé de telle façon que la cuvette plongeait juste au centre du liquide. On ne doit pas chauffer

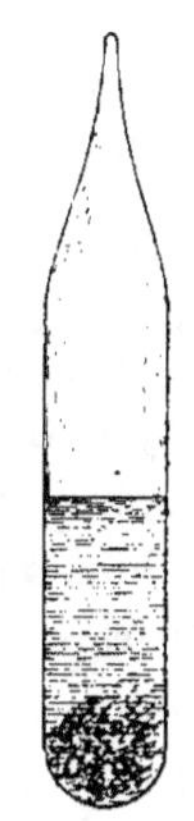

Fig. 12. — Tube scellé après chauffage montrant le dépôt de silice.

plus de cinq ou six tubes à la fois, car, si l'un d'eux éclatait, la commotion pourrait faire éclater les autres. La forme du récipient constitue dans ce cas une protection. Mais si on scelle soigneusement, et si on emploie du verre ordinaire, aucun accident ne doit se produire ; pourtant avec les tubes plus minces de verre uviol dont je parlerai plus loin, il s'en est produit dans deux ou trois occasions.

Quand les tubes ont été soumis à la température voulue pendant le temps qu'il fallait, on les sort vite du bain avec une pince en bois et on les laisse refroidir. Puis quand ils sont nettoyés et étiquetés, on les place, soit à l'étuve à une température assez élevée, ou bien on les expose à la lumière diffuse du jour à la température atmosphérique ordinaire.

INFLUENCE DE LA LUMIÈRE DIFFUSE

Je fis des épreuves comparatives sur la question de savoir si la chaleur d'une étuve à 32°-37° C associée à l'obscurité est plus apte à favoriser l'apparition d'organismes dans les liquides expérimentaux qu'une température plus basse, avec lumière diffuse.

Je trouvai bientôt qu'il ne pouvait être établi de règle à ce sujet. La chaleur et l'obscurité favorisent quelques-unes des solutions, et la lumière diffuse, même avec une température plus basse, est plus productive pour beaucoup d'autres.

Je crois qu'avant moi, aucun bactériologiste n'avait étudié l'influence favorisante de la lumière diffuse sur la croissance et peut-être la génération des micro-organismes. Les bactériologistes semblent plutôt être dans les idées contraires. Le Dr Allan Macfadyen a dit dans une conférence à la *Royal Institution* en juin 1900 : « La lumière du soleil est un agent bactéricide tout-puissant, et la lumière diffuse est aussi pernicieuse, quoique d'action plus lente[1]. »

C'est moi qui ai découvert le premier en 1905 son influence favorable, alors que j'étudiai la croissance et la multiplication des Bactéries communes dans une simple solution de tartrate d'ammonium dans de l'eau distillée. Sir William Ramsay qui voulut bien examiner la solution employée n'y découvrit pas de phosphore, et seulement « une trace extrêmement faible de soufre, probablement sous forme de sulfate ». Il me parut alors que j'avais affaire à « la plus simple sorte de protoplasma » formé du carbone, de l'hydrogène, de l'oxygène et de l'azote de la solution ammonicale, avec l'addition d'une trace de soufre extrèmement faible.

1. *Times*, 11 juin 1900, et *Proceedings*, vol. XVI, p. 451.

Dans ce cas-là, le protoplasma a été façonné sous l'influence de, et comme résultat de, la croissance de Bacilles ordinaires, de Coccus, de Streptocoques et de Torules avec lesquelles la solution avait été ensemencée. Cet ensemencement de la simple solution saline avec des Bactéries communes montrait de plus, ainsi que je le fis remarquer[1], que, quoique ces organismes fussent « capables de croître librement dans l'infusion saline sans l'aide de la lumière, » néanmoins, « la lumière favorise nettement les phénomènes, puisque les solutions ensemencées de même et exposées à la lumière ordinaire, se sont troublées plutôt plus vite, quoique la température à laquelle elles étaient exposées fût d'environ 11° C plus basse que celle de l'étuve ».

Je me rendis encore mieux compte de cette influence favorable quand j'ensemençai d'autres parties de la même solution avec la même culture. Dans cette culture secondaire, les organismes se développèrent et se multiplièrent moins vigoureusement que leurs prédécesseurs dans leur propre milieu organique. De sorte que, dans la communication dont il s'agit, je m'exprimai ainsi :

« La croissance de ces Bactéries moins vigoureuses est certainement moins rapide, et ne semble ne pouvoir se produire librement qu'avec la lumière. Dans le flacon sur la table, le liquide devient légèrement opalescent au bout de quatre ou cinq jours ; l'opalescence augmente pendant quelques jours, et un dépôt se forme. Mais le liquide dans l'étuve ne présente pas d'opalescence avant deux semaines ou même plus, quoiqu'un très léger dépôt se forme ».

Dans un grand nombre des expériences que je vais relater, j'ai trouvé de même, ainsi que je l'ai dit, qu'il y a des solutions beaucoup plus productives sous l'influence de la lumière diffuse que sous l'influence de l'obscurité dans l'étuve à une température même plus élevée de 8° ou 10° C, de sorte que

1. *Knowledge and Scientific News*, août 1905, p. 199.

cette influence de la lumière diffuse sera considérée un jour comme étant de la plus haute importance[1].

SERAIT-IL AVANTAGEUX DANS CES EXPÉRIENCES DE SE SERVIR DE TUBES D'UVIOL OU DE CRISTAL DE ROCHE?

Un point relatif à la question dont il vient d'être parlé a retenu mon attention, mais je ne possède pas encore d'observations assez nombreuses et assez décisives pour conclure d'une façon bien définie. La question est celle-ci. Est-il désirable, ou faut-il éviter d'employer, dans ces expériences, des verres qui comme le cristal de roche sont plus perméables aux rayons de lumière actiniques que ne l'est le verre, tendre ou dur, allemand. J'ai fait quelques observations avec des tubes scellés en verre uviol que l'on dit posséder ces propriétés. Mais je n'en ai pas usé suffisamment pour pouvoir dire si leur usage a favorisé l'apparition des organismes ou non. Les échantillons de ce verre que l'on peut se procurer[2] m'ont paru d'une composition très variable, d'où plusieurs explosions quand les tubes scellés furent chauffés à des températures supérieures à 130°C. Il faudrait d'autres expériences avec cette sorte de verre ; peut-être toutefois l'avantage qu'on en retirerait ne serait-il pas aussi grand qu'on se l'imagine tout d'abord, si ce que M. Wildermann dit est confirmé par de nouvelles observations. Il dit qu'il possède des « preuves expérimentales montrant que les rayons de lumière de toute longueur d'onde agissent à la fois *chimiquement* et comme *rayons calorifiques*, mais à des degrés différents[3].

---

1. Pourtant, la courte communication annonçant cette nouvelle contribution aux « connaissances naturelles » ne fut pas, de l'avis des autorités, jugée digne d'une place dans les *Proceedings of the Royal Society* où je désirais qu'elle parût. Il semble assez absurde qu'un des plus anciens membres de la *Royal Society* ait à être jugé pour ses communications par d'autres membres qui n'ont jamais étudié le sujet et qui décident sans s'en entretenir avec l'auteur si un mémoire doit ou ne doit pas paraître dans les *Proceedings* de la Société.

2. Par MM. Isenthal et Cᵒ, 85 Mortimer Street. W. London.

3. *Proceedings of the Royal Society* A, mars 1906. p. 274

Toutefois, ces derniers temps, tous les tubes d'expérience que j'ai exposés à la lumière diffuse ont été placés sur une table, en face d'une fenêtre ouverte (jour et nuit) exposée au nord-est, la table étant placée de façon à ne pas être touchée par les rayons du soleil levant. De cette façon le verre de la fenêtre au moins ne constitue pas une nouvelle barrière au passage des rayons actiniques, tandis que l'influence, considérée communément comme pernicieuse, de la lumière solaire directe sur les Bactéries est évitée.

LE SILICIUM PEUT-IL, SOIT ENTIÈREMENT, SOIT PARTIELLEMENT, REMPLACER LE CARBONE DANS LE PROTOPLASMA?

Ce que j'ai à dire sur ce très important sujet peut être précédé par quelques citations de mon livre *Les Commencements de la Vie*[1] où la question est brièvement traitée.

« Il nous faut donner notre attention maintenant à un autre sujet. La matière vivante étant le résultat d'une combinaison chimique spéciale; il n'est pas absolument impossible que le carbone existant dans tout composé vivant puisse être remplacé par quelque autre élément. Avec l'espoir de jeter un peu de lumière sur ce sujet très ardu, j'ai tenté quelques expériences avec des solutions salines contenant avec de l'azote, de l'oxygène et de l'hydrogène, un autre élément à la place du carbone. L'élément qui remplaçait le carbone était du silicium, du bore, du chrome, de l'aluminium, ou du fer[2]. Excepté celles où le carbone a été remplacé par le silicium, aucune de ces solutions n'a présenté d'êtres vivants (après avoir été bouillies, avec scellement durant l'ébullition. Ce résultat, en le prenant pour ce qu'il vaut, est extrême-

---

1. Vol. II, Appendice A, p. IX, 1872.

2. Ainsi que je l'ai dit, ces expériences étaient simplement des tentatives. On ne peut pas supposer que les solutions employées étaient débarrassées de tout carbone, à l'état d'impureté.

ment intéressant et suggestif, puisque le silicium est certainement l'élément qui ressemble le plus au carbone et celui qui par conséquent serait le plus capable de le remplacer dans des composés pareils, sauf sur ce point, à ceux qui constituent la base de la matière vivante. Le professeur Wœhler a composé un alcool et un éther de silicium, dans lesquels le carbone des composés ordinaires est remplacé par du silicium[1]. On peut donc en conclure qu'il est tout à fait possible que le silicium puisse prendre la place du carbone dans certaines formes de matière vivante. On ne peut toutefois jusqu'à présent donner de cela une preuve absolue. Ce qui suit doit être pris simplement comme une indication de la possibilité de ce fait. »

Je parlais ensuite d'une de mes observations. J'avais trouvé une masse de moisissures, se développant de façon luxuriante à la surface d'une solution de silicate de soude, contenue dans une bouteille bouchée qui n'avait pas été ouverte depuis six mois. Mon attention fut aussi attirée par les précédentes observations de MM. Roberts (depuis Sir W. Chandler Roberts) et Slack sur les solutions d'hydrate de silicium, telles qu'elles sont relatées dans le *Quarterly Journal of Microscopical Science* de 1868 (pp. 105-108) où il est dit : « Tous les échantillons de solution de silice fournis par M. Barff à M. Slack, conservées soit dans des bouteilles presque pleines et bouchées, soit dans des bouteilles contenant beaucoup d'air ou dans des tubes ouverts, offraient à la vue des filaments cryptogamiques au bout de huit ou dix jours ». Après avoir cité d'autres observations et expériences, ils concluent ainsi : « Les expériences montrent avec quelle facilité les moisissures se développent dans une solution de silice pure dans de l'eau distillée, et la façon dont elles peuvent être artificiellement rendues fossiles ».

Je donnais ensuite les détails suivants sur quelques-unes

---

1. Ceci n'est pas tout à fait exact. Mais, voir p. 240 note.

de mes expériences avec des solutions contenant du silicate de soude :

Dans une expérience où environ 10 gouttes de la solution faible de pernitrate de fer, et 7 de la solution de silicate de soude furent ajoutées à 30 centimètres cubes d'eau distillée, le liquide fut bouilli pendant quinze minutes, et le col du flacon fut scellé pendant l'ébullition. Des flocons semi-gélatineux, jaune-rouge, se déposèrent pendant l'ébullition. Le vide étant bien conservé, le flacon fut ouvert le trente-cinquième jour, et l'on trouva que la réaction du liquide était légèrement acide. Sur l'un des flocons mentionnés on trouva une petite masse blanche, à peu près grosse comme la tête d'une petite épingle, qui fut examinée, et se trouva consister en une touffe mycélienne ayant des filaments petits, mais parfaits, quoique sans trace de fructification.

Les filaments eux-mêmes avaient environ $\dfrac{1}{15\,000}$ de pouce de diamètre, mais variaient de longeur, et contenaient un protoplasme granulaire à éléments fins sans dissépiments. Les nombreuses branches partaient à angle droit et tout l'organisme avait l'apparence d'un champignon vivant. Les autres solutions de silicate dans lesquelles on rencontra des organismes étaient de composition toute différente. Elles avaient été préparées en ajoutant à 30 centimètres cubes d'eau distillée, 0 gr. 192 de phosphate d'ammoniaque, et environ huit gouttes de silicate de soude. Ce mélange avait toujours une réaction légèrement alcaline. Il fut employé parfois ainsi et quelquefois après avoir été rendu neutre ou très légèrement acide par l'addition de quelques gouttes d'acide phosphorique dilué. L'addition de l'acide phosphorique semble modifier beaucoup les résultats, car quatre solutions légèrement alcalines avec lesquelles les expériences avaient été faites, restèrent absolument stériles tandis que trois solutions sur cinq dont l'alcalinité avait été neutralisée par l'acide contenaient des organismes ou des masses spéciales de fibres. Dans tous les cas, les solutions furent bouillies [1] de trois à cinq minutes et le col des flacons fut scellé pendant l'ébullition et après l'expulsion de tout l'air. On trouva dans un flacon qui avait été préparé *six mois* avant et où le vide n'avait été aucunement, ou

---

1. Les silicates sont fort peu solubles, et malheureusement ils sont en partie précipités par l'ébullition sous forme de flocons bleu blanchâtre, nuageux, qui présentent à l'examen microscopique une composition granuleuse à très petits éléments.

seulement très peu, altéré quand on l'ouvrit, que le liquide contenu avait encore une très légère réaction acide. Les flocons blanc
bleuâtre qu'il contenait avaient le même aspect qu'auparavant.
Parmi ceux-ci on trouva une minuscule masse blanche ayant environ une ligne de diamètre, faite de fragments mycéliens très dé-
licats, en partie enroulés autour d'une fibre de coton. Près du
centre de cette masse il y avait un corps en forme de gourde assez
grand et brun ayant environ $\frac{1}{235}$ de pouce de diamètre, de
la surface duquel partaient les filaments mycéliens dont les rami-
fications constituaient le reste de la masse. Une ou deux excrois-
sances plus petites se trouvaient aussi attachées aux flocons, ainsi
que des corps analogues à des spores, de tailles différentes, la plupart de couleur brunâtre et ayant des parois épaisses avec un contenu granuleux. On trouva aussi un beau groupe de corps analogues
à des spores. Ils étaient plus grands $\left(\frac{1}{666} \text{ de pouce de diamètre} \right)$
et incolores, au lieu d'être bruns. Leur nature était incertaine.

Une solution à réaction alcaline, qui avait été préparée en même
temps, et ouverte après le même intervalle de temps, ne contenait
pas trace de corps ressemblant à des spores, ou d'organismes, et
deux autres solutions contenant du silicate de soude et du bichro-
mate d'ammoniaque, qui furent préparées en même temps, restèrent pareillement improductives. Les quatre solutions avaient été
préparées avec de l'eau distillée prise dans la même bouteille.

PRÉPARATION DES SOLUTIONS

Toutes mes récentes recherches avec ces solutions, et
d'autres qui leur ressemblent, tendent à confirmer le fait de
la grande importance de la réaction des liquides employés.
Ceux qui sont très légèrement acides ont été trouvés plus
productifs que d'autres solutions ne différant qu'en ce
qu'elles contenaient une goutte ou deux de moins d'acide
phosphorique dilué, ou, ce qui revient au même, un peu
plus de la solution alcaline de silicate. La solution acide
bouillie est plus productive tandis que la solution légèrement
alcaline bouillie est le plus souvent stérile — ce qui contredit
de nouveau les données de Pasteur fondées sur une étude plus

limitée des faits de ce genre. Quand, en 1906, je refis ces expériences, je n'attachai pas tout d'abord suffisamment d'attention à ce point et le résultat fut qu'un grand nombre de tubes, dans lesquels les liquides étaient légèrement alcalins, donnèrent des résultats négatifs.

Ce point est tellement important qu'il faut un grand soin dans la préparation des solutions. La solution ordinaire de silicate de soude est si concentrée que M. Martindale[1] a ajouté à la quantité qu'il m'a envoyée une quantité égale d'eau distillée. Le tout forme d'abord un liquide opalin, mais au bout d'une heure ou même moins, la solution devient claire et semblable à de l'eau. Dans la préparation des liquides d'expérience on s'est servi du même compte-gouttes pour la solution de silicate de soude et pour les deux autres solutions chimiques employées (c'est-à-dire l'acide phosphorique dilué et le pernitrate de fer) quand l'une ou l'autre était nécessaire; pourtant il a été lavé à l'eau distillée chaque fois qu'on s'en est servi pour un liquide différent. Avec le compte-gouttes employé, les gouttes avaient exactement le volume requis. Tel fut aussi le cas avec les gouttes d'acide phosphorique dilué, et de la solution de fer ; mais les gouttes de la solution de silicate de soude étaient plus petites, de sorte que dix d'entre elles équivalaient à sept gouttes seulement d'eau. Les différents ingrédients solides ou liquides étaient ajoutés à de l'eau fraîchement distillée et les tubes d'expérience étaient aussitôt remplis, fermés et chauffés à telle ou telle température. Quand ils étaient refroidis, on exposait les tubes soit à la lumière du jour diffuse, soit à une température d'environ 35° C à l'étuve pour des durées variables, et toujours pour des semaines ou des mois plutôt que des jours.

---

1. M. Martindale, 10, New Cavendish Street, Londres, qui m'a toujours fourni mes produits chimiques et l'eau distillée nécessaire.

EXAMEN DES LIQUIDES

Dans tous les cas où le silicate de soude entre dans la composition des liquides d'expérience, il se produit un dépôt plus ou moins abondant, ainsi qu'on peut le voir dans le tube représenté figure 12 ; mais, même après des semaines ou des mois, on ne peut absolument pas voir à l'œil nu, ou même à l'aide d'une bonne lentille de poche, si le tube contient ou non des organismes vivants. Dans le cas d'une infusion organique, si des organismes apparaissent, le liquide, au bout de quelques jours, est obscurci ou vraiment trouble à cause de leur croissance rapide et de leur multiplication ; ou, si cela ne se produit pas (comme lorsque le liquide a été très surchauffé ou quand ce que j'ai appelé une « fermentation lente » est tout ce qui se produit) un petit dépôt se forme graduellement là où rien n'existait auparavant. Mais dans ces solutions de silicate de soude, la couche supérieure du liquide reste parfaitement claire pendant des mois, quoique des Bacilles, Micrococques ou Torules puissent y fourmiller, là, ou sur les flocons au bas du tube[1].

Il existe une autre différence importante. Dans les infusions organiques, une grande proportion des organismes qui s'y trouvent ont des mouvements très actifs, mais dans les solutions de silicate de soude, les organismes sont *toujours immobiles*, disséminés dans les flocons ou dessus, et semblant s'être produits là où on les trouve. Ceci est vrai pour les Torules comme pour les Micrococques et les Bacilles, et on doit considérer comme étant extrêmement importante l'apparition de ces organismes se produisant isolément, ou en petits groupes, dans les flocons. Quand on trouve ainsi des centaines et des milliers de ces organismes immobiles, et quand on a bien à l'esprit qu'il ne se trouve aucun organisme dans d'autres de ces tubes utilisés comme tubes

---

1. *Journal of the Linneau Society*, n° 73, 3 vol., p. 3.

témoins), si on examine leur contenu un jour ou deux après qu'ils aient été chauffés, quelle conclusion faut-il en tirer? Si *les organismes ne sont pas là depuis le commencement, après le chauffage et si, après un intervalle, on les trouve en abondance et s'ils sont invariablement stationnaires, il est clair qu'ils ont dû se développer dans les endroits où on les trouve.*

Y a-t-il eu une chance de contamination après l'échauffement? Aucune. Voici le procédé suivi. L'extrémité du tube est coupée et, si l'orifice est étroit, on secoue le dépôt sur une plaque de microscope propre que l'on vient de stériliser en la passant cinq ou six fois dans la flamme d'une lampe à alcool, et le dépôt est tout de suite recouvert par une lamelle couvre-objet qui a subi le même traitement. Si on trouve des organismes, ils sont généralement photographiés immédiatement, ou bien après avoir été colorés au moyen d'une goutte de solution d'éosine ou de violet de gentiane introduite sous la plaque recouvrante. Dans le cas où la préparation est conservée pour un examen futur plus attentif, ou avec l'idée de voir si les organismes trouvés se développeront davantage, la plaque de verre est tout de suite entourée de paraffine fondue à environ 40° C, qui empêche parfois l'évaporation de se produire pendant quelques semaines, et permet aux Bactéries et aux Torules de se multiplier ou de produire des hyphes, ce qui ne laisse pas de doutes à l'égard du caractère vivant de ces organismes.

Quand l'ouverture du tube est plus grande, la seule différence est que le dépôt est retiré du tube à l'aide d'une pipette stérilisée dans la flamme d'une lampe à alcool et ensuite posé sur la plaque porte-objet stérilisée.

Avec les solutions que je vais citer des organismes se trouvent généralement dans les deux premiers échantillons pris dans le tube, parce que je ne parlerai que des solutions qui se sont montrées les plus productives. Ainsi que je l'ai dit, les organismes sont tous immobiles, mais leur nombre, quand on considère le caractère du liquide employé, démontre qu'ils ont dû se développer dans le tube après qu'il a été chauffé. De plus, quand les échantillons sont montés comme je l'ai décrit, les organismes se multiplient parfois sous la plaque de verre et dans le cas de certaines Torules, au lieu de continuer à se diviser, elles peuvent commencer à former des hyphes, commençant à former le mycélium caractéristique des moisissures ordinaires.

Il faut dire toutefois un mot sur l'examen des dépôts des solutions salines en général. On y rencontre souvent des corps, ressemblant à des Microcoques, à des Diplocoques, et même à des Bacilles ou Torules. Ce ne sont rien de plus que des concrétions inorganiques sans vie. Ce sont en réalité des cristaux en formation ou avortés.

Ces corps se trouvent spécialement dans les flocons de silice, quand les solutions ont été chauffées à des températures élevées et ont été gardées ensuite pendant quelques semaines avant d'être examinées. Dans quelques cas, ils se trouvent ressembler de manière étonnante à des Microcoques ou à des Bactéries, et ils sont disséminés dans les flocons exactement de la même façon que les vrais Microcoques ou les vraies Bactéries dans d'autres cas.

Les solutions salines mêmes ne peuvent supporter ces températures élevées sans qu'il s'y produise des changements et des altérations ; comme preuve je puis citer les faits suivants, quoique évidemment il se produise beaucoup d'autres changements qui ne sont pas le nature à se révéler à la vue.

Dans deux tubes qui contenaient une solution faible, mais parfaitement claire de carbonate d'ammoniaque et de phosphate de soude, après avoir été exposés à 165° C pendant vingt minutes, on remarqua que le liquide était devenu « plutôt trouble et qu'il contenait un dépôt de couleur blanche, caillé », tandis que dans deux tubes qui contenaient une solution d'acide borique primitivement claire avec du phosphate d'ammoniaque, après avoir été portés à la même température, le liquide devint « plutôt trouble, avec un dépôt fin et blanchâtre assez considérable ». Des échantillons d'eau de mer, chauffés à 160° pendant vingt minutes, « devinrent opalins, et, dans chacun des trois tubes, on ne remarqua que de petits fragments blancs ».

Dans d'autres cas, ces changements ne se produisent pas, quoiqu'ici, comme dans les cas déjà cités, les tubes fussent faits avec le même verre mou allemand. Il faut mentionner ceci, parce qu'il a été prouvé par d'autres expériences que l'usage de différentes sortes de verre peut aussi changer les résultats de l'échauffement. Ainsi, récemment, trois tubes contenant de l'eau de mer fraîche furent chauffés en même temps à 120° C pendant dix minutes. Deux des tubes étaient de verre commun, et on trouva, après avoir chauffé, que l'eau de mer était restée claire et qu'il n'y avait point de dépôt, tandis que dans le troisième qui était de verre uviol, le liquide était rempli de très petites écailles iridescentes. De même, dans une solution de silicate de soude faiblement acide, qui avait été chauffée à 100° C pendant dix minutes dans un tube de verre uviol, on ne trouva d'abord aucun dépôt de silice apparent, et plus tard on n'en trouva qu'un très faible ; et quand on examina le liquide le quatorzième jour, on le trouva légèrement alcalin, plutôt que décidément acide, ainsi qu'il eût dû l'être dans un tube de verre commun.

LES SOLUTIONS EMPLOYÉES ET LE RÉSULTAT DE LEUR EXAMEN

Je ne mentionnerai ici que celles des solutions salines qui, dans mes expériences, ont donné des résultats plus ou moins uniformément positifs. Ce sont des variantes des solutions dont j'ai parlé à propos des expériences de 1871-72 relatives à la question de savoir si le silicium peut ou non remplacer le carbone dans la constitution du protoplasma. Pour le moment, il suffit de dire que dans les solutions elles-mêmes il n'y avait pas de carbone, excepté peut-être à l'état d'impureté, soit dans la solution, soit dans l'eau distillée, soit dans l'un ou l'autre des produits chimiques employés. Dans tous les cas, toutefois, on avait mis du silicium de façon qu'il pût remplacer le carbone dans tout organisme capable de paraitre dans les solutions.

La première solution employée contenait du silicate de soude, du phosphate d'ammonium et de l'acide phosphorique dilué. Tout d'abord on mélangea ces ingrédients dans la proportion de six gouttes du premier et du troisième, et 0 gr. 384 du second pour 30 centimètres cubes d'eau distillée. Plus tard, après quelques essais avec des solutions de force variable dont chacune était ensemencée avec des Bactéries, simplement pour éprouver les vertus relatives des solutions, comme liquides « nutritifs », j'employai quatre gouttes et 0 gr. 256 pour 30 centimètres cubes d'eau. Dans chaque cas cela me donna un liquide faiblement alcalin ; les résultats que j'obtins n'ont pas été aussi réussis, au point de vue de la production des Bactéries, que lorsque je diminuai le silicate, et rendis ainsi la solution légèrement acide. La première solution que je recommande est donc celle-ci :

A. Silicate de soude : deux ou trois gouttes [1]. — Phosphate d'ammonium : quatre ou six grains (0 gr. 256 ou 0 gr. 384). — Acide phosphorique dilué : quatre ou six gouttes. — Eau distillée : 30 centimètres cubes.

Il y a aussi une solution contenant une quantité un peu plus grande de silicate de soude. Voici sa composition :

AA. Silicate de soude : quatre ou six gouttes [2]. — Phosphate d'ammonium : quatre ou six grains (0 gr. 256 ou 0 gr. 384) —

---

1. Quand on se sert de ce mélange très commode avec des parties égales d'eau distillée et de silicate de potasse, ces nombres doivent naturellement être doublés pour cet ingrédient. Voir aussi, p. 211, ce qu'il est dit sur le compte-gouttes.

2. Doubler le nombre pour la solution diluée.

Acide phosphorique dilué : quatre ou six gouttes. — Eau distillée :
30 centimètres cubes.

La solution suivante contient du silicate de soude et du
pernitrate de fer. Deux variantes ont été utilisées, la première de réaction légèrement acide, et la seconde de réaction
légèrement alcaline. Voici leur composition :

B. Silicate de soude : trois gouttes [1]. — Liqueur de pernitrate
de fer [2] : huit gouttes. — Eau distillée : 30 centimètres cubes.

BB. Silicate de soude : six gouttes [2]. — Liqueur de pernitrate
de fer : huit gouttes. — Eau distillée : 30 centimètres cubes.

De ces deux formules, c'est surtout la dernière que j'ai
employée, car ce n'est que récemment que j'ai fait des expériences avec la première.

En parlant des résultats obtenus dans les différentes expériences qui vont être relatées ainsi que de celles dont il sera
parlé au chapitre suivant, il sera plus commode de désigner
les solutions par les lettres correspondantes.

Je fis tout d'abord quelques expériences d'essai, où les tubes
n'étaient pas hermétiquement scellés. J'employai des flacons
de 60 centimètres cubes avec des bouchons neufs. Ces flacons
n'étaient pas flambés : on les lavait simplement à l'eau distillée. On découpa un coin dans chacun des bouchons, de
façon à ce que la vapeur, s'échappant du flacon quand il était
rempli de liquide et chauffé, stérilisât en quelque sorte le
bouchon. On y parvient, en plaçant. sans l'enfoncer, le bouchon sur le col du flacon, de façon que la vapeur, en s'échappant, peut passer entre lui et l'entaille du bouchon. Quand
la solution avait bouilli pendant le temps voulu, et pendant
qu'elle bouillait encore, on prenait le col du flacon avec
une pince en bois tandis qu'on enfonçait le bouchon dans
l'orifice. Dans des tubes ainsi préparés, j'ai vu l'ébullition

1. Doubler le nombre pour la solution diluée.
2. De la Pharmacopée anglaise.

continuer pendant six ou sept minutes lorsqu'on applique un objet froid sur le haut du flacon. Plus tard, l'air entre dans le flacon, soit à travers le bouchon, ou par des bulles minuscules entre le bouchon et le col du flacon, ainsi qu'on peut le voir avec une lentille. J'adoptai cette méthode plutôt que me servir de flacons dont le col est bouché avec de l'ouate, parce qu'ainsi, je pouvais prendre de temps à autre des échantillons de silice avec une pipette stérilisée, pour les examiner. Et le risque de contamination était moins grand ainsi qu'avec des tampons de coton que l'on ôte et que l'on remet.

Il sera parlé de quelques-unes de ces expériences (qui peuvent être très facilement répétées) parce que certainement des organismes s'y développent plutôt plus librement que dans des tubes surchauffés et hermétiquement scellés. Et l'infection n'en est pas cause. Ce qui le prouve est le fait que les mêmes organismes se trouvent dans l'un et dans l'autre cas, ainsi que je le montrerai ; et la seule différence est qu'ils sont moins abondants et apparaissent moins vite quand on a employé des tubes scellés et des températures élevées. Un point intéressant, que je n'ai point mentionné, est que les organismes trouvés dans ces solutions particuculières contenant de la silice, quand on les a chauffés à des températures élevées ou comparativement basses, présentent en partie des caractères tout à fait spéciaux, dont je n'ai trouvé la description dans aucun ouvrage bactériologique.

RÉSULTATS OBTENUS AVEC DES SOLUTIONS SALINES PRÉALABLEMENT CHAUFFÉES DANS DES FLACONS BOUCHÉS A 100° C PENDANT DIX MINUTES.

Dans la planche II (fig. 5 A), on voit une quantité de Bactéries avec deux ou trois Torules qui ont été trouvées en abondance dans et sur des flocons de silice pris dans une solution A bouillie dans un flacon bouché qui avait été exposé à la lumière du jour diffuse, pendant un temps clair et chaud durant deux semaines seulement.

Tandis que dans la figure 5 B on peut voir, provenant d'une solution AA, qui avait été exposée à la lumière deux mois, mais par un temps froid, ce que j'ai vu très souvent, c'est-à-dire un corpuscule de Torule entouré de Bactéries. D'autres fois, comme dans la figure 5 C, on trouve des groupes de ces corpuscules, avec des Bactéries autour, comme dans la figure 5 C d'après un autre flocon de silice de la même solution.

Figure 6, nous voyons des Bacilles comma ou Vibrions, tels qu'on les trouve à la surface de flocons de silice venant d'une solution A qui a été exposée à la lumière pendant trois semaines.

On trouva, dans une solution BB qui avait été exposée pendant quatorze jours à la lumière, par un temps chaud du mois de juin, une quantité de corpuscules de Torules, assez grands et incolores, représentés dans la figure 7 A ; ils étaient isolés ou en groupes, assez maigrement disséminés dans les flocons de silice. Il se trouvait aussi, près des Torules, de petits groupes de Microcoques.

Sur la figure 7 B, on voit d'autres corpuscules brunâtres de Torules qui proviennent d'une solution B qui avait été exposée à la lumière pendant quinze jours, par un temps chaud. Ils avaient tendance à se développer en rangées isolées, ou en groupes de rangées, ainsi qu'on peut le voir sur la planche.

On a trouvé plus généralement des Torules dans des flacons qui ont été exposés à la lumière que dans ceux qui ont été mis à l'étuve et à l'obscurité, où ils sont pourtant exposés à une température plus élevée.

Dans la planche suivante (III), on voit des organismes très spéciaux que l'on a trouvés dans une solution BB qui avait été à l'étuve pendant quatorze jours environ. Au bout de ce temps, elle avait pris. ainsi que le dépôt qui s'y trouvait, une couleur brun-rouge. au lieu d'être comme d'ordinaire jaune pâle. De légèrement alcalin, le liquide était devenu nettement acide. Dans la matière granuleuse des flocons, il y avait de nombreux groupes de microcoques libres, mais mélangés à eux, il y en avait d'autres logés dans des locules distincts. On peut voir ces corps dans leur premier état dans la planche III (fig. 9 A et B.

En A, on voit un seul locule coloré à l'éosine et contenant quelques Coccus, et en B on peut voir trois des locules non colorés. Ceux-ci se développent dans la suite en masses assez considérables, spongieuses, dont l'une a été représentée dans la figure 8. Dans ces masses les parois des cavités sont souvent très indistinctes, et tendent à disparaître, ainsi qu'on peut le voir figure 10. Dans ce dernier échantillon, il y a encore un caractère très spécial : c'est le développement de longs fils généralement entortillés venant de coccus. Ce développement de fils se produit quelquefois dans les coccus contenus dans un locule isolé : soit, par exemple, l'échantillon coloré représenté planche III. figure 9 en C, où il y a production de deux fils.

Dans le chapitre suivant, je montrerai des Microcoques de la même espèce logés dans des locules qui proviennent de tubes fermés, préalablement chauffés à 130° C pendant vingt minutes. Dans aucun des ouvrages de bactériologie que j'ai consultés. je n'ai trouvé de description d'organismes du genre de ceux-ci. Les cavités sont un peu semblables à ce qu'on trouve chez le Leuconostoc qui, disent Lehmann et Neumann (*loc. cit.*, p. 123), « est seulement un streptocoque avec des capsules parfois extraordinairement épaisses. »

Il est parlé (p. 151), d'une de ses formes, comme possédant un mode de naissance qui rappelle la ponte de grenouille et qui, sur une très petite échelle, ressemble un peu à ce que l'on voit sur la figure 8. Mais, chez notre organisme, le contenu des locules consiste en Microcoques et non en Streptocoques.

On n'a jamais vu le Streptocoque produire des fils tordus, et autant que j'ai pu moi-même m'en assurer, on n'avait jamais vu faire cela à aucun autre Coccus. Les fils semblent se produire sans dissépiments ; ils ne ressemblent donc pas au mycélium des moisissures et semblent se rapprocher davantage des filaments d'un Actinomyces. Ce sont assurément de nouveaux organismes trouvés dans un nouvel habitat — et on peut bien se demander d'où ils viennent.

RÉSULTATS OBTENUS AVEC DES SOLUTIONS SALINES QUI ONT ÉTÉ D'ABORD CHAUFFÉES DANS DES TUBES HERMÉTIQUEMENT CLOS A 100° C PENDANT DIX MINUTES.

Nous en venons maintenant à des expériences plus strictes, où l'on s'est servi de tubes préalablement stérilisés, qui, après qu'on y a versé le liquide d'expérience, ont été scellés avant l'ébullition dans une cuve d'eau pendant dix minutes.

Dans un de ces tubes, rempli de solution A, qui avait été exposé pendant cinq semaines à la lumière, on trouve des flocons de silice recouverts de Bactéries mélangées à des concrétions inorganiques plutôt plus réfringentes, mais très difficiles à distinguer de nombreux micro-organismes isolés. Quand ces derniers, toutefois, se sont multipliés assez dans un endroit pour former des groupes (qui sont assez nombreux) ainsi qu'on peut voir planche IV, figure 11, leur nature paraît tout à fait évidente. On peut voir les Bactéries dans ces groupes à divers degrés de développement. Un seul échantillon fut prélevé dans ce tube, et on n'y trouva point d'autre espèce d'organismes.

On trouva dans un autre tube rempli de la solution AA qui avait été exposé à la lumière pendant cinq semaines, en même temps, beaucoup de Bactéries et quelques Torules disséminées dans les flocons de silice ; à la surface de quelques-uns, se trouvaient de nombreux groupes de ces organismes plus ou moins contournés, tels que les représente la figure 12 (planche IV), et qui semblent être des Vibrions immobiles. En d'autres endroits. ces corps étaient mélangés à des organismes tels qu'on les voit figure 13 (*ibid.*), et qui doivent être considérés soit comme des Bacilles ramifiés tels que Lehmann et Neumann les représentent dans la planche LXI, figure 8 de leurs Principes de Bactériologie, soit comme des Actinomyces en formation.

En plus des Bactéries. dans un autre tube rempli avec la solution AA et exposé à la lumière pendant cinq semaines, on trouva dans les flocons une quantité de petites moisissures en développement telles qu'on les voit dans la planche V, figure 14. En A, la petite moisissure semble reliée à un corps qui est, à une extrémité, de nature douteuse, quoique l'autre extrémité soit bifurquée, la plus longue des deux branches s'effilant jusqu'à devenir invisible. En B on voit la forme plus usuelle de ces moisissures en formation, où les deux extrémités s'effilent, en laissant au milieu une partie renflée.

Dans un autre tube contenant cette même solution AA, le liquide fut d'abord bouilli sur la flamme pendant trois minutes environ, de façon à chasser l'air. Puis, on ferma le tube pendant l'ébullition, et on fit bouillir ensuite pendant sept minutes dans une cuve d'eau. Le tube sans air fut exposé à la lumière pendant cinq semaines. A l'examen, on trouva les flocons de silice recouverts de corps analogues à des coccus, quoique l'on ne pût point y reconnaître des Bacilles proprement dits. Il était impossible de dire, d'après leur apparence, si les corps isolés cocciformes étaient de nature organique ou inorganique. Mais je crois qu'ils étaient pour la plupart inorganiques. On voyait toutefois çà et là quelques Torules, avec un petit nombre de jeunes moisissures à différentes périodes de croissance. On voit trois des premiers de ces états dans les figures 15 A, B et C (planche V). En B, il y a un corps comme un corpuscule à une extrémité, comme dans la figure 14 A. C'était probablement dans les deux cas une particule inorganique. On voit dans la figure 15 D une moisissure, comparativement longue, provenant d'un autre flocon, et qui est légèrement recourbée, de sorte qu'une grande partie en reste invisible quoique l'on voie distinctement les deux extrémités qui vont s'effilant. Ces corps ne proviennent certainement pas d'un corpuscule de Torule. Ils semblent se développer hors de quelque parcelle primordiale minuscule.

Après que l'on eut pris avec une pipette stérilisée deux échantillons des flocons, le tube fut rebouché, contenant naturellement de l'air à présent, et on le mit de côté dans une boîte pendant trois semaines. Quand on l'examina de nouveau au bout de ce temps, on trouva sur quelques-uns des flocons de silice des groupes nombreux de Microcoques assez grands et très typiques, tels qu'on les voit dans la figure 16, quoique le liquide au-dessus du dépôt fût resté comme d'ordinaire parfaitement clair.

Dans trois expériences faites précédemment avec la solution AA, dans des matras sans air qui avaient été chauffés à 100°C pendant quinze minutes, et exposés ensuite à la lumière pendant deux mois environ, on remarqua des Bactéries isolées, ou mélangées avec quelques Torules dans les flocons de silice. Les expériences faites en 1871 où l'on trouva des organismes, ainsi que je l'ai rappelé dans une page précédente de ce chapitre (p. 209) furent aussi faites avec des flacons sans air; de sorte qu'aucun des organismes qu'on y trouva n'avait pu prendre du carbone à l'acide carbonique existant dans l'air, étant donné que celui-ci avait été chassé des tubes et que l'on ne trouva des organismes que dans la silice reposant au fond des tubes, et, par conséquent, loin de la surface du liquide.

CHAPITRE XX

EXPÉRIENCES FINALES ET DÉCISIVES

Quoique les liquides des expériences relatées dans le dernier chapitre n'aient été chauffés qu'à 100° C pendant dix minutes, nous ne devons pas oublier ce que nous disent les Bactériologistes sur la puissance que possède une telle température pour détruire la vie bactérienne. Quelques citations nous éclaireront à cet égard. M. H. Park dans ses *Pathogenic Organisms* (1906, p. 451), nous dit : « Quand on n'est pas très sûr de l'eau ou des filtres, on doit faire bouillir l'eau pendant dix minutes. Ceci tue toutes les Bactéries. Cette précaution doit toujours être prise en temps d'épidémie de choléra, ou de fièvre typhoïde. »

George Newman dit, dans *Bacteria* (1899, p. 81) : « Il n'y a qu'une méthode sûre de stériliser de l'eau pour le ménage, c'est de la faire bouillir. Ainsi que nous l'avons vu, la chaleur humide, au point d'ébullition, maintenue pendant cinq minutes, tue toutes les Bactéries et leurs spores. »

Thresh et Porter disent dans *Preservatives in Food and Food Examination* (1906, p. 1) : « Presque toutes les Bactéries sont tuées quand on les soumet à une température d'environ 65° C, pendant un court moment, quoique leurs spores ne soient tuées qu'à la température de 100° C maintenue au plus pendant quelques minutes. »

Il faut se rappeler que dans les dernières expériences relatées nous avions des tubes stérilisés contenant de l'eau distillée et deux ou trois matières chimiques qu'on peut en pratique considérer comme privées de micro-organismes ; pourtant après que les tubes fermés ont été exposés à la température de 100° C pendant dix minutes, et ont été ensuite gardés pendant quelques semaines exposés soit à la lumière diffuse, soit à la chaleur d'une étuve, on a trouvé à l'examen qu'ils contenaient des multitudes de micro-organismes. Les micro-organismes étaient aussi d'espèces (Torules et Coccus) que l'on sait être tuées par des températures variant de 60° à 75° C, et quoiqu'il se soit trouvé aussi quelques Bacilles (qui sont détruits à des températures semblables), il n'y a aucune raison quelconque de supposer que l'eau distillée, ou l'une des trois substances chimiques employées, ait contenu les spores de Bacilles, plus résistantes. — J'ai montré de plus qu'elles ne sont résistantes qu'après une dessiccation préalable, et bien moins qu'on ne le croit généralement. Il ne doit toutefois rester aucune place pour le doute. Quoique je me sois servi d'eau distillée dans laquelle, jusqu'ici, personne n'a trouvé de spores de Bacilles, envisageons la question comme si cette eau distillée pouvait contenir de ces organismes et de leurs spores, ainsi qu'on les rencontre dans l'eau de robinet ou même dans les infusions de foin. — Nous avons vu qu'après des recherches prolongées sur ce sujet, le sous-directeur actuel de l'Institut Pasteur a déclaré, parlant de ces spores dans de tels liquides, qu'*une température de 115° C les stérilise complètement et rapidement.* Nos expériences finales doivent donc porter sur la question de savoir quels résultats on peut obtenir avec les différentes solutions salines, dont il a été question dans ce dernier chapitre, quand elles ont été exposées à des températures variant de 115 à 130° C.

RÉSULTATS OBTENUS AVEC DES SOLUTIONS SALINES QUI ONT ÉTÉ PRÉALABLEMENT CHAUFFÉES DANS DES TUBES HERMÉTIQUEMENT SCELLÉS A 115° C. PENDANT DIX MINUTES.

Les expériences dont nous allons maintenant parler ont toutes été faites avec des solutions A et AA. Dans ces expériences, comme dans d'autres où des températures plus élevées ont été employées, les tubes fermés ont été invariablement placés dans le bain de chlorure de calcium ou d'huile, pendant qu'il était encore froid, de sorte que les tubes et leur contenu ont été chauffés graduellement avec le bain, jusqu'à ce que la température désirée ait été atteinte.

Au bout des dix minutes, les tubes ont été retirés du bain avec une grande pince de bois, et laissés à refroidir. Ils ont été nettoyés, étiquetés, et mis à l'étuve à 35° C, ou exposés à la lumière diffuse à une température qui a été quelquefois de 13° ou 16° C. Pourtant, à la fin de cinq ou six semaines, quand on examina le contenu des tubes, on trouva des organismes vivants dans les tubes exposés aux dernières conditions, aussi nombreux, et quelquefois plus nombreux que dans ceux qui avaient été exposés dans l'obscurité à la température bien plus élevée de l'étuve.

Dans toutes ces solutions le liquide qui surnage au-dessus du dépôt de silice reste parfaitement clair. Quand l'extrémité du tube a été coupée de façon à permettre le passage d'une pipette à large ouverture, on introduit celle-ci (après stérilisation) dans le tube, de façon à enlever quelques-uns des flocons de silice, et à les disposer pour l'examen microscopique sur une plaque de verre. Dans un flocon pris dans un de ces tubes qui avait été exposé à la lumière pendant cinq semaines, on voit (planche VI, fig. 17 A,) l'un des nombreux petits groupements de Bactéries qui y étaient disséminés. Autour, il y avait des multitudes de Bactéries et de Microcoques isolés, avec un nombre relativement restreint de particules visiblement inorganiques ou concrétions. On pouvait voir aussi quelques chaînes courtes ressemblant beaucoup à des Streptocoques.

Sur la figure 17 B, on voit à un moindre grossissement une partie d'un groupement considérable de Bactéries et de Microcoques qui fut trouvé avec d'autres, dans un tube semblable, sauf qu'il était en verre uviol. Il y avait, disséminées dans les flocons, des Bactéries isolées, ou en petits groupes, tandis que les concrétions évidemment inorganiques étaient beaucoup plus nombreuses que dans le tube précédemment examiné. quoiqu'il eût été préparé en même temps, et exposé de même à la lumière pendant cinq semaines. On ne trouva dans le dépôt de ce tube ni Streptocoques, ni Torules, ni débuts de Moisissures, mais beaucoup de Bacilles longs. très enroulés.

Ces deux tubes contenaient de la solution A, tandis que ceux dont je vais parler contenaient de la solution AA, et, au lieu d'être exposés à la lumière, avaient été gardés à l'étuve, dans l'obscurité pendant cinq semaines. On trouva dans et sur les flocons de silice pris dans l'un d'eux, des multitudes de petites Bactéries, mélangées à un nombre restreint de Bacilles longs, tels qu'on peut les voir figure 18 A ; çà et là sur les bords des flocons se trouvaient des groupements de Microcoques, tels qu'on les voit figure 18 en B. On trouva aussi quelques Moisissures en formation, mais elles étaient plus nombreuses dans un autre tube, rempli, et exposé de même et dont je vais parler.

Dans les figures 14 et 15, on a déjà vu des Moisissures en formation, venant de solutions qui avaient été chauffées à 100° C seulement, et exposées à la lumière; nous rencontrerons maintenant des corps très analogues, venant de tubes chauffés à des températures plus élevées et exposés soit à la chaleur, soit à la lumière.

Dans la planche VI, figure 19 A, on voit trois de ces Moisissures très jeunes et, en B on voit partie d'un échantillon beaucoup plus développé. On peut reconnaître l'extrémité effilée à gauche. Celle de droite, non représentée sur la photographie, était très semblable. Sur la figure 19 C on voit un échantillon (à plus fort grossissement), et la Moisissure, on le voit, naît d'un groupe de particules réfringentes, très semblables à celles que l'on voit dans la partie du milieu de la figure 21, de la planche suivante. On peut aussi voir ces particules planche V, figure 15 A et B, dans la substance des filaments mycéliens en formation.

RÉSULTATS OBTENUS AVEC DES SOLUTIONS SALINES QUI AVAIENT ÉTÉ PRÉALABLEMENT CHAUFFÉES DANS DES TUBES HERMÉTIQUEMENT CLOS A $120°$ C PENDANT DIX MINUTES.

On examina l'un des tubes remplis avec la solution AA, chauffés ainsi qu'il est indiqué, et examiné après qu'il eut séjourné six semaines à l'étuve. On trouva dans, et sur, les flocons de silice des groupes nombreux de Bactéries et de Microcoques en groupements de dimensions variées. On trouva aussi des Moisissures en formation, mais en plus petit nombre. On voit dans la planche VII, figure 20, une partie d'un des grands groupements de Bactéries, et figure 21, une Moisissure.

Cette dernière est assez remarquable. On peut la voir en A avec faible grossissement, de façon à faire voir les deux extrémités filiformes; en B, la partie médiane plus large contenant beaucoup de particules réfringentes se voit mieux, étant vue à plus fort grossissement.

Un autre tube, rempli en même temps avec la même solution, et chauffé dans le même bain, fut exposé à la lumière au lieu d'être placé dans l'étuve. On examina son contenu au bout de six semaines, et dans les premiers flocons de silice retirés du tube, on trouva des groupes de Bactéries plus longs et plus nombreux, de même que quelques Moisissures en formation dont les hyphes étaient tordus et légèrement ramifiés ainsi qu'on peut le voir figure 22, en A et B. Ces petites Moisissures étaient certainement plus nombreuses et plus développées dans ce tube qui avait été exposé à la lumière que celles que l'on trouva dans un tube semblable qui avait été mis à l'étuve à une température de 20° C plus élevée.

RÉSULTATS OBTENUS AVEC LES SOLUTIONS SALINES CHAUFFÉES PRÉALABLEMENT DANS DES TUBES HERMÉTIQUEMENT SCELLÉS A 125° C PENDANT DIX MINUTES.

Un des tubes remplis de la solution A, et chauffé ainsi qu'il est indiqué, fut exposé à la lumière pendant cinq semaines, après quoi il fut ouvert. On retira quelques flocons de silice avec une pipette stérilisée. On les trouva couverts de Bactéries isolées, et en petits groupes ; on peut voir l'un de ces derniers dans la planche VIII, figure 23. Les concrétions inorganiques disséminées dans les flocons étaient nombreuses, mais toutes petites, et il était souvent impossible de les discerner d'avec les Bactéries ou des Micrococques isolés. On ne trouva ni Torules ni Moisissures en formation.

On examina aussi un autre tube préparé en même temps avec la même solution, chauffé de même, et exposé à la lumière pendant cinq semaines. Les flocons étaient recouverts de concrétions organiques très considérables, qu'on peut voir dans la planche XII, figure 38, et on ne découvrit aucun être vivant dans un seul des flocons examinés. La seule cause attribuable à cette remarquable différence était ce fait que la solution A avait été chauffée dans un tube de verre uviol, et avait été ensuite exposée à la lumière. Le résultat combiné fut ce changement remarquable dans les flocons de silice et l'absence de tout être vivant. On exposa à la lumière pendant six semaines un tube ordinaire contenant de la solution AA, et chauffé comme précédemment. A l'examen, on trouva qu'une quantité considérable de silice s'était déposée, et que les flocons étaient assez gros. On y trouva relativement peu de particules organiques, et celles-ci étaient petites. On vit de petits groupes de Bactéries; quelques-unes semblaient entourer un corpuscule de Torule, qu'on peut voir planche VIII, figure 24 A, semblable à ce que l'on a trouvé dans quelques-unes des expériences précédentes (voir pl. II, fig. 5. Il y avait aussi quelques Torules isolées, dont l'une, ainsi qu'on peut le voir figure 25 A, était en train de germer.

Il y avait beaucoup moins de particules inorganiques dans cette solution AA dans du verre commun, que dans cette solution A dont il a été parlé, et où les conditions étaient semblables, excepté qu'une des solutions contient plutôt plus de silice que l'autre. Ces faits, ainsi que ceux dont il a été fait mention à propos du changement extraordinaire produit dans la solution A, chauffée et exposée à la lumière dans un tube uviol, sont importants, car ils montrent les différents effets produits par les températures élevées sur les milieux eux-mêmes, quand ils sont de constitution un peu différente, ou ont été exposés à des conditions légèrement différentes. Voir aussi page 236 et planche XII, ce qui a rapport à cette question.

Dans un autre tube, contenant de la solution AA, qui, après avoir été surchauffée, avait été gardée à l'étuve pendant six semaines, on ne trouva de même qu'un petit nombre de concrétions inorganiques répandues sur les flocons. Il y avait peu de Bactéries, et on ne vit que quelques Moisissures en formation. On peut voir une de celles-ci figure 25 B; en C, on voit un échantillon beaucoup plus développé dont une partie (à droite du centre) est invisible parce qu'elle n'est pas au point.

Dans deux échantillons de la solution B, chauffés à 125° C pendant dix minutes, et gardés à l'étuve pendant cinq semaines, on ne trouva pas d'organismes distincts, quoiqu'on y remarquât beaucoup de corps de nature incertaine. On en voit un figure 24 B. On en vit un autre exactement pareil avec beaucoup d'autres corps analogues, plus petits, de tailles différentes, sans excroissance en forme de bourgeon.

RÉSULTATS OBTENUS AVEC DES SOLUTIONS SALINES PRÉALABLEMENT CHAUFFÉES DANS DES TUBES HERMÉTIQUEMENT SCELLÉS A 130° C PENDANT VINGT MINUTES.

Deux tubes contenant de la solution AA furent exposés à la lumière pendant trois mois, et, après cela, placés à l'étuve. Le contenu de l'un d'eux fut examiné après que le tube fut resté un mois à l'étuve. Il y avait beaucoup de particules cocciformes dans les flocons, qui pouvaient bien être toutes inorganiques, comme on n'y trouva ni Bacilles, ni groupements distincts de Bactéries. On trouva très peu de Torules, isolées ou en petits groupes, mais il y avait une quantité de longs filaments recourbés, tels qu'on peut en voir dans la planche IX, figure 26. Par endroits, quand ils étaient vus à un plus fort grossissement, ils avaient un peu l'apparence de filaments de Streptocoques, quoiqu'ils ressemblassent plus à ce que Lehmann et Neumann dans leurs *Principles of Bacteriology* décrivent comme des « filaments de Torules » (*loc. cit.*, fig. 1 *r*). Je décidai de laisser l'autre tube à l'étuve pendant six semaines, et à l'examen je trouvai que ces fils particuliers étaient non seulement plus nombreux, mais aussi, çà et là, agglomérés en masses plus considérables, dont une est figurée à la figure 27. Il y avait donc eu une croissance et un développement considérables de ces fils pendant le temps supplémentaire que ce tube était resté à l'étuve. Il y avait aussi des corps ressemblant à des Torules, isolés ou avec un seul bourgeon, et, pour la plupart, ayant une parcelle nucléaire. Pourtant aucun n'était en végétation et il n'y avait pas de groupes. Je ne suis pas sûr toutefois que ce ne fussent pas des produits inorganiques. Ces tubes, contenant de la solution AA, qui avaient été chauffés à une température plus élevée et maintenus à cette température pendant plus longtemps que dans aucune des expériences relatées dans ce chapitre, furent laissés exprès, exposés à la lumière pendant plus longtemps, et placés ensuite dans l'étuve ; parce que quelques autres tubes, contenant cette même solution, qui avaient été de même chauffés à 130° C pendant vingt minutes, furent à l'examen, après de courtes périodes d'exposition, trouvés stériles.

Ces tubes surchauffés avaient été examinés plus tôt, parce que, dans la première expérience que je fis cette année, avec les mêmes produits chimiques, chauffés pareillement (quoiqu'en proportions un peu différentes), j'avais eu des résultats couronnés de succès. Ce tube étant ouvert sept semaines et demi après, on trouva, en examinant quelques-uns des flocons de silice des quantités de Bactéries et aussi quelques Torules délicates, isolées et en groupes, ainsi qu'on peut le voir figure 28. Malheureusement, je ne connais pas la proportion exacte des différents ingrédients employés dans cette épreuve préliminaire, avec cette solution chauffée à 130° C pendant vingt minutes, et exposée ensuite à la lumière. Mais dans aucune expérience, faite depuis, avec la solution AA chauffée à une telle température, je n'ai pu obtenir des résultats pareillement couronnés de succès, du moins en ce qui concerne les Bactéries et les Torules.

Il me faut maintenant parler de quelques expériences remarquables, où la solution BB, ou parfois une variante de celle-ci, a été employée, et où les expositions à la lumière et à la chaleur ont été généralement plus longues. Dans les deux premières de ces expériences dont je parlerai ici, il y avait plutôt six gouttes que huit de liqueur de pernitrate de fer pour 30 centimètres cubes d'eau distillée avec six gouttes de la solution de silicate de sodium. Dans la première expérience le tube était en verre tendre allemand, dans la seconde, on employa un tube uviol.

Dans le premier tube, le dépôt était d'une couleur jaune

pâle, et le liquide au-dessus avait la même couleur et était légèrement opalin.

Quand on l'ouvrit, après avoir été exposé pendant douze semaines à la lumière diffuse, on trouva le liquide légèrement acide. En examinant le dépôt on trouva trois petits filaments mycéliens avec des hyphes assez larges. On ne trouva pas de Torules et de Microcoques, mais il y avait dans beaucoup d'endroits des quantités de Vibrions, disséminés en nombre dans la substance des petits flocons granulaires dont le dépôt était en partie composé. On peut voir planche X, figure 29 A, quelques-uns de ces corps, colorés par le violet de gentiane. En B on voit de ces mêmes corps non colorés qu'on aperçoit vaguement à travers la matière d'un flocon granuleux. Ces corps sont presque exactement comme ceux de la planche IV, figures 12 et 13.

Le tube fut fermé après que l'on eut prélevé deux échantillons avec la pipette stérilisée, et fut ensuite laissé dans une boîte pendant cinq semaines au bout desquelles on examina de nouveau son contenu.

Le nombre des Vibrions semblait s'être accru, mais on n'y remarqua pas d'autre changement appréciable, de sorte qu'on ne conserva pas le tube plus longtemps.

Après que le tube uviol eut été exposé à la lumière pendant douze semaines, on le plaça à l'étuve pour deux semaines, puis on l'ouvrit. Le liquide et le dépôt avaient la même apparence que dans l'autre tube, mais la réaction du liquide était neutre. En examinant le dépôt au microscope, on n'y trouva qu'une seule petite moisissure en formation, tandis qu'il se trouvait, en assez grande quantité, des Vibrions dans la substance des flocons granuleux comme dans le tube précédent. On ne trouva point d'autres organismes, et on ne conserva pas plus longtemps ce tube.

Dans les deux expériences dont il va être parlé, on employa la solution ordinaire BB. Les deux tubes étaient en verre allemand ordinaire. Le liquide et le dépôt avaient la

même apparence que précédemment. Un des tubes fut ouvert
après avoir été exposé pendant douze semaines à la lumière
par un temps très chaud (du 1er juin au 25 août). La réaction
du liquide était légèrement acide et, dans les deux premiers
échantillons du dépôt que j'examinai, je trouvai de nombreuses agglomérations de Vibrions tels qu'on les voit
figure 29, et aussi de nombreux groupes de Microcoques
libres, ou dans des locules. On remarqua des filaments droits
ou courbés, se développant hors des groupes de Microcoques
isolés. Quant à ceux qui étaient dans des locules, et que
l'on peut voir dans leurs premières phases figures 30 A et B,
ils étaient presque semblables à ceux qui sont représentés
dans la planche III, figures 8, 9 et 10, provenant d'une solution semblable, chauffée seulement à 100° C dans un flacon
bouché. On trouva dans la substance d'un flocon granuleux,
et un peu obscurcie par lui, une masse spongieuse très considérable de ces Microcoques en locules. Elle est représentée
à faible grossissement (fig. 30 C). On peut mieux voir des
groupes de Microcoques sur le bord inférieur du côté droit.

Après que ces deux échantillons du dépôt eurent été retirés avec une pipette stérilisée, le tube fut fermé de nouveau,
et mis dans une boite à la température atmosphérique ordinaire pour onze semaines [1]. Quand on l'ouvrit le 12 novembre
on trouva le liquide neutre plutôt qu'acide, et rempli d'organismes différents. Le nombre des Vibrions s'était considérablement accru, ainsi que celui des Microcoques isolés ou
loculés. On voit un des plus grands groupes de ces derniers
dans la figure 3 A en partie colorés avec de l'éosine. Il y avait

1. En ce qui concerne ce qui suit, il est bon qu'on ait présents à la
mémoire certains faits concernant la rareté des micro-organismes dans
l'air, rapportés par un bactériologiste éminent, le Dr Allan Macfadyen
dans une de ses conférences du Vendredi à la *Royal Institution* en juin
1900 (voir *Proceedings*, vol. XVI, p. 451). Parlant de recherches spéciales faites par M. Lunt et lui-même, il dit : « En plein air à Londres
il y a une moyenne d'un organisme pour 33.300.000 particules de poussière présentes dans l'air, et dans l'air d'une chambre, seulement un pour
184.000.000 de particules de poussière. »

aussi des groupes ayant tout à fait l'apparence de Sarcines, dont l'un est représenté en B. Lehmann et Neumann disent (*loc. cit.*, p. 151) : « Nous sommes convaincus que la Sarcine est reliée aux Microcoques par des formes de transition ininterrompues. » Et certainement l'apparence des groupes de Sarcines était en faveur de cette manière de voir. On trouva aussi des Torules, ainsi qu'on peut les voir (fig. 32, B) avec une petite masse de moisissures ayant à peu près la grosseur d'une tête d'épingle, et de laquelle des milliers d'hyphes sortent dans toutes les directions. Quelques-uns d'entre eux, à la périphérie de la masse, peuvent se voir figure 32 en B. L'avantage de laisser des tubes contenant cette solution longtemps avant de les ouvrir est ainsi pleinement démontré. Il est impossible pour moi que la contamination du liquide se soit produite par le passage de la pipette stérilisée ou par la courte exposition à l'air. Le liquide lui-même ne contenait pas d'organismes; ceux-ci, comme d'ordinaire, se trouvaient seulement dans et sur la substance des flocons du dépôt, au fond du tube.

Un autre tube contenant de la même solution BB, qui avait été préparé et chauffé en même temps à 130° C pendant vingt minutes, fut ouvert, et son contenu examiné le 13 juillet, c'est-à-dire au bout de six semaines seulement. Dans le premier échantillon du dépôt, retiré avec une pipette stérilisée, il y avait des groupes nombreux de Microcoques, libres ou loculés, et aussi des corpuscules de Torules. On introduisit doucement une goutte d'éosine sous la plaque de verre de façon à colorer partiellement les organismes, et l'on prit plusieurs photographies de cette préparation. Le tube lui-même fut tout de suite rescellé et laissé ensuite dans une boîte pendant six semaines à la température ordinaire, qui se maintint presque constamment à 20°-21° C pendant quelques semaines.

Les Microcoques loculés trouvés dans la première goutte étaient exactement semblables à ceux des figures 30 et 9. On voit un des grands groupes de Microcoques libres avec des cellules de Torule, tous colorés en rouge foncé par l'éosine (pl. XI, fig. 33 A). En B, on voit un autre groupe de Microcoques libres, dont quelques-uns seulement sont colorés ; et de deux d'entre eux l'on voit sortir des filaments en partie colorés. Figure 34, l'on peut remarquer deux filaments très tordus sortant d'un autre petit groupe de Microcoques libres. Ces filaments ne se voient qu'assez mal à leur insertion sur les Coccus dans la photographie, ce qui tient à ce qu'ils ne sont pas au point.

Quand ce tube fut ouvert, et examiné de nouveau après les six semaines, on trouva dans un échantillon des groupes nombreux de Torules d'où sortaient beaucoup d'hyphes de longueur restreinte.

On fit plusieurs bonnes photographies de différents groupes, après qu'ils furent colorés avec l'éosine. L'un d'eux est représenté figure 35. Il semble certain que les Torules représentées à faible grossissement sont exactement les mêmes que celles que l'on trouva quand le tube fut tout d'abord ouvert (voir fig. 33 A, $\times$ 700). Quelques-uns des groupes de Torules étaient petits, mais d'autres étaient beaucoup plus grands, prouvant qu'ils s'étaient multipliés de façon considérable avant de projeter des hyphes. Dans une préparation colorée montée à la paraffine, je trouvai, deux jours plus tard, que quelques moisissures s'étaient développées dans l'intervalle malgré l'éosine.

Les hyphes étaient certainement plus longs que lorsqu'ils furent observés pour la première fois.

J'ai déjà parlé des changements produits par les températures élevées sur différentes solutions salines (p. 230), et il me semble indiqué comme une suite naturelle de donner quelques exemples montrant les effets de différents degrés de chaleur sur les flocons de silice trouvés dans la solution A, et exposés à la lumière dans des tubes de différentes espèces.

Dans la planche XII (fig. 36), on voit une partie d'un flocon qui avait été chauffé quelques semaines auparavant à 100° C seulement. Il y avait foule de Bactéries, avec un nombre relativement petit de particules inorganiques. Les petites taches qu'on voit sur la photographie sont pour la plupart des unités organiques; à d'autres endroits elles se trouvaient avec des Torules.

On voit (fig. 37), une partie d'un flocon venant d'un tube ayant reçu la même solution A chauffée à 130° C pendant dix minutes, et exposée ensuite à la lumière (par un temps plutôt froid) pendant cinq semaines. Tous les flocons sont absolument encombrés de concrétions inorganiques petites ou grandes et aucun organisme vivant d'aucune sorte n'y a été observé. La figure 28 représente une portion d'un flocon provenant d'un tube qui avait été rempli avec cette même solution, et chauffé ensuite à 125° C seulement, pendant dix minutes. Ce tube fut exposé à la lumière à côté de l'autre, et aussi pendant cinq semaines. Les concrétions des flocons étaient extraordinairement grosses et nombreuses, et encore ici on ne trouva point d'organismes. La température à laquelle ce tube avait été exposé était un peu plus basse que pour l'autre; mais, à part cela, la seule différence était que ce tube était en verre uviol. Ce changement dans les flocons de silice doit donc être considéré comme étant produit à la fois par la température élevée, et par l'action de la lumière à travers ce verre[1]. Je suis disposé à croire que la solution A supporte moins bien les températures élevées que

1. Les recherches du professeur Quincke semblent indiquer une autre cause de différence, d'un caractère encore mystérieux. Ainsi. dans un mémoire dans *The Proceedings of the Royal Society* (n° 521 A. p. 67), il dit : « Un liquide ne possède pas des propriétés constantes et immuables à la même température et à la même pression. Tous les liquides dans la nature forment des modifications allotropiques, telles qu'on en connaît pour le soufre, le phosphore, le fer, etc. *Cette modification allotropique prend place d'autant plus rapidement que le liquide se refroidit plus vite.* » J'ai laissé quelques-uns de mes tubes, en les retirant du bain, se refroidir doucement; d'autres ont été exprès refroidis plus vivement, avant de les nettoyer et de les étiqueter. Je n'ai toutefois pas conservé de notes au sujet de ces petites différences d'expérimentation.

ne le fait la solution AA. J'ai chauffé très peu d'échantillons de la première à 130° C, mais je l'ai fait souvent pour la seconde. et jamais, dans aucun, je n'ai trouvé de grosses particules inorganiques telles qu'on les voit figure 37. Même, dans quelques-unes des solutions, c'est à peine s'il s'est trouvé de ces particules dans les flocons de silice, et, dans ce cas, elles présentaient seulement une fine texture uniformément granuleuse ainsi qu'on peut le voir vaguement dans les figures 25 et 28.

Il semble donc évident que, de même que les solutions organiques sont altérées par les températures élevées, de même les solutions salines peuvent l'être de différentes façons : jusqu'à ce qu'il arrive une limite à la possibilité d'obtenir des résultats qui se produisent assez librement à des températures basses. Il est certain que, dans aucune de ces solutions salines, contenant de la silice, je n'ai jusqu'ici découvert d'organismes vivants dans des tubes qui avaient été chauffés à des températures supérieures à 130° C. Il est possible aussi que des périodes plus longues d'exposition à la lumière puissent donner des résultats différents.

J'ai pourtant obtenu des résultats remarquables avec de l'eau de mer chauffée à 135° C et même à 150° C, et dans laquelle je trouvai des Bactéries, des Microcoques, des Streptocoques et de grandes Torules réfringentes. Une fois la préparation montée à la paraffine avec toutes les précautions déjà indiquées (p. 213), tous ces organismes se sont multipliés sous la plaque de verre. De plus, par deux fois, un nombre considérable de Staphylocoques se sont multipliés de même sous la plaque de verre, quoique jamais, en toute l'année, je n'eusse vu de ces derniers organismes dans n'importe quelles conditions.

Pourtant, dans d'autres occasions, des tubes contenant de l'eau de mer qui avait été chauffée à de semblables températures, sont restés stériles. Mes expériences avec ce liquide ont été trop peu nombreuses et insuffisantes pour me permettre

de déduire quoi que ce soit des résultats très différents obtenus en diverses occasions. Je me suis donc décidé à ne pas
reproduire les photographies des organismes obtenus avec
l'eau de mer, et à me contenter ici de résumer les résultats
remarquables obtenus avec des solutions contenant du silicate de soude comme principal ingrédient.

Avant de conclure au sujet de l'important problème dont
nous nous sommes occupés jusqu'ici, il nous faut étudier une
question subordonnée, quoique fort intéressante, se rapportant à une expérience dans laquelle il y avait de la silice,
mais où le carbone était ostensiblement plus ou moins
complètement absent.

La question est celle-ci. Le silicium dont les propriétés
chimiques ressemblent tellement à celles du carbone et qui,
comme le carbone, se trouve dans quelques-unes des étoiles
les plus chaudes, peut-il remplacer, entièrement ou en partie,
le carbone comme élément du protoplasma [1]?

Je ne prétends pas que mes expériences prouvent le moins
du monde que cette substitution soit possible, puisque le
carbone a pu être présent, dans les solutions, par le fait
d'une impureté accidentelle, dans l'eau distillée, ou dans les
produits chimiques employés.

Pourtant les expériences relatées dans ce chapitre et dans
le précédent prouvent que cette substitution est possible
quand nous avons à l'esprit (a) la liberté avec laquelle les
moisissures croissent à la surface et à l'intérieur de la silice
colloïdale, ainsi que l'ont remarqué d'abord Roberts et
Slack, et moi-même ensuite ; et quand (b) nous observons
que de petites moisissures et d'autres micro-organismes
apparaissent dans les tubes clos contenant la solution en

---

1. A en croire Ostwald (*Chimie inorganique*, 1904), « la plus grande partie de la surface de la terre est composée de bioxyde de silicium ou de
ses composés; plus d'un quart de la croûte solide de la terre est formée
par du silicium. » Et il dit des silicates alcalins, qu'on appelle « verre
liquide », p. 427 : « Ces sels s'obtiennent aisément en faisant fondre du
quartz avec les hydroxydes ou carbonates des métaux alcalins. »

question, quoiqu'elle ait été précédemment exposée à des températures élevées. On peut dire que dans ces cas-là les organismes, à défaut d'autre source, ont pu prendre leur carbone au CO_2 de l'air du tube. Mais il y a contre cette supposition, dans le cas des tubes fermés, le fait que (c) les organismes se trouvent invariablement loin de l'air, dans ou sur les flocons de silice qui se réunissent au fond du tube, et que, mois après mois, ils ne se trouvent que là, et jamais libres, dans la couche de liquide située entre les flacons et l'air. Il y a de plus ceci (d) que les organismes se rencontrent presque autant, sinon tout à fait autant dans les tubes dont l'air a été expulsé par l'ébullition que dans ceux qui contiennent de l'air.

Considérés ensemble, ces faits, à mon avis, sont tout à fait en faveur de l'idée que le silicium est capable jusqu'à un certain point de remplacer le carbone dans le protoplasma [1].

---

1. J'ai eu récemment le plaisir de montrer mes photographies à Sir William Ramsay et de discuter avec lui cette question. Il a bien voulu me communiquer les faits suivants relatifs aux « corps analogues aux hydrocarbonés », où se présente le silicium, et à un composé où le silicium remplace en partie le carbone.

CH_4 Gaz des marais.
C_2H_6 Éthane.
SiH_4 Siliciure d'hydrogène.
Si_2H_6 Silico-Éthane.

On trouve des hydro-carbonés allant jusqu'à $C_{16}H_{32}$, mais les composés du silicium ne vont pas au delà de Si_2H_6. Mais il y a des composés où le silicium remplace en partie le carbone : le silico-nonane par exemple :

Nonane $= C_9H_{20}$.
Silico-nonane $= SiC_8H_{20}$.

On peut citer encore le Leucone SiH_4O_3 et d'autres composés voisins, de silicium, hydrogène et oxygène, dont parle Wöhler (*Ann. der Chem. und Pharm.* CXXVII, p. 457), tandis que Friedel et Ladenburg ont montré qu'il y a un chloroforme silicique $SiCl_3H$ (au lieu de CCl_3H, chloroforme ordinaire) et aussi un éther silicique tribasique $SiH(C_2H_5O)_3$ aussi bien que d'autres corps voisins où le silicium existe comme un atome de chaque composé. Ils ont produit aussi un oxychlorure de silicium et d'autres termes plus complexes de la même série (*Comptes Rendus*, t. LXVI, p. 539 et 816).

INTERPRÉTATION DES RÉSULTATS EXPÉRIMENTAUX

Il semble, lorsqu'on considère ce fait essentiel de l'apparition d'organismes dans les expériences qui viennent d'être relatées, qu'il n'y a à cela qu'une seule interprétation possible. Toutes les anciennes objections à l'idée de leur origine *de novo* ont été écartées. Les organismes trouvés ont certainement vécu, et ils se sont développés dans des tubes qui avaient été flambés, avant qu'eux-mêmes et leur contenu fussent soumis à une température mortelle. Il est généralement admis à présent, ainsi que nous l'avons vu, que tous les micro-organismes à l'état adulte sont tués quand ils sont exposés, même fort peu de temps, dans des liquides qui sont portés à 100° C, sans parler de températures plus basses.

Les spores de Bacilles sont les seuls produits des micro-organismes qui soient reconnus capables de résister à une telle chaleur. Et pourtant, nous l'avons vu, d'autres espèces que l'on admet être tuées à 100° C, apparaissent constamment dans des tubes fermés qui ont été portés à cette température pendant dix ou vingt minutes. Ceci s'applique, parmi des formes plus ou moins connues, aux Bactéries, Vibrions, Microcoques, Streptocoques, Torules et autres germes de moisissures. Du moment où ces organismes apparaissent dans ces conditions, nous sommes bien obligés de conclure qu'ils ont dû se produire *de novo*.

En ce qui concerne les Bacilles ordinaires, la question, nous l'avons vu, est différente. Ces formes particulières possèdent des « spores » qui, en tout cas, après avoir subi la dessiccation, sont capables de résister à une température plus élevée. Le degré de leur pouvoir de résistance a été différemment évalué, mais après des recherches prolongées à l'Institut Pasteur, le point mortel a été fixé par le maître lui-même à 110° C, et plus tard, après deux ans de travail, n'a pu être élevé par son assistant qu'à 115° C. Il fut décrété qu'à cette température toutes les spores de Bacilles ordinaires sont complètement et rapidement tuées. Notons en passant que cette température est beaucoup plus élevée que celle qui, dans mes expériences, a été mortelle aux spores de Bacilles (voir pp. 71, 83). De plus, il est peu probable que ces corps puissent se trouver soit dans l'eau distillée soit dans un des produits chimiques employés dans mes expériences. Pour le moment, acceptons donc cette température de 115° comme nécessaire pour tuer tous les produits des Bacilles ordinaires.

Mais, ainsi que nous l'avons vu, des Bacilles, ainsi que des Vibrions, des Coccus, des Streptocoques, des Torules, et autres germes de Champignons sont apparus dans nos tubes d'expérience malgré un chauffage de dix ou vingt minutes à des températures variant de 115° à 130° C. Ces organismes qui, nous l'avons vu, étaient vivants, qui se développaient et se multipliaient, ont donc dû se produire *de novo*. Quelle autre réponse peut-on donner?

Tous les Bactériologistes du monde civilisé n'ont pu, dans les innombrables recherches qu'ils ont faites pendant les trente-cinq dernières années, trouver que certains « Bacilles thermophiles » dans le sol, qui soient capables de résister à une température supérieure à 115° C. Pourtant, ces organismes inférieurs que l'on ne retrouve jamais dans l'eau de robinet, ni, *a fortiori*, dans l'eau fraîchement distillée, ni dans aucun de nos produits chimiques, à en croire Christen (voir p. 82-3), ne donnent plus signe de vie quand ils ont été « exposés à 125° ou 130° C pendant cinq minutes et plus, à 135° C d'une à cinq minutes, ou à 140° C pendant une minute ».

Les formes humides résistantes de ces spores du Bacille du sol, examinées par W.-H. Park, ont succombé toutefois à des températures plus basses. Il dit qu'elles sont détruites « par une exposition de vingt-cinq minutes à la vapeur à

113° ou 116° C et de deux minutes à 127° C[1] ». Par conséquent, tous les organismes observés dans mes expériences, à l'exception des spores de Bacilles, sont de ceux qui meurent à 100° C. Et ces dernières, s'il était possible qu'elles se trouvassent dans mes tubes, auraient dû périr à 115° C. : et pourtant, des Bacilles, ainsi que des Bactéries, Vibrions, Microcoques, Streptocoques, Torules et autres germes de Champignons mourant au-dessous de 100° C ont été trouvés en quantité considérable dans des tubes qui avaient été chauffés à 115°-130° C pendant dix ou vingt minutes.

J'ai dit ailleurs[2] que « nous disposons en réalité de deux méthodes distinctes et plus ou moins indépendantes pour attaquer le problème de l'Archébiose. Ce sont : a) l'*expérimentation*, avec des liquides surchauffés dans des flacons clos ; et (*b*) une autre méthode, moins reconnue, celle de la simple *observation* à l'aide du microscope, de ce qui se passe dans les pellicules minces de liquides organiques propices, non chauffés. Cette dernière méthode appelle l'attention, en même temps qu'elle en montre l'erreur, sur cette croyance commune que la production de la « génération spontanée » est contraire à l'expérience universelle de l'humanité. Elle montre que ce qui est supposé contredire cette expérience commune se trouve en dehors, et naturellement tout à fait au delà de la portée de l'expérience humaine ordinaire. Personne, sans l'aide du microscope, n'aurait jamais pu observer cette naissance hors de liquides de particules vivantes par laquelle la « génération spontanée » doit toujours commencer, si elle commence jamais. Et même, malgré l'aide des plus puissants microscopes, personne ne peut affirmer. quand les plus petites particules visibles apparaissent dans le champ visuel, qu'elles proviennent de germes invisibles d'organismes préexistants plutôt que d'une synthèse primordiale

1. *Pathogenic Micro-organisms*, 2ᵉ éd., 1906, p. 45.
2. *La Nature et l'Origine de la Matière Vivante*, 1905, p. 158.

d'unités vivantes. Mais j'ai déjà montré, en ce qui concerne ce dernier point, qu'il n'existe absolument aucune raison logique ou consistante pour nier la possibilité actuelle de l'Archébiose. » Il n'y a, disais-je, « absolument rien qui démontre que, dans des conditions favorables, ce phénomène ne puisse pas se produire constamment autour de nous, en ce moment ».

Mais ce qui est supposé devoir se produire constamment dans la nature libre, dans les étangs, lacs, rivières, la mer, et mille autres lieux, doit être considéré comme un phénomène se produisant là beaucoup plus aisément que dans les seules conditions très restrictives qui puissent exister dans nos tubes d'expérience, où nous avons affaire à de petites quantités de liquide, plus ou moins altéré par un échauffement préliminaire, et enfermé dans de petits tubes de verre. Pourtant, ainsi que j'ai essayé de le montrer dans cet ouvrage, par toutes les preuves qui se trouvent dans les chapitres x à xii sur la température qui tue les organismes vivants et leurs germes, et par mes nouvelles expériences avec les solutions salines, l'évolution d'êtres vivants est capable de se produire même dans ces conditions défavorables.

Nous sommes obligés de conclure qu'il doit y avoir dans la nature une tendance distincte à la formation de la matière vivante. Nous sommes presque forcés de conclure ainsi, quand nous voyons la facilité avec laquelle ce phénomène se produit dans une simple solution ensemencée de tartrate d'ammonium dans de l'eau distillée (voir p. 204). Nous pouvons observer là la naissance et la multiplication de micro-organismes très divers, se produisant dans des circonstances si simples, que cela semble presque incroyable. Nous nous trouvons aussi en face de faits difficiles à croire et à comprendre, et pourtant incontestables lorsque nous voyons diverses espèces de Bactéries et Torules apparaître en quantité dans des tubes hermétiquement clos, qui ont été soumis à une température considérable, plus que suffisante pour détruire tous les autres germes connus de même espèce. Elles ne se trouvent pas là tout d'abord après que le liquide a été chauffé. Ce n'est qu'après quelque temps qu'on les trouve en abondance. Mais elles sont invariablement immobiles et doivent, par conséquent, s'être développées là où on les trouve.

L'étonnement devient plus grand encore quand on pense à la simplicité du milieu dans lequel ce phénomène générateur de vie se produit. La simplicité des conditions pour la « génération de vie » dans mes dernières expériences n'est égalée que par la simplicité des conditions qui quelquefois suffisent pour la croissance et la multiplication d'organismes vivants, déjà existants, comme le prouve leur augmentation rapide dans la simple solution de tartrate d'ammonium dans de l'eau distillée, et dans laquelle on a trouvé au moins sept espèces différentes de micro-organismes se développant côte à côte[1].

AUTRES CONFIRMATIONS

J'ai relaté ailleurs l'existence d'une production analogue *de novo* d'organismes par Hétérogenèse. C'est-à-dire que de même que, dans les tubes surchauffés, où il ne se trouvait préalablement pas de Bactéries, on peut les faire paraître, de même on peut en faire surgir de la substance d'êtres vivants préexistants qui n'avaient point de germes : et là aussi, ils se développent aux dépens de particules si petites qu'elles étaient invisibles. Je parlerai donc de deux cas de ce genre, l'un se produisant dans les tissus d'un végétal, l'autre dans ceux d'un animal.

Pasteur était tout à fait convaincu que les cellules des plantes saines ne contiennent pas de germes, et son opinion

1. Voir *Knowledge and Scientific News*, août 1905, p. 200.

est encore généralement considérée comme exacte. Les Bactériologistes ne peuvent pas prouver l'existence de micro-organismes dans des cellules prélevées dans le centre d'une pomme de terre ou d'un navet sain, et pourtant l'on peut faire surgir des Bactéries dans ces deux cas, malgré toutes les précautions prises contre toute infection. La méthode que j'adopte est la suivante.

On nettoie d'abord bien dans l'eau une petite pomme de terre nouvelle, puis on la met dans un flacon fermant à vis, contenant une solution à 10 p. 100 de formaline, et on la laisse tremper là pendant vingt minutes, en remuant souvent le liquide, de façon à recouvrir entièrement la surface intérieure de la bouteille.

Puis on jette la solution, laissant la surface de la pomme de terre et celle de la bouteille humides encore du liquide antiseptique, et le couvercle est vissé solidement. Avec cette méthode, jamais je ne trouvai trace de contamination de la surface de la pomme de terre. Pourtant, après qu'elle eut séjourné pendant de nombreuses semaines dans cette bouteille fermée, et aseptique, on trouvait parfois des micro-organismes (à condition de les rechercher soigneusement) dans des multitudes de cellules closes, c'est-à-dire quand on examinait les cellules dans le centre de la pomme de terre, et non sur la périphérie qui avait subi l'action du liquide antiseptique.

On peut voir dans mon ouvrage *Studies in Heterogenesis* (pl. XVII, fig. 193-197), et aussi dans *Nature and Origin of living Matter* (pl. II, fig. 4, 5, 6), des figures de ces organismes, avec d'autres, trouvés dans les cellules d'un navet, conservé de façon à être préservé contre toute chance de contamination extérieure.

Dans tous les cas, les micro-organismes apparaissent d'abord sous forme de particules immobiles dans l'utricule primordial des cellules fermées, et ces particules deviennent ces Bacilles que l'on peut voir dans les figures. Le fait que ce

qui apparait en premier dans les cellules fermées consiste
en germes immobiles, suffit à démontrer l'impossibilité de
l'infection. De simples germes immobiles ne pourraient pas
produire l'infection. Les cellules végétales ne peuvent être
pénétrées que par des organismes adultes capables de sécréter
des toxines pour tuer des cellules, et une cytase pour ramollir
leurs parois. Les Bactéries infectantes doivent être douées
aussi de motilité pour leur permettre de traverser la paroi de
la cellule qu'elles ont préalablement ramollie.

La seule autre explication possible, à part l'Hétérogenèse,
de cette apparition de Bactéries dans les cellules fermées, est
la supposition que les germes des micro-organismes étaient
« latents » dans les cellules. Mais ceci n'a pas encore été
prouvé. Les Bactériologistes n'ont pas trouvé de preuves de
leur existence, et le jugement de la science a été contraire à
cette supposition.

Prenons maintenant un autre cas, un cas où le développement
des Bactéries depuis la particule ultra-microscopique peut
être observé, pas à pas. Chez le Cyclops, petite puce d'eau, les
appendices abdominaux sont garnis d'une certaine quantité d'épines ou soies, à l'intérieur desquelles se trouve seulement du protoplasme amorphe, sans granules. Ce protoplasme est si transparent qu'il a l'apparence du verre. Quand
un de ces petits êtres est placé dans une goutte d'eau distillée
sur une lame de verre, et qu'on la recouvre d'une lamelle, il
meurt vite. Nous pouvons alors examiner jour par jour l'une
quelconque des plus grandes soies. Au bout de quelques
jours, quand la préparation a été gardée dans une chambre
humide et que le temps est chaud, dans le protoplasme
ne contenant aucune particule visible, primitivement, on voit
apparaître ces particules immobiles, minuscules, dont le
nombre augmente, de même que la taille, jusqu'à ce que
quelques-unes deviennent semblables à des Bacilles immobiles. Au bout du sixième jour, on remarque chez quelques-
uns de ces Bacilles des mouvements, et bientôt il se trouve

une masse grouillante de ces organismes dans la substance encore intacte de la soie.

Comment devons-nous expliquer cela? La soie a une enveloppe chitineuse qui ne pourrait guère être aisément percée par des organismes complètement développés et actifs, bien moins encore par des germes immobiles, même s'il s'en trouvait dans l'eau distillée. Par conséquent, il ne faut point songer à l'infection provenant du dehors. Nous voyons des particules immobiles apparaître et se changer lentement en Bacilles immobiles. Supposer la préexistence dans le protoplasme de la soie de multitudes de germes ultra-microscopiques, dans le seul but d'écarter l'interprétation par une origine *de novo* de Bactéries n'est assurément ni scientifique, ni admissible. Et pourtant, ceux qui me critiquent ne parlent que de l'existence de « germes latents » sans apporter aucune preuve de leur existence, ou d'une croyance antérieure de ce genre.

Ceux qui recherchent la vérité n'ont donc à choisir qu'entre :

a) La croyance à l'existence de germes latents, sans preuve à l'appui;

b) La croyance à l'origine *de novo* des Bactéries, appuyée sur des preuves très convaincantes.

Dans mon ouvrage *The Nature and Origin of living Matter*, je cite au chapitre ix d'autres cas de cette origine *de novo* des Bactéries par Hétérogenèse, et dans tous ces cas, ce que l'on voit est ceci : des particules devenant visibles au milieu de propoplasme plus ou moins hémogène, *ces particules étant invariablement immobiles*, mais se développant bientôt en Bactéries définies ou en organismes analogues, reconnaissables à leur forme, et à leur mode de groupement.

Par conséquent, dans tous ces cas, il y a là une apparence tout à fait différente de celle des *organismes adultes à l'état d'activité*, tels que nous en verrions, si nous avions affaire à un cas d'infection. La ressemblance du mode d'origine des Bactéries et des Torules dans les flocons de silice, dans mes récentes expériences avec ce qui se passe dans les phénomènes de l'Hétérogenèse, est donc très frappante. Ce sont toujours de minuscules particules immobiles, devenant graduellement visibles, et prenant des formes caractéristiques, ainsi que le font les cristaux quand ils sont séparés du milieu dont ils proviennent, et ainsi que la doctrine de l'évolution semble l'exiger.

Je citerai, à propos de ce fait d'unités nouvellement nées se développant *en formes connues* — ce que beaucoup trouvent si difficile à comprendre — les remarques suivantes, faites ailleurs [1] :

« Il y a tout autant de raisons pour que l'organisme nouveau-né prenne la forme d'un autre, déjà existant, qu'il y en a pour que le cristal de sulfate de soude, qui se forme aujourd'hui dans une solution de cette substance, ressemble à celui qui a été formé dans des conditions semblables, douze mois, ou cent ans avant. Quiconque croit à l'uniformité des phénomènes naturels ne peut s'attendre à autre chose. La matière vivante que nous voyons maintenant engendrée *de novo* prend rapidement une forme connue ; et de même la matière cristalline nouvelle qui a été produite synthétiquement par le chimiste dans le laboratoire, prend habituellement l'une ou l'autre des formes cristallines connues.

« Il n'est donc pas plus étonnant que la simple moisissure, qui se développe *de novo* aujourd'hui, ressemble à une autre qui se développe hors de la spore d'un organisme préexistant, qu'il n'est étonnant qu'un cristal se formant indépendamment aujourd'hui dans une solution saline ressemble à un autre provenant de la croissance d'un fragment détaché d'un cristal préexistant semblable. Dans tous ces cas, il y a similitude de production, parce que la forme cristalline ou organique produite doit être considérée comme l'expression matérielle des actions harmoniques qui ont amené sa production, parce que les formes sont le résultat d'une nécessité physique et non d'un simple hasard aveugle. »

Des observations récentes ont montré en effet que la constance absolue, en ce qui concerne la forme des cristaux, est

---

1. *Nature and Origin of living Matter*, 1905, p. 287.

beaucoup plus stricte encore qu'on ne le supposait. A.-E.-
H. Tutton, dans un intéressant article sur « l'Étude des cristaux », nous dit[1] : « Un des principaux résultats des recherches récentes a été de prouver que les belles formes extérieures des cristaux, définies par les angles géométriques
entre de nombreuses facettes naturelles absolument planes,
plutôt que par le développement relatif de ces surfaces, sont
une propriété invariable et caractéristique de la substance
composant le cristal, par laquelle cette substance peut être
indentifiée, au milieu de toutes les autres innombrables
substances qui existent. » Il ajoute encore : « Le pouvoir
réfringent et l'attitude du cristal à la lumière polarisée constituent une preuve immédiate d'identité presque aussi importante que les angles entre les facettes naturelles. »

La constance de ces propriétés des cristaux en corrélation
avec leur composition moléculaire et leur structure est un
fait intéressant, si nous considérons que les cristaux naissent toujours *de novo,* que l'hérédité n'a rien à faire avec
leurs propriétés.

Je dirais de même que les Bactéries et les Torules qui
naissent sans cesse *de novo* ne doivent rien à l'hérédité,
mais que leurs formes, et leurs propriétés doivent être dues
uniquement à leur composition moléculaire ultime.

Et quand nous pensons à la merveilleuse complexité moléculaire du protoplasme, et aux innombrables variations de
type isomère qui seraient possibles chez des unités vivantes
nouvellement nées, nous pouvons comprendre en un sens
l'existence de ces innombrables variations intermédiaires de
forme et de propriété que l'on rencontre chez les Micrococques,
Streptocoques, Staphylocoques, Bactéries, Bacilles, Vibrions,
Spirilles, etc... et autres organismes que les Bactériologistes
décrivent.

Mon opinion est que ces multitudes de formes et de pro-

---

1. Voir *Times, Engineering Supplement,* 19 sept. 1906, p. 298.

priétés peuvent se trouver chez les unités vivantes nouvellement nées tout à fait en dehors de l'hérédité ; exactement comme tous les cristaux nouvellement formés, quand ils apparaissent, ont leurs propres angles exacts entre leurs facettes, et leurs propres caractères optiques, du moment où ils sont formés dans des conditions semblables, et à quelque moment que ce soit du temps. Il y a, il est vrai, une différence importante entre les deux unités en question. La composition moléculaire plus simple du cristal, qui est un agrégat statique, ne prédispose pas au changement ; tandis que la structure moléculaire infiniment plus complexe des unités vivantes, favorise les changements dans la forme et les propriétés, sous des conditions extérieures différentes, ainsi que les Bactériologistes l'ont trouvé depuis longtemps — quoique, sans changement dans les conditions, le pareil continue à engendrer le pareil.

J'ai essayé toutefois de montrer ailleurs que non seulement les Bactéries de différentes espèces, les Torules et les Moisissures sont souvent engendrées *de novo* par hétérogenèse, mais que « diverses algues simples, Diatomées et Phytozoaires ont une origine analogue et viennent de sources étrangères. Et pour les Amibes, les Actinophrys, les Flagellates, les Peranemata, et mêmes les Infusoires ciliées, l'origine hétérogénétique[1] se rencontre très souvent ».

Mes idées sur ce sujet, résultant d'expériences répétées, sont, je crois, d'accord avec *l'existence actuelle de milliers d'organismes inférieurs sur la surface de la terre*. Ceux qui n'acceptent pas mes faits ne peuvent pas donner, de la présence de ces organismes, une explication logique. — Il leur a été souvent demandé d'en donner, mais ils n'ont jamais essayé de répondre aux considérations suivantes (*loc. cit.*, p. 299).

« Si toutes les formes de vie qui ont jamais existé sur la

1. *Nature and Origin of living Matter*, p. 299.

surface de la terre proviennent des formes primordiales qui naquirent par un processus synthétique naturel n'ayant existé que dans un passé lointain, il n'y a pas d'explication adéquate et logique de l'existence, incontestable à l'heure actuelle, de ces mêmes multitudes d'organismes inférieurs dont j'ai parlé. Car si le développement graduel des formes supérieures de la vie, pendant les âges géologiques passés, a été dû en grande partie à la mutabilité de la matière vivante, ainsi que l'affirme l'hypothèse de l'évolution, ne serait-ce pas aller directement à l'encontre de cette hypothèse que de supposer que des formes primitives telles que les Bactéries, Torules, Monades, Amibes, et Infusoires ciliés, soient restées identiques, et à ce degré d'infériorité pendant des milliers d'années ? Et pourtant, ceux dont à présent l'opinion fait loi voudraient nous faire croire que pendant les âges et avant l'apparition de l'homme, ou de ses prédécesseurs immédiats sur la terre, les ancêtres des Bactéries, des Amibes, des Monades, des Moisissures et de tous les autres animalcules inférieurs que l'on voit maintenant dans leurs habitats respectifs, avaient habité notre terre. C'est véritablement trop absurde. Si cela était réellement, ces formes devraient être les types absolus du conservatisme et de la stabilité ; et au contraire, tous ces organismes sont les types les plus accomplis du changement et de la mutabilité.

« ... Il est impossible de dire qu'ils ont conservé leurs formes primitives par la raison de leur existence dans un milieu toujours semblable. C'est exactement le contraire qui a dû se produire, et, actuellement, ces mêmes organismes se rencontrent en abondance à la surface de la terre, et dans les lieux les plus divers... Mais, conformément aux idées exprimées dans ce livre, l'existence actuelle de ces organismes peut être pleinement expliquée, et c'est justement à quoi l'on peut s'attendre s'ils se produisent sans cesse à nouveau par Archébiose et Hétérogenèse. »

SIXIÈME PARTIE

RAPPORTS DE MON ŒUVRE ET DE MES IDÉES
AVEC LA BACTÉRIOLOGIE MODERNE

CHAPITRE XXI

RAPPORTS DE MON ŒUVRE ET DE MES IDÉES
AVEC LA BACTÉRIOLOGIE MODERNE

Il est probable que ceci sera ma dernière contribution au sujet discuté dans le présent volume, et comme beaucoup d'erreurs circulent sur les relations de mon œuvre et de mes idées avec la Bactériologie moderne, il me semble que je dois dire ici quelque chose sur ce sujet. Je dois aussi expliquer pourquoi, pendant de longues années, j'ai consacré mes heures de loisir à essayer de jeter de la lumière sur cette question de l'Origine de la Vie. Pourquoi, ces dernières années, j'ai repris le sujet avec une énergie nouvelle, quoique sachant bien que pour le moment je ne rencontrerais guère qu'une critique hostile dépourvue de toute sympathie.

Mon intérêt dans la question a toujours été double : elle m'intéressait d'un côté comme biologiste, et de l'autre comme pathologiste et médecin.

L'intérêt du sujet au point de vue biologique a été indiqué d'une façon générale dans ce volume, mais on le trouvera plus développé dans mon ouvrage sur « La Nature et l'Origine de la Matière Vivante », dans lequel j'ai essayé, au chapitre XIV, de montrer combien il est nécessaire, au point de

vue de la doctrine de l'Évolution, de reconnaître la réalité
de l'Archébiose et de l'Hétérogenèse, et quelle lumière la
croyance en ce processus jette sur l'histoire passée de notre
terre, ainsi que sur la signification de l'existence presque
partout répandue à l'heure actuelle, de quantité de formes
de vie inférieures, qui autrement (c'est-à-dire quand on ne
croit pas au processus en question) auraient dû avoir disparu
depuis des éternités.

Examinons maintenant brièvement pourquoi, au point de
vue du médecin et du pathologiste, je m'intéresse à ce problème, et pourquoi je conserve toujours mon propre point
de vue malgré tous les progrès remarquables faits dans la
science bactériologique, et que beaucoup considèrent comme
venant à l'encontre de mes idées. En réalité, ainsi que je vais
le montrer, il n'y a pas nécessairement antagonisme entre
mes faits et idées, et les découvertes bactériologiques
modernes.

Mais on verra combien il est nécessaire que j'explique ma
position, quand on voit le critique de mes « Etudes sur
l'Hétérogenèse » dans un des principaux journaux de médecine écrire que ce livre est « le réquisitoire le plus parfait
contre les prétentions de la bactériologie moderne ».

Tel a été le jugement de ce critique, son point de vue *a
priori*, quoique dans ce volume il n'ait pas été prononcé un
seul mot tendant à diminuer la valeur considérable des travaux bactériologiques. Dans un autre journal important, il
était aussi dit : « Si, d'autre part, le Dr Bastian a raison, et si
les microbes de maladies définies peuvent surgir *de novo*, hors
d'organismes inoffensifs[1], ou hors de la matière non orga-
nisée, alors, il faut abandonner toutes les idées courantes
sur la façon de traiter les maladies épidémiques, et ce mal-
heureux monde doit se plier aux caprices malveillants de la
nature. » Ceci, je vais maintenant le prouver, est inexact,

______

1. Pas en italique dans le texte original.

et absolument contraire à ce qu'impliquent mes faits et ma doctrine.

Presque tous, sinon tous, les Bactériologistes, considèrent que les organismes inférieurs dont ils s'occupent ne peuvent naître que d'autres, d'espèce semblable. Depuis qu'il a été prouvé qu'il y a un rapport constant entre beaucoup de ces organismes et des maladies définies (que les maladies sont, en somme, souvent causées par eux), cela a fortifié l'idée que ces maladies, qui possèdent la propriété d'être contagieuses, ne peuvent pas plus surgir *de novo* que les organismes par lesquels elles sont causées. Ainsi les idées ultra-contagionnistes tiennent le haut du pavé, et la fréquente origine *de novo* des maladies infectieuses en laquelle j'ai toujours cru, est niée. Un distingué et très respecté président du *Royal College of Physician* décédé depuis, donnait il y a quelque temps sa sanction et son approbation à la croyance commune en ces termes[1]: « Si je puis observer la contagion dans un grand nombre de prétendues maladies spécifiques, je considère aussi plus raisonnable de supposer la contagion chez la minorité que de chercher une autre cause. » Et il continuait en disant que puisque beaucoup de ces maladies étaient associées avec la croissance et la multiplication d' « organismes spécifiques vivants », la croyance à l'origine *de novo* de ces maladies contagieuses, « impliquerait aussi la croyance à la génération spontanée ». Cette dernière idée, quoique très répandue, est tout à fait erronée.

Il est hors de doute que l'établissement de la réalité de la « génération spontanée » aurait une influence considérable pour détruire cette idée que les maladies contagieuses, simplement parce qu'elles sont associées à des micro-organismes spécifiques, ne peuvent pas surgir *de novo*. Si de tels organismes peuvent naître *de novo*, il est évident que les maladies peuvent surgir *de novo*; et de plus, le fait

1. *The Lancet*, 31 octobre 1903.

d'une telle origine chez les microbes apporterait avec lui la certitude qu'ils seraient très capables de changer sous l'influence de conditions différentes, quoique restant capables aussi d'engendrer leur pareil, de maintenir le type.

Pourtant, indépendamment de la croyance à la génération spontanée des microbes, il existe un autre moyen plus simple par lequel les micro-organismes spécifiques peuvent faire leur apparition. Ce moyen semble avoir été perdu de vue par la personnalité distinguée que je viens de citer tandis que le critique dont je parlais plus haut ne le mentionnait que pour le répudier. Et pourtant les Bactériologistes eux-mêmes ont découvert graduellement que les microbes ont généralement une grande mutabilité, et que la barrière que beaucoup ont supposé infranchissable entre ceux qui sont désignés comme non pathogènes, et pathogènes, s'est effondrée graduellement. Il est facile de montrer que le développement de la science qui les concerne a amené petit à petit un grand changement d'opinion à ce point de vue. Mais si les « organismes inoffensifs » communs dont parle le critique de la *Saturday Review* pouvaient, d'une façon ou d'une autre, subir une transformation graduelle qui leur donnerait des propriétés nouvelles, identiques à celles que possèdent ces organismes associés à telle ou telle maladie contagieuse, ce serait la voie trouvée pour l'origine *de novo* de telles maladies. Il est vrai qu'il n'y aurait qu'une transformation d'organismes, à l'aide de laquelle, après qu'ils auraient été ainsi modifiés, ces mêmes maladies pourraient se propager de personne à personne indéfiniment.

Il est facile de prouver que ces idées ne sont pas seulement les miennes, mais celles de Bactériologistes de grande autorité. Il est facile aussi de présenter des cas dans lesquels ce processus semble se produire.

Le professeur Hueter disait il y a longtemps[1] : « Quoiqu'il

1. *Transactions of International Med. Congress*, 1881, vol. I, p. 329.

soit impossible de ne pas reconnaître les modes d'activité spécifiques des micro-organismes dans la production des maladies infectieuses, nous ne pouvons pas pour cela nier qu'il y ait une certaine unité chez tous ces micro-organismes. Je crois pour ma part que cette unité est fondée sur le phénomène de la putréfaction, et *que les modes spécifiques d'activité doivent être considérés comme dépendant de certaines altérations dans le processus de la putréfaction.* »

Le professeur Hueppe, de Prague, a aussi dit récemment, de façon très similaire, que pour lui l'origine de toutes les maladies infectieuses communes « se rattache phylogénétiquement aux processus de putréfaction [1] ».

Si nous examinons un des meilleurs livres qui aient paru sur ce sujet, le « Principes de Bactériologie » de Lehmann et Neumann, nous trouvons les importants passages suivants (1901, pp. 118-119) : « La division des Bactéries en pathogènes et non pathogènes, etc., ainsi qu'elle est toujours faite dans les livres, a totalement fait faillite. Nous ne pouvons comprendre et connaître les variétés pathogènes, que si nous étudions en même temps les non pathogènes *desquelles les premières sont sorties et sortent* encore toujours. » Ils disent aussi : « Nous croyons qu'il appartient à l'avenir de transformer des variétés de Bactéries en d'autres, à un degré qu'il est difficile d'imaginer aujourd'hui. Les formes du micrococoque pyogène peuvent se transformer les unes en les autres. Les Bactéries pyocyaniques et fluorescentes peuvent presque certainement se transformer l'une en l'autre; et si ce qu'on dit sur les transformations des bacilles de la fièvre typhoïde et du *coli*, de ceux de la diphtérie et de la pseudo-diphtérie, etc., suscite encore quelque scepticisme, on ne songe plus à contester la possibilité, mieux encore, la probabilité des mutations en question. »

Il me faut maintenant citer quelques exemples de ces doc-

1. *Harben Lecture*, dans le *Journal of State Medecine*, nov. 1903, p. 64.

trines à propos de quelques maladies contagieuses importantes. J'ai donné ailleurs un exposé de faits très concluants montrant qu'il a été expérimentalement démontré que quelques-unes des formes de la septicémie proviennent de micro-organismes communs, et, pourtant, quand elles sont établies, on les trouve associées aux organismes dits « spécifiques » capables d'agir comme contages pour la propagation de ces maladies à d'autres animaux. Ce qui est arrivé, et ce que cela signifie, je l'ai exposé ainsi qu'il suit[1] :

« La production de deux formes différentes de septicémie par l'inoculation de la même matière putride dans des endroits différents est un fait de haute importance. Le sang putride, sous la peau, donne naissance à une forme déterminée de micro-organisme spécifique, et de maladie contagieuse : deux ou trois gouttes de ce même sang putride introduites dans la cavité péritonéale d'un animal semblable donnent naissance à des foules d'organismes différents, et à une autre maladie contagieuse. Les différences dans le processus inflammatoire, dans les deux cas, sont donc capables de transformer des micro-organismes communs en deux bacilles spécifiques tout à fait différents. » Nous avons là un exemple frappant des idées, exprimées d'abord par le professeur Heuter, et plus récemment par Hueppe.

On a des raisons de croire aussi que ce qui est appelé le bacille typhique d'Eberth n'est qu'une modification d'un organisme putréfactif extrêmement commun. Rodet et Roux disent[2] : « Les organismes décrits sous le nom de bacille *coli communis* et le bacille d'Eberth appartiennent à la même série pathogène, dont ils sont deux variétés distinctes quand ils présentent leurs caractères classiques, mais apparentées l'une à l'autre par une série de formes intermédiaires. »

Le Dr Mac Weeney, le bactériologiste du *Local Govern-*

1. *Nature et Origine de la Matière Vivante*, 1905, p. 316-320.
2. *Lyon Médical*, 1891, LXVIII, p. 325.

ment Board, en Irlande a dit[1] aussi qu'il « ne croyait pas qu'il y eût une différence essentielle entre le bacille typhique et le bacille *coli communis*. que l'on trouve généralement dans l'intestin. Ces bactériologistes sont donc d'accord avec Lehmann et Neumann, qui disent qu'une telle transformation « ne peut guère être contestée ». On ne sait pas encore dans quelle série particulière de conditions l'une des formes se change en l'autre. Il y a pourtant des faits de nature à faire admettre que la fièvre typhoïde surgit parfois *de novo*. Cela se produit dans des cas isolés, dans des conditions dans lesquelles il est presque impossible de croire que la contagion a pu jouer un rôle.

Une épidémie de diphtérie se produisit récemment à Dartmoor, près de Princetown, qui fut suivie avec soin par le Dr Deene Sweeting du *Local Government Board*. Son rapport a de la valeur par la lumière qu'il jette sur l'origine *de novo* de cette maladie contagieuse, surtout parce que des rapports précédents concernant d'autres épidémies de cette même maladie provenant d'observateurs intelligents ont déjà fourni des témoignages en faveur d'une origine analogue. A Princetown, aucune cause d'insalubrité qui pût expliquer l'apparition de la maladie ; mais un indice fut fourni par un mal de gorge très marqué et général, qui avait surgi dans le district, attaquant d'abord les enfants les plus jeunes. Le Dr Sweeting dit :

« Il y a des raisons de croire que la diphtérie provient, chez les plus jeunes enfants, de maux de gorge, antécédents, légers, observés dans le village, et qui commencèrent dans la classe enfantine, à l'école. La maladie se maintint grâce à la réunion à l'école d'enfants susceptibles de prendre le mal et grâce au renforcement du mal de gorge quand l'école fut fermée ; et (la maladie) se répandit par infection de personne à personne à l'école, et ailleurs. »

1. *Lancet*, 1896, I, p. 995.

Le Dr Hubert Biss, dans une note intitulée *Borderlands of Diphteria and Scarlet fever*, résultant d'une longue expérience acquise dans un hôpital de fiévreux, nous dit [1] : « Les nuances entre ces conditions, fièvre scarlatine, diphtérie et amygdalite sont si faibles que chacune se fond avec l'autre, non pas sur un, mais sur beaucoup de points. » Et tout dernièrement, il a exprimé de nouveau l'opinion que, pour lui, les deux maladies, fièvre scarlatine et diphtérie, sont jusqu'à un certain point interchangeables. Il dit [2] : « Ce ne fut pas de la théorie. La métamorphose se produisit. Les malades de fièvre scarlatine donnaient à leurs amis la diphtérie, et ceux qui étaient atteints de diphtérie donnaient à leurs amis la fièvre scarlatine. » Il est si affirmatif dans ce qu'il avance, qu'il parle de cette transformation comme d'un « fait établi ».

Il est certain que, s'il est exact que la diphtérie surgisse dans de certaines conditions hors d'un simple mal de gorge, et si un malade atteint de diphtérie peut parfois, par contagion, produire de la fièvre scarlatine chez un autre, il y a origine *de novo* [3] de cette dernière maladie, et dans chaque cas on peut seulement supposer que des changements infimes dans l'activité ou les propriétés des micro-organismes en question ont dû se produire, de sorte que les microbes communs ou non pathogènes de la gorge, sont devenus pathogènes, et que chez ceux-ci, soumis à des conditions spéciales, d'autres changements se sont produits amenant une transformation apparente d'une maladie en une autre. Lehmann et Neumann, dans leurs *Principes de Bactériologie*, attirent l'attention spécialement sur ce mode d'origine de ce terrible fléau appelé la peste. Ils la citent comme offrant un exemple

1. *The Lancet*, 1903, II, p. 1296.

2. *Brit. Med. Journ.*, 1906, II, p. 895.

3. On relate de temps en temps des cas de fièvre scarlatine, qu'il est impossible de ne pas croire avoir pris naissance *de novo*. Le Dr R.-J. Mackeown du vaisseau de guerre britannique *Alacrity* (voir *Brit. Med. Journ.*, 11 juin 1904, p. 1370) a relaté un cas très authentique de ce genre.

important de cette transformation d'organismes non pathogènes en pathogènes, que nous étudions à présent, et à
laquelle ils croient fermement. Ils disent (p. 217) : « Dans
l'Inde, Hankin et Yersin ont bien souvent cultivé des variétés non virulentes de bacilles, ressemblant beaucoup au
bacille de la peste trouvé autour des humains dans des mai-
sons infectées par la peste... La peste se déclare spontanément chez les rats... Les épidémies de peste chez les rats
précèdent les épidémies qui s'attaquent à l'homme. Il semble
que certains bacilles du sol des tropiques s'acclimatent
d'abord aux corps du rat, et puis sont transférés à l'homme[1]. »

Il est prouvé que, tout à fait indépendamment d'une
origine *de novo* de micro-organismes, nous pouvons voir des
maladies contagieuses, telles que la septicémie, la fièvre
typhoïde, la diphtérie, la fièvre scarlatine, la peste et d'autres
maladies transmissibles, se produire *de novo*, sous l'influence de la transformation sous telles ou telles conditions
locales (modification du « terrain ») de micro-organismes
communs, toujours présents. D'organismes communs ils
deviennent « spécifiques » ou pathogènes, et les maladies
contagieuses sont engendrées ainsi, et se répandent plus ou
moins.

Il est extraordinaire de voir combien les pathologistes
hésitent à admettre de telles possibilités et combien ils
s'accrochent, en dépit des preuves les plus évidentes, aux
doctrines ultra-contagionnistes.

Pour conclure, je citerai un exemple se rapportant à l'origine d'une maladie terriblement commune qui, il y a quelques
années, était considérée comme ayant un mode d'origine *de
novo*, bien plus qu'une origine contagieuse.

---

1. Presque tous les agents sanitaires aux Indes qui se sont occupés de
l'épidémie récente disent que la maladie chez les rats est le principal
agent de la dispersion de la peste ; et il semble que toutes les preuves
s'accumulent pour montrer que les puces du rat sont les principaux facteurs de transmission de la maladie.

Dans un discours[1] récent, un pathologiste distingué, le professeur Adami de Montréal, cite un cas très net où certaines Bactéries communes, sous l'influence de conditions de vie changées, ont eu, dans un temps relativement court, leur métabolisme complètement altéré. De sorte que, ainsi qu'il le dit : « De parfaitement inoffensives, elles sont maintenant devenues pathogènes et peuvent donner une maladie. » Il fait ensuite les remarques suivantes :

« Que faut-il dire à ce propos du bacille de la tuberculose ? D'abord nous pouvons être assurés qu'Adam n'a pas été créé tuberculeux. Nous pouvons être presque assurés que le Bacille, vivant à l'extérieur du corps, s'habitua d'abord à vivre à la surface, et dans les cavités de l'organisme, sous forme de saprophyte inoffensif. Et c'est plus tard seulement qu'il acquit la faculté de vivre, non sur, mais dans les tissus, et, à partir de ce moment, il devint pathogène. » Jusqu'ici, cela va bien, mais il ajoute que « ceci a dû se produire il y a des siècles et des siècles ». Nous pouvons nous demander sur quoi il appuie cette conclusion, et pour moi je m'étonne qu'il arrive à cette conclusion simplement parce que la phtisie était bien connue des premiers Grecs qui nous aient laissé des livres de médecine.

Éclairés par les faits que cite Adami, et d'autres analogues bien connus, montrant que quelques jours, ou au plus une semaine ou deux suffisent généralement pour transformer les organismes non pathogènes, nous pouvons donc nous étonner de le voir s'imaginer qu'un processus qu'il suppose s'être produit au temps des premiers Grecs, et avant ce temps, ne peut pas se produire aussi actuellement, et n'a pas pu se produire pendant tout cet intervalle de temps. Comme un autre pathologiste éminent, il pense peut-être, pour quelque raison mystérieuse, que « l'origine des

---

1. *Brit. Med. Journ.*, 1905, I, p. 1135.

germes de la maladie remonte probablement à un passé géologique lointain ».

Ce qui vient d'être dit peut aussi s'appliquer aux idées du D\u2071 Andrewes telles qu'il les a exprimées dans sa récente *Horace Dobell Lecture* (*Lancet*, 24 nov.) sur l'Évolution des Streptocoques. Notant en passant que le terme de l'Évolution n'est sûrement pas le parasitisme, nous voyons que ce dont il parle n'est que de la spécialisation. Mais, il imagine qu'il a fallu des périodes de temps incalculables pour permettre à ces organismes primitifs de passer du mode de nutrition prototrophique au mode métatrophique, et il en parle comme ayant été amené par l'action de la « sélection naturelle ». Il ne se hasarde pas à expliquer comment la sélection naturelle peut agir chez ces organismes non nucléés. Là où, comme ici, manquent les chromosomes, l'hérédité, selon les idées courantes, doit être impossible, et sans hérédité, aucune « sélection naturelle » ne peut agir.

Naturellement, les idées relatées ici et qui sont très généralement adoptées impliquent en quelque sorte que l'Archébiose elle-même s'est produite une fois seulement, dans un passé lointain, et qu'elle ne s'est pas reproduite. Cette idée implique aussi que les Bactéries de nos jours sont les héritiers de tous les âges, provenant d'un nombre incalculable de générations, plutôt que d'être souvent, ainsi que je le crois, des êtres d'hier, c'est-à-dire des unités continuellement produites *de novo*, leurs formes et propriétés, dans chaque cas, étant le résultat invariable et nécessaire de la composition moléculaire des unités en question.

Mais, même au point de vue de ces doctrines que les Bactériologistes acceptent parfois (et beaucoup sont disposés à comprendre l'origine de la peste telle que l'expliquent Lehmann et Neumann), nous pouvons bien nous demander pourquoi le bacille de la tuberculose ne surgirait pas fréquemment hors d'autres bacilles communs, quand ceux-ci atteignent les poumons, les fonctions ou les glandes des personnes, dont l'état général les prédispose aux affections scrofuleuses ou tuberculeuses.

Le changement de doctrine concernant la phtisie, dont j'ai parlé, est absolument extraordinaire quand on pense au peu de faits qui existent pour démontrer que cette maladie se répand par contagion.

C'est la mode, actuellement, de croire que la fragmentation des crachats desséchés des phtisiques produit la dissémination de particules contagieuses qui, s'introduisant dans les poumons d'une personne susceptible, produit de nouveau la maladie. Il faut examiner cette idée de plus près et voir quelles sont les preuves en faveur de ce mode de propagation de la maladie.

En ce qui concerne les êtres humains, les preuves exactes et convaincantes font totalement défaut. On sait bien que Behring ne croit pas à cette opinion généralement acceptée, et qu'elle commence à être très discréditée. Cela se voit dans un numéro récent du *British Medical Journal* où la possibilité même de ce mode d'infection est mise en doute, ainsi qu'on peut le voir par le passage suivant (10 nov. 1906, p. 1323) : « Il est généralement admis que les nodules péribronchiaux, fréquemment observés, représentent la lésion initiale de la tuberculose pulmonaire, et qu'ils résultent de l'introduction directe de germes apportés par l'air. D'un autre côté, il ne manque pas de preuves attestant que la pénétration de Bacilles de l'air, dans les poumons, est difficile, sinon impossible. »

Et même si l'on peut supposer que les germes de l'air contenus dans les minuscules fragments des crachats pulvérisés, peuvent s'introduire dans les poumons, deux questions se posent auxquelles il faudrait répondre : 1° Le crachat phtisique séché constitue-t-il une substance capable d'être pulvérisée ? et 2° les germes contenus dans les crachats desséchés, qui ont subi la pulvérisation, gardent-ils leur virulence, et sont-ils des agents d'infection ?

Cadéac [1] a fait récemment sur ce dernier point des recherches expérimentales. Ses résultats sont décidément en désaccord avec l'hypothèse à la mode de la transmission de la tuberculose par l'inhalation de poussières provenant de crachats desséchés. Ainsi, il a trouvé, par des expériences, que la matière expectorée sèche lentement, et que sa conversion en poussière n'est ni simple, ni facile. Répandu en couche épaisse sur une plaque de verre, et exposé à la lumière ordinaire dans le laboratoire, le crachat, en séchant, garde l'apparence de vernis brillant, et ne se réduit en poussière que vers le dixième ou douzième jour. Quant à la virulence de ce crachat desséché, il trouve que, même au sixième jour, il faut une quantité considérable de poudre pour causer une tuberculose péritonéale légère, par voie d'inoculation. En outre le crachat, étalé sur une plaque de marbre, et mis sur une poêle pendant quinze jours, perd toute sa virulence en ce qui concerne le cobaye. Répandu sur une assiette poreuse, et exposé au soleil, il devient inoffensif en inoculation, après quarante-huit heures. Cadéac donne d'autres preuves du même genre, et arrive à cette conclusion que la poussière qui cause si difficilement la tuberculose par inoculation directe, dans la cavité péritonéale d'un cobaye, doit avoir beaucoup plus de difficulté à infecter les voies respiratoires de l'homme.

Behring conçoit la doctrine de la contagion de la tuberculose d'une façon différente. Il croit que l'infection se produit dans l'enfance, par les voies digestives (la contagion se faisant par le lait) et qu'ensuite les bacilles infectants, logés dans différentes parties du corps, restent en général latents pendant des années et quelquefois pendant très longtemps. Toutefois, tout ceci est de l'hypothèse pure. Ainsi que je l'ai dit ailleurs [2] : « Il croit à de longues périodes d'état latent après l'infection systémique, ce qu'il est difficile d'admettre.

---

1. *Lyon médical*, 10 déc. 1905.
2. *Nature et Origine de la Matière Vivante*, 1905, p. 327.

Et en dernier lieu il croit qu'il faut des agents pour donner au Bacille toute son activité, ceux mêmes qui à mon avis suffisent à le faire naître, c'est-à-dire la mauvaise nutrition, et une diminution de vitalité, amenées de n'importe quelle façon ; pourtant, parmi ces facteurs, l'air impur, et la nourriture, insuffisante ou non appropriée, sont les principaux. »

Mais, d'accord avec la conception de la fréquente origine du Bacille de la tuberculose par transformation de Bacilles communs, trouvant accès dans le corps, nous pourrions revenir à quelque chose ressemblant plus à la doctrine « qui régnait, il y a quelques années, sur l'étiologie de la phtisie quand on reconnaissait généralement que cette affection peut être engendrée chez l'individu en dehors de toute contagion, et que la contagion était supposée n'avoir qu'une part légère dans la production du mal. Cette idée semble être la plus sûre et la plus rationelle. C'est une idée qui ferait accorder autant d'importance à la prévention qu'au traitement, mais elle n'est pas de nature à encourager l'opinion que la maladie peut être exterminée, ou même diminuée par les « sanatoria » et par les efforts faits pour diminuer les risques de contagion [quelque importants qu'ils soient en réalité]. Je veux simplement dire que, pour moi, on donne trop d'importance à la contagion, et pas assez à la genèse, et que nos idées sur la prophylaxie ne doivent pas être toutes dirigées vers le simple empêchement de la contagion ». Ainsi que le dit le professeur Hueppe, « le pouvoir de résistance d'une population peut changer selon les conditions sociales Si par le développement industriel, les conditions sociales. sont mauvaises, nous avons toujours et partout une recrudescence de tuberculose, et cela dépend plus de la prédisposition que de l'exposition à la maladie... Il est impossible de lutter avec succès contre la tuberculose si nous luttons seulement contre le bacille... Il est par conséquent absolument utile d'augmenter le pouvoir de résistance au moyen d'une véritable hygiène et en s'entrainant à la bonne santé[1].

Les Bactériologistes, en chauffant à plusieurs reprises, et souvent à de très hautes températures, afin d'obtenir la stérilisation complète, non seulement tuent tous les micro-organismes pré-existants, mais, je le maintiens, détruisent toute possibilité de germination du milieu lui-même. Ce milieu, après avoir subi ce traitement, nourrira les Bactéries vivantes avec lesquelles on l'inocule, et favorisera leur multiplication, mais il n'en engendrera pas une. Il se conduit, en somme, exactement comme une solution de tartrate d'ammonium bouillie, qui n'engendre pas, mais nourrit aisément des Bactéries[2]. Quoiqu'ils sachent qu'à l'exception des spores de Bacilles, tous les microbes peuvent être détruits dans leur milieu par une ébullition de cinq minutes ou même moins, à force d'expérimenter avec un milieu ainsi traité, les Bactériologistes en sont arrivés à la conclusion que les Bactéries ne peuvent jamais naître *de novo*.

Jusqu'ici ils n'ont pas manifesté le moins du monde l'intention de modifier leurs méthodes, dans le but d'obtenir les résultats que j'ai obtenus. La modification voulue consisterait à chauffer leurs liquides nutritifs (un milieu semi-solide ne serait pas favorable au phénomène) juste assez pour détruire tout organisme préexistant et puis de favoriser autant que possible, à l'aide de la chaleur et de la lumière, la génération de matière vivante nouvelle.

Leur manie de n'employer que leurs propres méthodes est regrettable parce qu'elles ont eu pendant trop longtemps l'effet de sanctionner les doctrines ultra-contagionnistes. Mais ainsi que je l'ai montré, leurs propres recherches, avec leurs méthodes, tendent maintenant à montrer que des conceptions plus larges sont nécessaires, et qu'il leur faut reconnaitre pour un fait ce qu'ils ont nié si longtemps, c'est-à-

1. *The Journal of State Medecine*, juin 1904, p. 10.
2. Voir pp. 61 et 62 l'explication de la différence entre « les liquides nutritifs » et les « générateurs ».

dire la fréquente origine *de novo* des maladies contagieuses et infectieuses.

Cette opinion leur est imposée en dehors de toute croyance nécessaire en la « génération spontanée ». Elle provient, je l'ai montré, d'observations nombreuses démontrant que les organismes pathogènes dérivent, ainsi que Lehmann et Neumann l'ont dit, d'organismes non pathogènes grâce à des altérations graduelles, produites, non tant dans leur forme, que dans les processus métaboliques, inséparables de leur vie et de leur croissance.

Quand une maladie contagieuse est une fois établie, évidemment on doit tout faire pour la supprimer chez l'individu et pour empêcher sa transmission à d'autres. Dans ces deux directions les travaux des bactériologistes ont eu une valeur incalculable. Leur étude des toxines, antitoxines, opsonines, et de la sérothérapie, donne des résultats excellents dans la prophylaxie et dans la guérison de la maladie. Je ne suis toutefois pas aussi plein d'espoir que d'autres qui ont donné toute leur foi aux doctrines ultra-contagionnistes, et je ne crois pas que ces maladies puissent être vraiment détruites simplement en empêchant la contagion. Croyant, ainsi que nous sommes tous obligés de le faire, à leur origine *de novo* dans le passé, je n'ai jamais compris pourquoi elles ne pourraient pas être engendrées de même dans le présent, et j'ai été frappé de voir que quelques-unes d'entre elles, tout au moins, surgissent évidemment de temps à autre de cette façon.

Les recherches modernes justifient cette conception, et indiquent, ainsi que je le conseillais il y a trente-cinq ans, la nécessité de recherches plus actives sur les conditions de l'origine de toutes ces maladies. Et plus la maladie est contagieuse, plus il est important de s'adonner à cette étude

TROISIÈME PARTIE

Ce qu'enseignent les faits au sujet des conclusions de Pasteur.

QUATRIÈME PARTIE

Méthodes compliquées et résultats contradictoires.

CINQUIÈME PARTIE

Nouvelles expériences avec des solutions salines surchauffées

SIXIÈME PARTIE

Rapports de mon œuvre et de mes idées avec la bactériologie moderne.

TABLE DES FIGURES

FIGURES DANS LE TEXTE

PLANCHES

Les figures dans le texte 2, 3, 4, 5, 6, 7, 9, 10, ont été reproduites avec l'autorisation de la *Linnean Society* ; la figure 11, avec celle de la *Royal Society*.

ÉVREUX, IMPRIMERIE CH. HÉRISSEY ET FILS

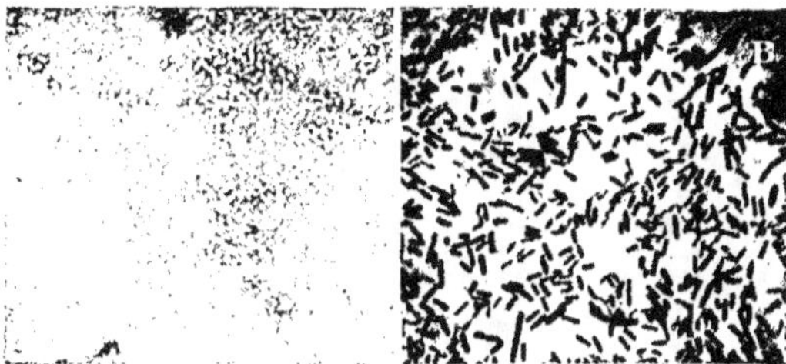

Fig. 1 × 500

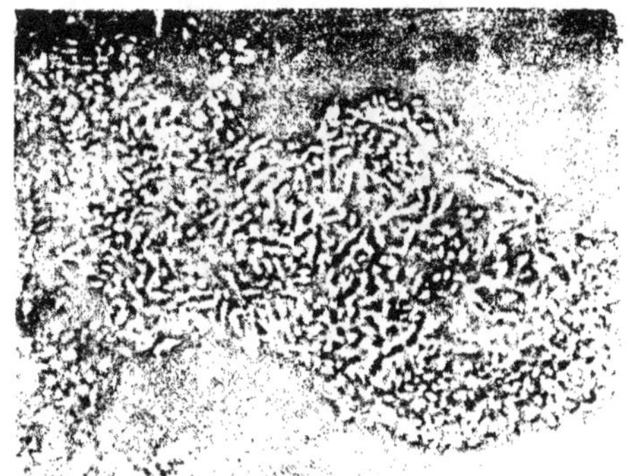

Fig. 2 × 700

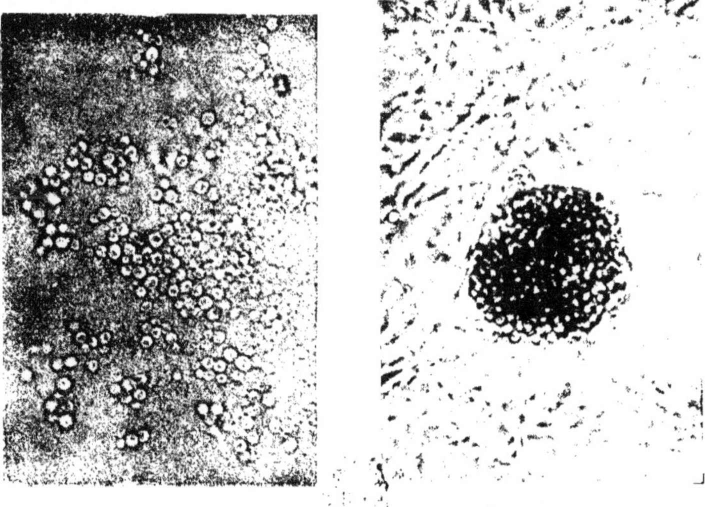

Fig. 3 (× 500)   Fig. 4 × 500

Spores de bacilles, avec bactéries, bacilles, torules, spores de champignons,
dont il faut connaître le point de mort thermique.

Fig. 5 (× 700)

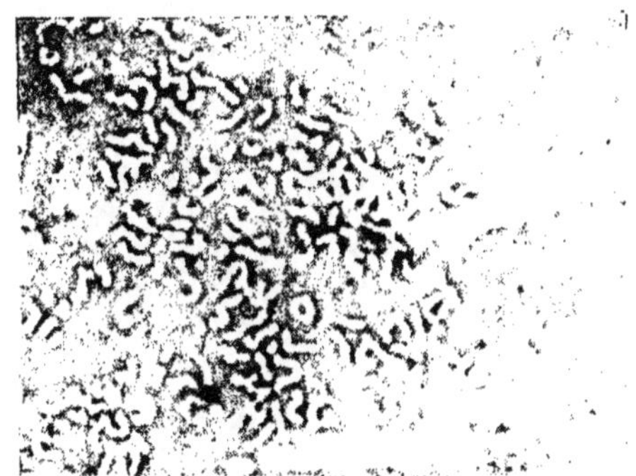

Fig. 6 (× 500)

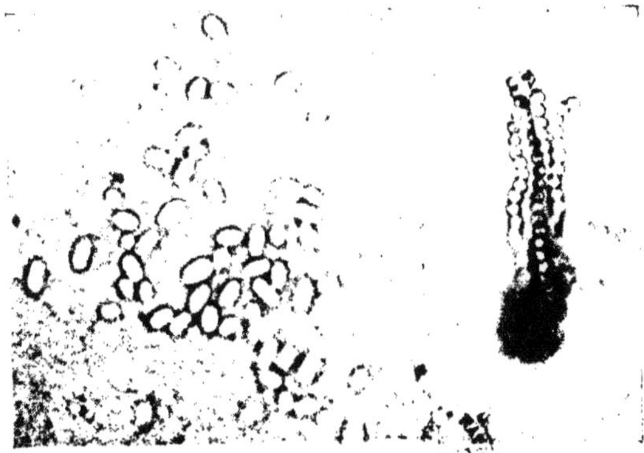

Fig. 7 (× 500)

Organismes provenant de solutions salines
dans les flacons bouchés,
chauffées préalablement dix minutes à 100° C.

Fig. 8 × 700

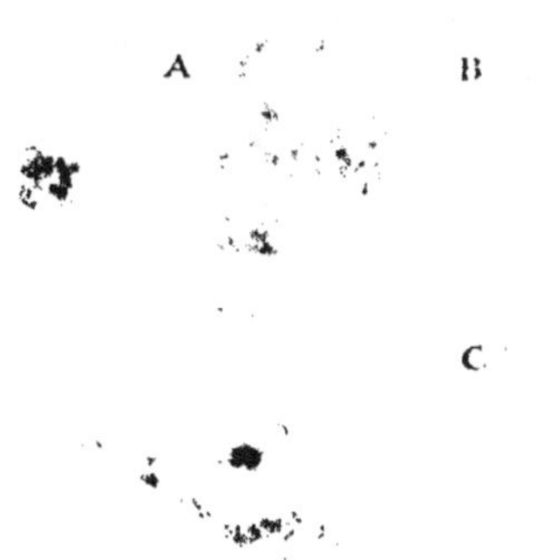

Fig. 9 × 700 et 500

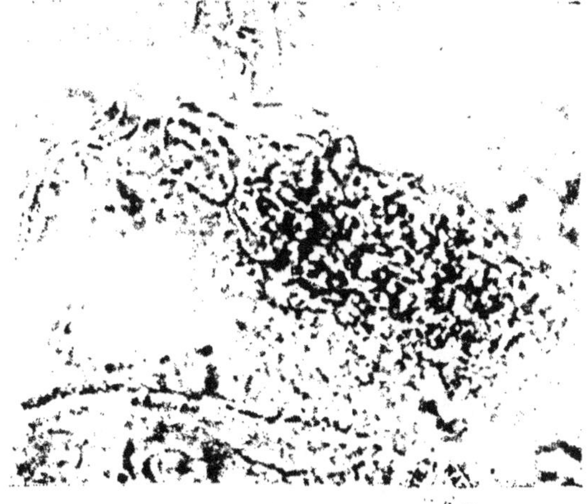

Fig. 10 (× 700)

Autres organismes provenant de tubes bouchés
chauffés dix minutes à 100° C.

Fig. 11 — × 700

Fig. 12 — × 500

Fig. 13 — × 500

Organismes provenant de tubes clos ayant été
chauffés dix minutes à 100° C.

Fig. 14 × 500

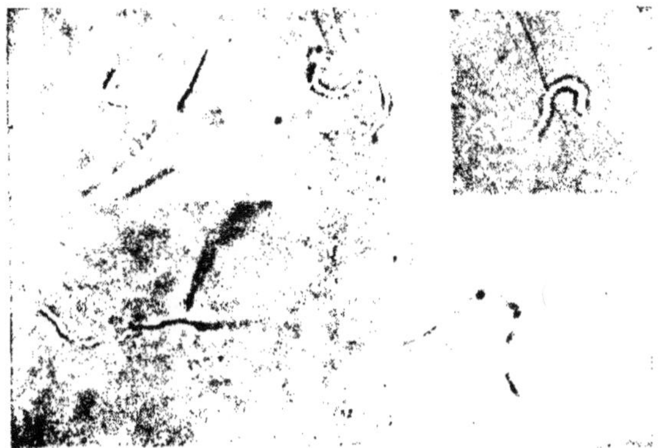

Fig. 15 × 500

Fig. 16 × 700

Organismes provenant de tubes clos ayant été
chauffés dix minutes à 100° C.

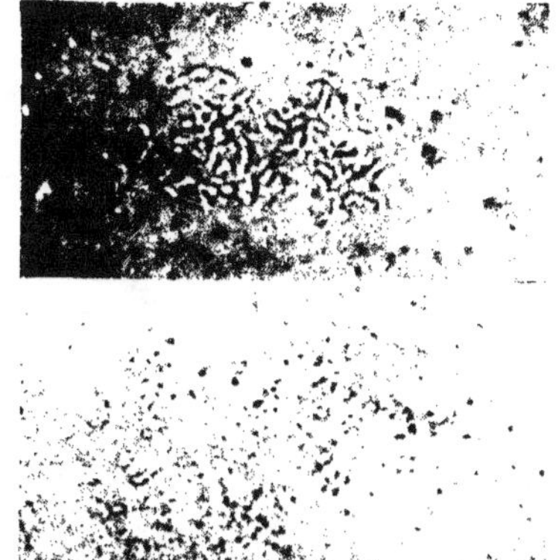

Fig. 17   700 et 500

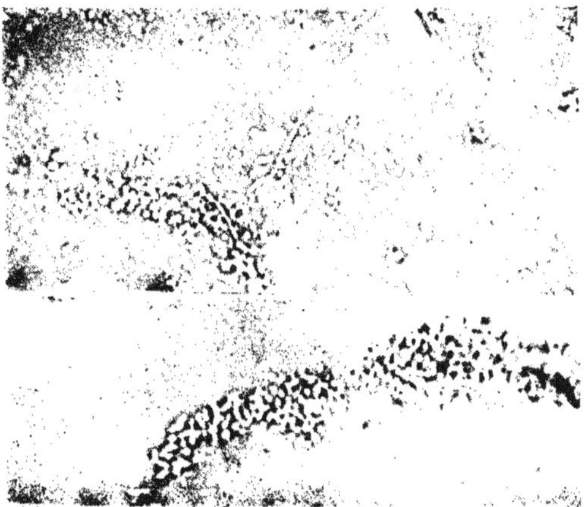

Fig. 18 × 700

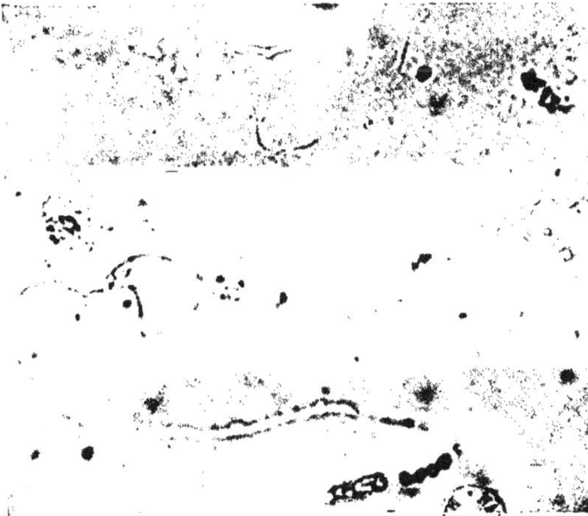

Fig. 19 (× 500 et 700)

Organismes provenant de tubes clos ayant été chauffés
dix minutes à 115° C.

Fig. 20. — 700

Fig. 21. — 250 et 500

Fig. 22. — 500

Organismes provenant de tubes clos ayant été chauffés
dix minutes à 120° C.

Fig. 23 — × 500

Fig. 24 — × 700 et 500

Fig. 25 — × 700 et 500

Organismes provenant de tubes clos ayant été chauffés
dix minutes à 125° C.

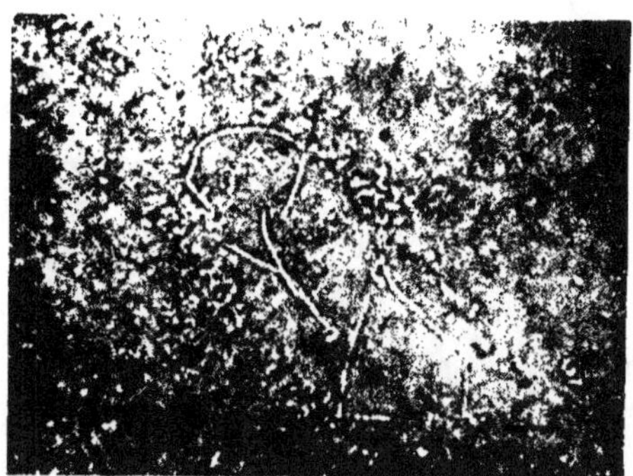

Fig. 26 × 500

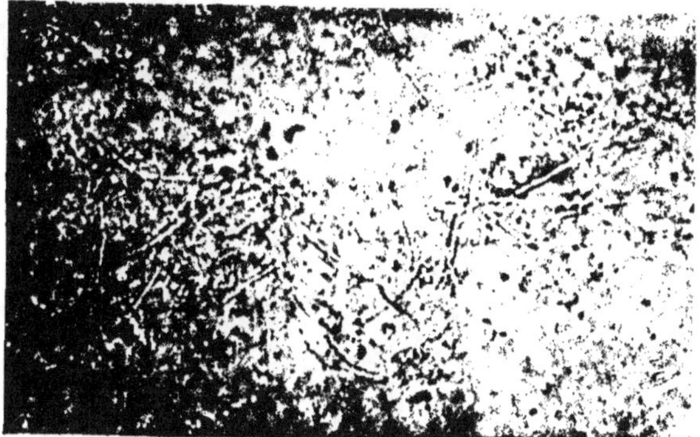

Fig. 27 × 500

Fig. 28 × 700

Organismes provenant de tubes clos ayant été chauffés
vingt minutes à 130° C.

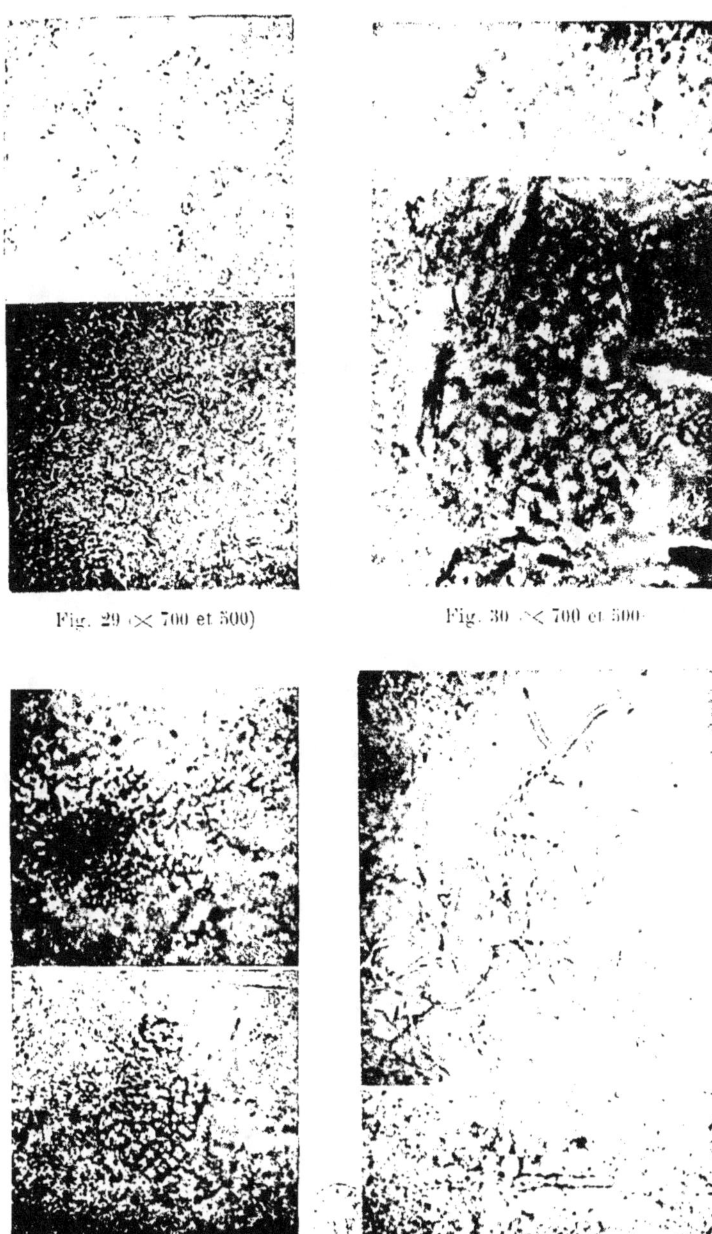

Fig. 29 (× 700 et 500)

Fig. 30 (× 700 et 500)

Fig. 31 (× 700 et 500)

Fig. 32 (× 500)

Organismes provenant de tubes clos ayant été chauffés
vingt minutes à 130° C.

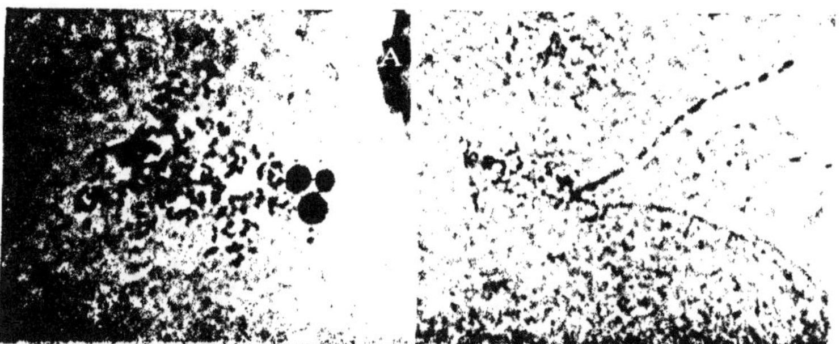

Fig. 33 (× 700)

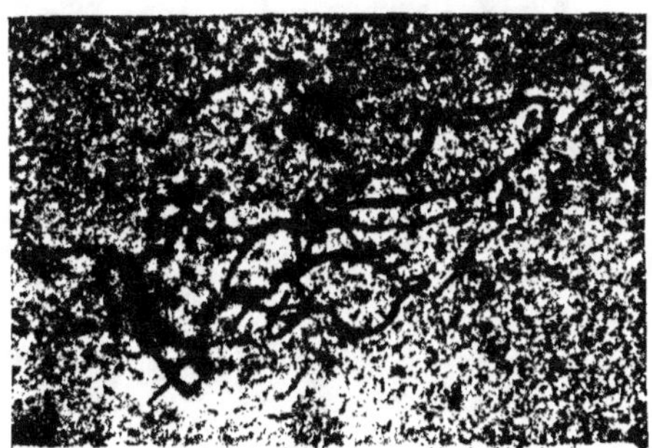

Fig. 34 (× 500)

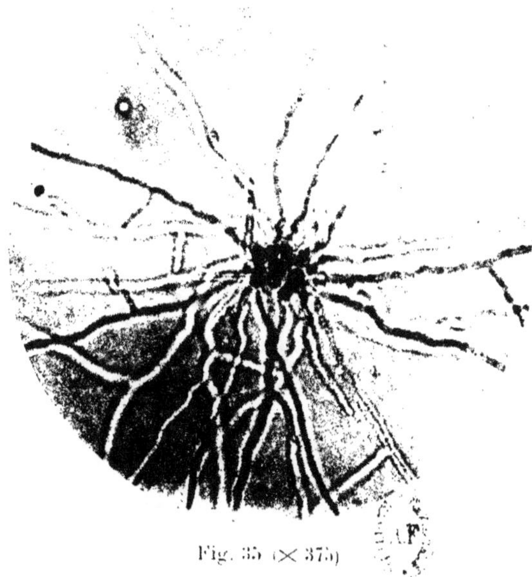

Fig. 35 (× 375)

Organismes provenant de tubes clos ayant été chauffés
vingt minutes à 130° C.

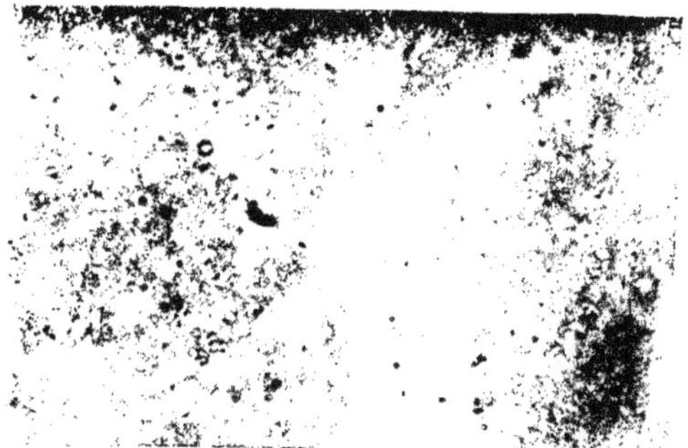

Fig. 36 (× 500)

Fig. 37 (× 500)

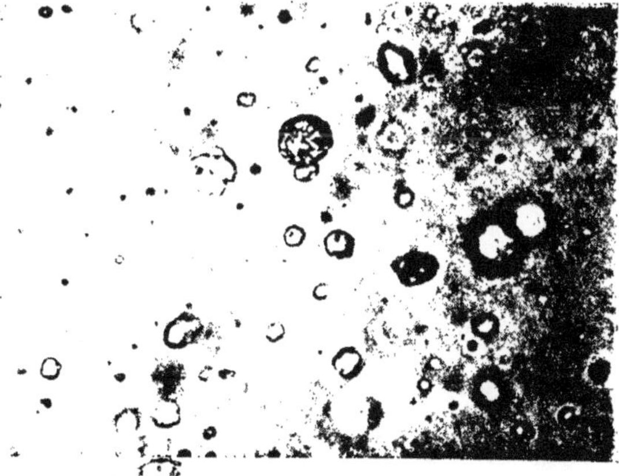

Fig. 38 (× 500)

Quelques-uns des effets des hautes températures
sur les milieux salins eux-mêmes.

FÉLIX ALCAN, Éditeur
LIBRAIRIES FÉLIX ALCAN et GUILLAUMIN RÉUNIES

PHILOSOPHIE — HISTOIRE

CATALOGUE

DES

Livres de Fonds

On peut se procurer tous les ouvrages qui se trouvent dans ce Catalogue par l'intermédiaire des libraires de France et de l'Étranger.

On peut également les recevoir franco par la poste, sans augmentation des prix désignés, en joignant à la demande des TIMBRES-POSTE FRANÇAIS *ou un* MANDAT *sur Paris.*

108, BOULEVARD SAINT-GERMAIN, 108
PARIS, 6e

DÉCEMBRE 1907

Les titres précédés d'un *astérisque* sont recommandés par le Ministère de l'Instruction publique pour les Bibliothèques des élèves et des professeurs et pour les distributions de prix des lycées et collèges.

BIBLIOTHÈQUE DE PHILOSOPHIE CONTEMPORAINE

La *psychologie*, avec ses auxiliaires indispensables, l'*anatomie* et la *physiologie du système nerveux*, la *pathologie mentale*, la *psychologie des races inférieures et des animaux*, les *recherches expérimentales des laboratoires;* — la *logique;* — les *théories générales fondées sur les découvertes scientifiques ;* — l'*esthétique;* — les *hypothèses métaphysiques ;* — la *criminologie et la sociologie ;* — l'*histoire des principales théories philosophiques ;* tels sont les principaux sujets traités dans cette Bibliothèque. — Un catalogue spécial à cette collection, par ordre de matières, sera envoyé sur demande.

VOLUMES IN-16, BROCHÉS, A 2 FR. 50
Ouvrages parus en 1907 :

BOS (C.), docteur en philosophie. **Pessimisme, Féminisme, Moralisme.**

BOUGLÉ (C.), professeur à l'Université de Toulouse. **Qu'est-ce que la Sociologie?**

COIGNET (C.). **L'évolution du protestantisme français au XIX° siècle.**

CRESSON (A.), professeur au lycée de Lyon. **Les bases de la philosophie naturaliste.**

LACHELIER (J.), de l'Institut. **Etudes sur le syllogisme,** suivies de l'observation de Platner et d'une note sur le « Philèbe ».

LODGE (Sir Oliver). **La Vie et la Matière,** trad. de l'anglais par J. MAXWELL.

PROAL (Louis), conseiller à la Cour d'appel de Paris. **L'éducation et le suicide des enfants.** Etude psychologique et sociologique.

RAGEOT (G.). **Les savants et la philosophie.**

REY (A.), agrégé de philosophie, docteur ès lettres. **L'énergétique et le mécanisme** au point de vue des conditions de la connaissance.

ROEHRICH (E.). **L'attention spontanée et volontaire.** Son fonctionnement, ses lois, son emploi dans la vie pratique. (Récompensé par l'Institut.)

ROGUES DE FURSAC (J.). **Un mouvement mystique contemporain.** Le réveil religieux au Pays de Galles (1904-1905).

SCHOPENHAUER. **Philosophie et philosophes,** trad. Dietrich.

SOLLIER (Dr P.). **Essai critique et théorique sur l'association en psychologie.**

Précédemment publiés :

ALAUX (V.). **La philosophie de Victor Cousin.**

ALLIER (R.). *****La Philosophie d'Ernest Renan.** 2° édit. 1903.

ARRÉAT (L.). *****La Morale dans le drame, l'épopée et le roman.** 3° édition.

— *****Mémoire et imagination** (Peintres, Musiciens, Poètes, Orateurs). 2° édit.

— **Les Croyances de demain.** 1898.

— **Dix ans de philosophie.** 1900.

— **Le Sentiment religieux en France.** 1903.

— **Art et Psychologie individuelle.** 1906.

BALLET (G.). **Le Langage intérieur et les diverses formes de l'aphasie.** 2° édit.

BAYET (A.). **La morale scientifique.** 2° édit. 1906.

BEAUSSIRE, de l'Institut. *****Antécédents de l'hégél. dans la philos. française.**

BERGSON (H.), de l'Institut, professeur au Collège de France. *****Le Rire.** Essai sur la signification du comique. 5° édition. 1908.

BERTAULD. **De la Philosophie sociale.**

BINET (A.), directeur du lab. de psych. physiol. de la Sorbonne. **La Psychologie du raisonnement,** expériences par l'hypnotisme. 4° édit. 1907.

BLONDEL. **Les Approximations de la vérité.** 1900.

BOS (C.), docteur en philosophie. *****Psychologie de la croyance.** 2° édit. 1905.

BOUCHER (M.). **L'hyperespace, le temps, la matière et l'énergie.** 2° édit. 1905.

BOUGLÉ, prof. à l'Univ. de Toulouse. **Les Sciences sociales en Allemagne.** 2° éd. 1902.

BOURDEAU (J.). **Les Maîtres de la pensée contemporaine.** 5° édit. 1906.

— **Socialistes et sociologues.** 2° éd. 1907.

BOUTROUX, de l'Institut. *****De la contingence des lois de la nature.** 6° éd. 1908.

Suite de la *Bibliothèque de philosophie contemporaine*, format in-16, à 2 fr. 50 le vol.

BRUNSCHVICG, professeur au lycée Henri IV, docteur ès lettres. *Introduction à la vie de l'esprit. 2ᵉ édit. 1906.
— *L'Idéalisme contemporain. 1905.
COSTE (Ad.). Dieu et l'âme. 2ᵉ édit. précédée d'une préface par R. Worms. 1903.
CRESSON (A.), docteur ès lettres. La Morale de Kant. 2ᵉ édit. (Cour. par l'Institut.)
— Le Malaise de la pensée philosophique. 1905.
DANVILLE (Gaston). Psychologie de l'amour. 4ᵉ édit. 1907.
DAURIAC (L.). La Psychologie dans l'Opéra français (Auber, Rossini, Meyerbeer).
DELVOLVE (J.), docteur ès lettres, agrégé de philosophie. *L'organisation de la conscience morale. *Esquisse d'un art moral positif.* 1906.
DUGAS, docteur ès lettres. *Le Psittacisme et la pensée symbolique. 1896.
— La Timidité. 4ᵉ édit. augmentée 1907.
— Psychologie du rire. 1902.
— L'absolu. 1904.
DUMAS (G.), chargé de cours à la Sorbonne. *Le Sourire, avec 19 figures. 1906.
DUNAN, docteur ès lettres. La théorie psychologique de l'Espace.
DUPRAT (G.-L.), docteur ès lettres. Les Causes sociales de la Folie. 1900.
— Le Mensonge. *Etude psychologique.* 1903.
DURAND (de Gros). *Questions de philosophie morale et sociale. 1902.
DURKHEIM (Émile), professeur à la Sorbonne. * Les règles de la méthode sociologique. 4ᵉ édit. 1907.
D'EICHTHAL (Eug.) (de l'Institut). Les Problèmes sociaux et le Socialisme. 1899.
ENCAUSSE (Papus). L'occultisme et le spiritualisme. 2ᵉ édit. 1903.
ESPINAS (A.), de l'Institut. * La Philosophie expérimentale en Italie.
FAIVRE (E.). De la Variabilité des espèces.
FÉRÉ (Ch.). Sensation et Mouvement. Étude de psycho-mécanique, avec fig. 2ᵉ éd.
— Dégénérescence et Criminalité, avec figures. 4ᵉ édit. 1907.
FERRI (E.). *Les Criminels dans l'Art et la Littérature. 3ᵉ édit. 1908.
FIERENS-GEVAERT. Essai sur l'Art contemporain. 2ᵉ éd. 1903. (Cour. par l'Ac. fr.).
— La Tristesse contemporaine, essai sur les grands courants moraux et intellectuels du XIXᵉ siècle. 4ᵉ édit. 1904. (Couronné par l'Institut.)
— *Psychologie d'une ville. *Essai sur Bruges.* 2ᵉ édit. 1902.
— Nouveaux essais sur l'Art contemporain. 1903.
FLEURY (Maurice de). L'Ame du criminel. 2ᵉ édit. 1907.
FONSEGRIVE, professeur au lycée Buffon. La Causalité efficiente. 1893.
FOUILLÉE (A.), de l'Institut. La propriété sociale et la démocratie.
FOURNIÈRE (E.). Essai sur l'individualisme. 1901.
FRANCK (Ad.), de l'Institut. * Philosophie du droit pénal. 5ᵉ édit.
GAUCKLER. Le Beau et son histoire.
GELEY (Dʳ G.). L'être subconscient. 2ᵉ édit. 1905.
GOBLOT (E.), professeur à l'Université de Lyon. Justice et liberté. 2ᵉ éd. 1907.
GODFERNAUX (G.), docteur ès lettres. Le Sentiment et la Pensée, 2ᵉ éd. 1906.
GRASSET (J.), professeur à la Faculté de médecine de Montpellier. Les limites de la biologie. 5ᵉ édit. 1907. Préface de Paul BOURGET.
GREEF (de). Les Lois sociologiques. 3ᵉ édit.
GUYAU. * La Genèse de l'idée de temps. 2ᵉ édit.
HARTMANN (E. de). La Religion de l'avenir. 5ᵉ édit.
— Le Darwinisme, ce qu'il y a de vrai et de faux dans cette doctrine. 6ᵉ édit.
HERBERT SPENCER. * Classification des sciences. 6ᵉ édit.
— L'Individu contre l'État. 5ᵉ édit.
HERCKENRATH. (C.-R.-C.) Problèmes d'Esthétique et de Morale. 1897.
JAELL (Mᵐᵉ). L'intelligence et le rythme dans les mouvements artistiques.
JAMES (W.). La théorie de l'émotion, préf. de G. DUMAS. 2ᵉ édition. 1906.
JANET (Paul), de l'Institut. * La Philosophie de Lamennais.
JANKELEWITCH (Dʳ). *Nature et Société. *Essai d'une application du point de vue finaliste aux phénomènes sociaux.* 1906.
LACHELIER (J.), de l'Institut. Du fondement de l'induction, suivi de psychologie et métaphysique. 5ᵉ édit. 1907.
LAISANT (C.). L'Éducation fondée sur la science. Préface de A. NAQUET. 2ᵉ éd. 1905.

LAMPÉRIÈRE (Mme A.). * Rôle social de la femme, son éducation. 1898.

LANDRY (A.), agrégé de philos., docteur ès lettres. La responsabilité pénale. 1902.

LANGE, professeur à l'Université de Copenhague. * Les Émotions, étude psycho-physiologique, traduit par G. Dumas. 2° édit. 1902.

LAPIE, professeur à l'Université de Bordeaux. La Justice par l'État. 1899.

LAUGEL (Auguste). L'Optique et les Arts.

LE BON (Dr Gustave). * Lois psychologiques de l'évolution des peuples. 7° édit.
— * Psychologie des foules. 13° édit.

LÉCHALAS. * Étude sur l'espace et le temps. 1895.

LE DANTEC, chargé du cours d'Embryologie générale à la Sorbonne. Le Déterminisme biologique et la Personnalité consciente. 3° édit. 1908.
— * L'Individualité et l'Erreur individualiste. 2° édit. 1905.
— * Lamarckiens et Darwiniens, 3° édit. 1908.

LEFÈVRE (G.), prof. à l'Univ. de Lille. Obligation morale et Idéalisme. 1903.

LIARD, de l'Inst., vice-rect. de l'Acad. de Paris. * Les Logiciens anglais contemporains.
— Des définitions géométriques et des définitions empiriques. 3° édit.

LICHTENBERGER (Henri), maître de conférences à la Sorbonne. * La philosophie de Nietzsche. 9° édit. 1906.
— * Friedrich Nietzsche. Aphorismes et fragments choisis. 3° édit. 1905.

LOMBROSO. L'Anthropologie criminelle et ses récents progrès. 4° édit. 1901.

LUBBOCK (Sir John). * Le Bonheur de vivre. 2 volumes 10° édit. 1907.
— * L'Emploi de la vie. 7° éd. 1908

LYON (Georges), recteur de l'Académie de Lille. * La Philosophie de Hobbes.

MARGUERY (E.). L'Œuvre d'art et l'évolution. 2° édit. 1905.

MAUXION, professeur à l'Université de Poitiers. * L'éducation par l'Instruction et les Théories pédagogiques de Herbart. 1900.
— * Essai sur les éléments et l'évolution de la moralité. 1904.

MILHAUD (G.), professeur à l'Université de Montpellier. * Le Rationnel. 1898.
— * Essai sur les conditions et les limites de la Certitude logique. 2° édit. 1898.

MOSSO. * La Peur. Étude psycho-physiologique (avec figures). 3° édit.
— * La Fatigue intellectuelle et physique, trad. Langlois. 5° édit.

MURISIER (E.), professeur à la Faculté des lettres de Neuchâtel (Suisse). * Les Maladies du sentiment religieux. 2° édit. 1903.

NAVILLE (E.), prof. à la Faculté des lettres et sciences sociales de l'Université de Genève. Nouvelle classification des sciences. 2° édit. 1901.

NORDAU (Max). * Paradoxes psychologiques, trad. Dietrich. 6° édit. 1907.
— Paradoxes sociologiques, trad. Dietrich. 5° édit. 1907.
— * Psycho-physiologie du Génie et du Talent, trad. Dietrich. 4° édit. 1906.

NOVICOW (J.). L'Avenir de la Race blanche. 2° édit. 1908.

OSSIP-LOURIÉ, lauréat de l'Institut. Pensées de Tolstoï. 2° édit. 1902.
— * Nouvelles Pensées de Tolstoï. 1903.
— * La Philosophie de Tolstoï. 2° édit. 1903.
— * La Philosophie sociale dans le théâtre d'Ibsen. 1900.
— Le Bonheur et l'Intelligence. 1904.

PALANTE (G.), agrégé de l'Université. Précis de sociologie. 2° édit. 1908.

PAULHAN (Fr.). Les Phénomènes affectifs et les lois de leur apparition. 3° éd. 1901.
— * Joseph de Maistre et sa philosophie. 1893.
— * Psychologie de l'Invention. 1900.
— * Analystes et esprits synthétiques. 1903.
— * La fonction de la mémoire et le souvenir affectif. 1904.

PHILIPPE (J.). * L'Image mentale, avec fig. 1903.

PHILIPPE (J.) et PAUL-BONCOUR (J.). Les anomalies mentales chez les écoliers. (*Ouvrage couronné par l'Institut*). 2° éd. 1907.

PILLON (F.). * La Philosophie de Ch. Secrétan. 1898.

PIOGER (Dr Julien). Le Monde physique, essai de conception expérimentale. 1893.

QUEYRAT, prof. de l'Univ. * L'Imagination et ses variétés chez l'enfant. 2° édit.
— * L'Abstraction, son rôle dans l'éducation intellectuelle. 2° édit. revue. 1907.
— * Les Caractères et l'éducation morale. 2° éd. 1901.
— * La logique chez l'enfant et sa culture. 3° édit. revue. 1907.
— * Les jeux des enfants. 1905.

  F. ALCAN.

Suite de la *Bibliothèque de philosophie contemporaine*, format in-16 à 2 fr. 50 le vol.

REGNAUD (P.), professeur à l'Université de Lyon. **Logique évolutionniste.** *L'Entendement dans ses rapports avec le langage.* 1897.
— **Comment naissent les mythes.** 1897.
RENARD (Georges), professeur au Collège de France. **Le régime socialiste,** *son organisation politique et économique.* 6e édit. 1907.
RÉVILLE (A.), professeur au Collège de France. **Histoire du dogme de la Divinité de Jésus-Christ.** 4e édit. 1907.
RIBOT (Th.), de l'Institut, professeur honoraire au Collège de France, directeur de la *Revue philosophique.* **La Philosophie de Schopenhauer.** 10e édition.
— *Les Maladies de la mémoire.* 20 edit.
— *Les Maladies de la volonté.* 24e édit.
— *Les Maladies de la personnalité.* 13e édit.
— *La Psychologie de l'attention.* 10e édit.
RICHARD (G.), prof. à l'Univ. de Bordeaux. *Socialisme et Science sociale.* 2e édit.
RICHET (Ch.), prof. à l'Univ. de Paris. **Essai de psychologie générale.** 7e édit. 1907.
ROBERTY (E. de). **L'Inconnaissable, sa métaphysique, sa psychologie.**
— **L'Agnosticisme.** Essai sur quelques théories pessim. de la connaissance. 2 édit.
— **La Recherche de l'Unité.** 1893.
— *Le Bien et le Mal.* 1896.
— **Le Psychisme social.** 1897.
— **Les Fondements de l'Éthique.** 1898.
— **Constitution de l'Éthique.** 1901.
— **Frédéric Nietzsche.** 3e édit. 1903.
ROISEL. **De la Substance.**
— **L'Idée spiritualiste.** 2e éd. 1901.
ROUSSEL-DESPIERRES. **L'Idéal esthétique.** *Philosophie de la beauté.* 1904.
SCHOPENHAUER. *Le Fondement de la morale,* trad. par M. A. Burdeau. 7e édit.
— *Le Libre arbitre,* trad. par M. Salomon Reinach, de l'Institut. 10 éd.
— **Pensées et Fragments,** avec intr. par M. J. Bourdeau. 21e édit.
— *Écrivains et style.* Traduct. Dietrich. 1905.
— *Sur la Religion.* Traduct. Dietrich. 1906.
SOLLIER (Dr P.). **Les Phénomènes d'autoscopie,** avec fig. 1903.
SOURIAU (P.), prof. à l'Université de Nancy. **La Rêverie esthétique.** *Essai sur la psychologie du poète.* 1906.
STUART MILL. *Auguste Comte et la Philosophie positive.* 8e édit. 1907.
— *L'Utilitarisme.* 5e édit. revue. 1908.
— **Correspondance inédite avec Gust. d'Eichthal (1828-1842)—(1864-1871).** 1898. Avant-propos et trad. par Eug. d'Eichthal.
— **La Liberté,** avant-propos, introduction et traduc. par DUPONT-WHITE. 3e édit.
SULLY PRUDHOMME, de l'Académie française. *Psychologie du libre arbitre* suivi de *Définitions fondamentales des idées les plus générales et des idées les plus abstraites.* 1907.
— et Ch. RICHET. **Le problème des causes finales.** 4e édit. 1907.
SWIFT. **L'Éternel conflit.** 1901.
TANON (L.). *L'Évolution du droit et la Conscience sociale.* 2e édit. 1905.
TARDE, de l'Institut. **La Criminalité comparée.** 6e édit. 1907.
— *Les Transformations du Droit.* 5e édit. 1906.
— *Les Lois sociales.* 5e édit. 1907.
THAMIN (R.), recteur de l'Acad. de Bordeaux. *Éducation et Positivisme* 2e édit.
THOMAS (P. Félix). *La suggestion,* son rôle dans l'éducation. 4e édit. 1907.
— *Morale et éducation,* 2e édit. 1905.
TISSIÉ. *Les Rêves,* avec préface du professeur Azam. 2e éd. 1898.
WUNDT. **Hypnotisme et Suggestion.** Étude critique, traduit par M. Keller 3e édit. 1905.
ZELLER. **Christian Baur et l'École de Tubingue,** traduit par M. Ritter.
ZIEGLER. **La Question sociale est une Question morale,** trad. Palante. 3e édit.

F. ALCAN.

Suite de la *Bibliothèque de philosophie contemporaine*, format in-8.

BOURDON, professeur à l'Université de Rennes. *L'Expression des émotions et des tendances dans le langage. 7 fr. 50

BOUTROUX (E.), de l'Inst. Etudes d'histoire de la philosophie. 2° éd. 1901. 7 fr 50

BRAUNSCHVIG (M.), docteur ès lettres, prof. au lycée de Toulouse. Le sentiment du beau et le sentiment poétique. *Essai sur l'esthétique du vers.* 1904. 3 fr. 75

BRAY (L.). Du beau. 1902. 5 fr.

BROCHARD (V.), de l'Institut. De l'Erreur. 2° édit. 1897. 5 fr.

BRUNSCHVICG (E.), prof. au lycée Henri IV, doct. ès lett. La Modalité du jugement. 5 fr.
— *Spinoza. 2° édit. 1906. 3 fr. 75

CARRAU (Ludovic), prof. à la Sorbonne. Philosophie religieuse en Angleterre. 5 fr.

CHABOT (Ch.), prof. à l'Univ. de Lyon. *Nature et Moralité. 1897. 5 fr.

CLAY (R.). *L'Alternative, *Contribution à la 'Psychologie.* 2° édit. 10 fr.

COLLINS (Howard). *La Philosophie de Herbert Spencer, avec préface de Herbert Spencer, traduit par H. de Varigny. 4° édit. 1904. 10 fr.

COMTE (Aug.). La Sociologie, résumé par E. Rigolage. 1897. 7 fr. 50

COSENTINI (F.). La Sociologie génétique. *Pensée et vie sociale préhist.* 1905. 3 fr. 75

COSTE. Les Principes d'une sociologie objective. 3 fr. 75
— L'Expérience des peuples et les prévisions qu'elle autorise. 1900. 10 fr.

COUTURAT (L.). Les principes des mathématiques. 1906. 5 fr.

CRÉPIEUX-JAMIN. L'Ecriture et le Caractère. 4° édit. 1897. 7 fr. 50

CRESSON, doct. ès lettres. La Morale de la raison théorique. 1903. 5 fr.

DAURIAC (L.). *Essai sur l'esprit musical. 1904. 5 fr.

DE LA GRASSERIE (R.), lauréat de l'Institut. Psychologie des religions. 1899. 5 fr.

DELBOS (V.), maître de conf. à la Sorbonne. *La philosophie pratique de Kant. 1905. (Ouvrage couronné par l'Académie française.) 12 fr. 50

DELVAILLE (J.), agr. de philosophie. La vie sociale et l'éducation. 1907. 3 fr. 75

DELVOLVE (J.), docteur ès lettres, agrégé de philosophie. *Religion, critique et philosophie positive chez Pierre Bayle. 1906. 7 fr. 50

DRAGHICESCO (D.), chargé de cours à l'Université de Bucarest. L'Individu dans le déterminisme social. 1904. 7 fr. 50
— La problème de la conscience. 1907. 3 fr. 75

DUMAS (G.), chargé de cours à la Sorbonne. *La Tristesse et la Joie. 1900. 7 fr. 50
— Psychologie de deux messies. *Saint-Simon et Auguste Comte.* 1905. 5 fr.

DUPRAT (G. L.), docteur ès lettres. L'Instabilité mentale. 1899. 5 fr.

DUPROIX (P.), prof. à la Fac. des lettres de l'Univ. de Genève. *Kant et Fichte et le problème de l'éducation. 2° édit. 1897. (Ouv. cour. par l'Acad. franç.) 5 fr.

DURAND (de Gros). Aperçus de taxinomie générale. 1898. 5 fr.
— Nouvelles recherches sur l'esthétique et la morale. 1899. 5 fr.
— Variétés philosophiques. 2° édit. revue et augmentée. 1900. 5 fr.

DURKHEIM, prof. à la Sorbonne. *De la division du travail social. 2° édit. 1901. 7 fr. 50
— Le Suicide, *étude sociologique.* 1897. 7 fr. 50
— *L'année sociologique : 10 années parues.

1° Année (1896-1897). — Durkheim : La prohibition de l'inceste et ses origines. — G. Simmel : Comment les formes sociales se maintiennent. — *Analyses des travaux de sociologie publiés du 1er Juillet 1896 au 30 Juin 1897. 10 fr.

2° Année (1897-1898). — Durkheim : De la définition des phénomènes religieux. — Hubert et Mauss : La nature et la fonction du sacrifice. — *Analyses.* 10 fr.

3° Année (1898-1899). — Ratzel : Le sol, la société, l'État. — Richard : Les crises sociales et la criminalité. — Steinmetz : Classif. des types sociaux. — *Analyses.* 10 fr.

4° Année (1899-1900). — Bouglé : Remarques sur le régime des castes. — Durkheim : Deux lois de l'évolution pénale. — Charmont : Notes sur les causes d'extinction de la propriété corporative. *Analyses.* 10 fr.

5° Année (1900-1901). — F. Simiand : Remarques sur les variations du prix du charbon au XIX° siècle. — Durkheim : Sur le Totémisme. — *Analyses.* 10 fr.

6° Année (1901-1902). — Durkheim et Mauss : De quelques formes primitives de classification. Contribution à l'étude des représentations collectives. — Bouglé : Les théories récentes sur la division du travail. — *Analyses.* 12 fr. 5

7° Année (1902-1903). — Hubert et Mauss : Théorie générale de la magie. — *Anal.* 12 fr. 50

8° Année (1903-1904). — H. Bourgin : La boucherie à Paris au XIX° siècle. — E. Durkheim : L'organisation matrimoniale australienne. — *Analyses.* 12 fr. 50

9° Année (1904-1905). — A. Meillet : Comment les noms changent de sens. — Mauss et Beuchat : Les variations saisonnières des sociétés eskimos. — *Anal.* 12 fr. 50

Suite de la *Bibliothèque de philosophie contemporaine*, format in-8.

EGGER (V.), prof. à la Fac. des lettres de Paris. **La parole intérieure.** 2° éd. 1904. 5 fr.

ESPINAS (A.), de l'Institut, professeur à la Sorbonne. ***La Philosophie sociale du XVIII° siècle et la Révolution française.** 1898.   7 fr. 50

FERRERO (G.). **Les Lois psychologiques du symbolisme.** 1895.   5 fr.

FERRI (Enrico). **La Sociologie criminelle.** Traduction L. TERRIER. 1905.   10 fr.

FERRI (Louis). **La Psychologie de l'association, depuis Hobbes.**   7 fr. 50

FINOT (J.). **Le préjugé des races.** 3° édit. 1908. (Récomp. par l'Institut).   7 fr. 50

— **La philosophie de la longévité.** 12° édit. refondue. 1908.   5 fr.

FONSEGRIVE, prof. au lycée Buffon. ***Essai sur le libre arbitre.** 2° édit. 1895.   10 fr.

FOUCAULT, maître de conf. à l'Univ. de Montpellier. **La psychophysique.** 1903. 7 fr. 50

— **Le Rêve.** 1906.   5 fr.

FOUILLÉE (Alf.), de l'Institut. ***La Liberté et le Déterminisme.** 4° édit.   7 fr. 50

— **Critique des systèmes de morale contemporains.** 5° édit.   7 fr. 50

— ***La Morale, l'Art, la Religion, d'après** GUYAU. 6° édit. augm.   3 fr. 75

— **L'Avenir de la Métaphysique fondée sur l'expérience.** 2° édit.   5 fr.

— ***L'Évolutionnisme des idées-forces.** 4° édit.   7 fr. 50

— ***La Psychologie des idées-forces.** 2 vol. 2° édit.   15 fr.

— ***Tempérament et caractère.** 3° édit.   7 fr. 50

— **Le Mouvement positiviste et la conception sociol. du monde.** 2° édit. 7 fr. 50

— **Le Mouvement idéaliste et la réaction contre la science posit.** 2° édit. 7 fr. 50

— ***Psychologie du peuple français.** 3° édit.   7 fr. 50

— ***La France au point de vue moral.** 3° édit.   7 fr. 50

— ***Esquisse psychologique des peuples européens.** 3° édit. 1903.   10 fr.

— ***Nietzsche et l'immoralisme.** 2° édit. 1903.   5 fr.

— ***Le moralisme de Kant et l'amoralisme contemporain.** 2° édit. 1905. 7 fr. 50

— ***Les éléments sociologiques de la morale.** 1905.   7 fr. 50

FOURNIÈRE (E.). ***Les théories socialistes au XIX° siècle.** 1904.   7 fr. 50

FULLIQUET. **Essai sur l'Obligation morale.** 1898.   7 fr. 50

GAROFALO, prof. à l'Université de Naples. **La Criminologie.** 5° édit. refondue. 7 fr. 50

— **La Superstition socialiste.** 1895.   5 fr.

GÉRARD-VARET, prof. à l'Univ. de Dijon. **L'Ignorance et l'Irréflexion.** 1899. 5 fr.

GLEY (D' E), professeur agrégé à la Faculté de médecine de Paris. **Études de psychologie physiologique et pathologique,** avec fig. 1903.   5 fr.

GOBLOT (E.), Prof. à l'Université de Lyon. ***Classification des sciences.** 1898. 5 fr.

GORY (G.). **L'Immanence de la raison dans la connaissance sensible.**   5 fr.

GRASSET (J.), professeur à l'Université de Montpellier. **Demifous et demiresponsables.** 2° édit. 1908.   5 fr.

GREEF (de), prof. à l'Univ. nouvelle de Bruxelles. **Le Transformisme social.** 7 fr. 50

— **La Sociologie économique.** 1904.   3 fr. 75

GROOS (K.), prof. à l'Université de Bâle. ***Les jeux des animaux.** 1902.   7 fr. 50

GURNEY, MYERS et PODMORE. **Les Hallucinations télépathiques.** 4° édit.   7 fr. 50

GUYAU (M.). ***La Morale anglaise contemporaine.** 5° édit.   7 fr. 50

— **Les Problèmes de l'esthétique contemporaine.** 6° édit.   5 fr.

— **Esquisse d'une morale sans obligation ni sanction.** 8° édit.   5 fr.

— **L'Irréligion de l'avenir, étude de sociologie.** 11° édit.   7 fr. 50

— ***L'Art au point de vue sociologique.** 7° édit.   7 fr. 50

— ***Éducation et Hérédité, étude sociologique.** 9° édit.   5 fr.

HALÉVY (Élie), d'ès lettres. **Formation du radicalisme philosoph.,** 3 v., chacun 7 fr. 50

HANNEQUIN, prof. à l'Univ. de Lyon. **L'hypothèse des atomes.** 2° édit. 1899. 7 fr. 50

HARTENBERG (D' Paul). **Les Timides et la Timidité.** 2° édit. 1904.   5 fr.

HÉBERT (Marcel), prof. à l'Université nouvelle de Bruxelles. **L'Évolution de la foi catholique.** 1905.   5 fr.

— ***Le divin.** *Expériences et hypothèses. Études psychologiques.* 1907.   5 fr.

HÉMON (C.), agrégé de philosophie. **La philosophie de M. Sully Prudhomme.** Préface de M. SULLY PRUDHOMME. 1907.   7 fr. 50

HERBERT SPENCER. ***Les premiers Principes.** Traduc. Cazelles. 9° édit.   10 fr.

— ***Principes de biologie.** Traduct. Cazelles. 4° édit. 2 vol.   20 fr.

— ***Principes de psychologie.** Trad. par MM. Ribot et Espinas. 2 vol.   20 fr.

— ***Principes de sociologie.** 5 vol. : Tome I. *Données de la sociologie.* 10 fr. — Tome II. *Inductions de la sociologie. Relations domestiques.* 7 fr. 50. — Tome III. *Institutions cérémonielles et politiques.* 15 fr. — Tome IV. *Institutions ecclésiastiques.* 3 fr. 75. — Tome V. *Institutions professionnelles.* 7 fr. 50.

Suite de la *Bibliothèque de philosophie contemporaine,* format in-8.

— HERBERT SPENCER. *Essais sur le progrès. Trad. A. Burdeau. 5ᵉ éd. 7 fr. 50
— Essais de politique. Trad. A. Burdeau. 4ᵉ édit.   7 fr. 50
— Essais scientifiques. Trad. A. Burdeau. 3ᵉ édit.   7 fr. 50
— *De l'Education physique, intellectuelle et morale. 13ᵉ édit.   5 fr.
— Justice. Traduc. Castelot.   7 fr. 50
— Le rôle moral de la bienfaisance. Trad. Castelot et Martin St-Léon. 7 fr. 50
— La Morale des différents peuples. Trad. Castelot et Martin St-Léon. 7 fr. 50
— Problèmes de morale et de sociologie. Trad. H. de Varigny.   7 fr. 50
— *Une Autobiographie. Trad. et adaptation par H. de Varigny.   10 fr.
HIRTH (G.). *Physiologie de l'Art. Trad. et introd. de L. Arréat.   5 fr.
HÖFFDING, prof. à l'Univ. de Copenhague. Esquisse d'une psychologie fondée
   sur l'expérience. Trad. L. POITEVIN. Préf. de Pierre JANET. 2ᵉ éd. 1903. 7 fr. 50
— *Histoire de la Philosophie moderne. Traduit de l'allemand par M. BORDIER, préf.
   de M. V. DELBOS. 1906. 2 vol. Chacun   10 fr.
ISAMBERT (G.), dʳ ès lettres. Les idées socialistes en France (1815-1848). 1905. 7 fr. 50
IZOULET, prof. au Collège de France. La Cité moderne. Nouvelle édit. 1 vol. 10 fr
JACOBY (Dʳ P.). Études sur la sélection chez l'homme. 2ᵉ édition. 1904. 10 fr.
JANET (Paul), de l'Institut. *Œuvres philosoph. de Leibniz. 2ᵉ édit. 2 vol. 20 fr.
JANET (Pierre), prof. au Collège de France. *L'Automatisme psychologique. 5ᵉéd. 7 fr. 50
JAURÈS (J.), docteur ès lettres. De la réalité du monde sensible. 2ᵉ éd. 1902. 7 fr. 50
KARPPE (S.), doct. ès lettres. Essais de critique d'histoire et de philosophie 3 fr. 75
LACOMBE (P.). Psychologie des individus et des sociétés chez Taine. 1906. 7 fr. 50
LALANDE (A.), maître de conférences à la Sorbonne, *La Dissolution opposée à
   l'évolution, dans les sciences physiques et morales. 1899.   7 fr. 50
LANDRY (A.), docteur ès lettres. *Principes de morale rationnelle. 1906.   5 fr.
LANESSAN (J.-L. de). *La Morale des religions. 1905.   10 fr.
LANG (A.). *Mythes, Cultes et Religions. Introd. de Léon Marillier. 1896. 10 fr.
LAPIE (P.), professeur à l'Univ. de Bordeaux. Logique de la volonté 1902. 7 fr 50
LAUVRIÈRE, docteur ès lettres, prof. au lycée Charlemagne. Edgar Poë. *Sa vie et
   son œuvre. Essai de psychologie pathologique. 1904.   10 fr.
LAVELEYE (de). *De la Propriété et de ses formes primitives. 5ᵉ édit.   10 fr.
— *Le Gouvernement dans la démocratie. 2 vol. 3ᵉ édit. 1896.   15 fr.
LE BON (Dʳ Gustave). *Psychologie du socialisme. 5ᵉ éd. refondue. 1907. 7 fr. 50
LECHALAS (G.). *Études esthétiques. 1902.   5 fr.
LECHARTIER (G.). David Hume, moraliste et sociologue. 1900.   5 fr.
LECLÈRE (A.), pr. à l'Univ. de Fribourg. Essai critique sur le droit d'affirmer. 5 fr.
LE DANTEC, chargé de cours à la Sorbonne. *L'unité dans l'être vivant. 1902. 7 fr. 50
— Les Limites du connaissable, la vie et les phénom. naturels. 2ᵉ éd. 1904. 3 fr. 75
LÉON (Xavier). *La philosophie de Fichte, ses rapports avec la conscience contem-
   poraine, Préface de E. BOUTROUX, de l'Institut. 1902. (Couronné par l'Institut.) 10 fr.
LEROY (E. Bernard). Le Langage. *Sa fonction normale et pathol. 1905.   5 fr.
LÉVY (A.), chargé de cours à l'Un. de Nancy. La philosophie de Feuerbach. 1904 10 fr.
LÉVY-BRUHL (L.), prof. adjoint à la Sorbonne. *La Philosophie de Jacobi 1894. 5 fr.
— *Lettres inédites de J.-S. Mill à Auguste Comte, publiées avec les réponses
   de Comte et une introduction. 1899.   10 fr.
— *La Philosophie d'Auguste Comte. 2ᵉ édit. 1905.   7 fr. 50
— *La Morale et la Science des mœurs. 3ᵉ édit. 1907.   5 fr.
LIARD, de l'Institut, vice-recteur de l'Acad. de Paris. *Descartes, 2ᵉ éd. 1903. 5 fr.
— *La Science positive et la Métaphysique, 5ᵉ édit.   7 fr. 50
LICHTENBERGER (H.), maître de conférences à la Sorbonne. *Richard Wagner,
   poète et penseur. 4ᵉ édit. revue. 1907. (Couronné par l'Académie franç.) 10 fr.
— Henri Heine penseur. 1905.   3 fr. 75
LOMBROSO. *L'Homme criminel. 3ᵉ éd., 2 vol. et atlas. 1895.   36 fr.
— Le Crime. Causes et remèdes. 2ᵉ édit.   10 fr.
LOMBROSO et FERRERO. La femme criminelle et la prostituée.   15 fr.
LOMBROSO et LASCHI. Le Crime politique et les Révolutions. 2 vol. 15 fr.
LUBAC, agrégé de philosophie. *Esquisse d'un système de psychologie ration-
   nelle. Préface de H. BERGSON. 1904.   3 fr. 75
LUQUET (G.-H.), agrégé de philosoph. *Idées générales de psychologie. 1906. 5 fr.

Suite de la *Bibliothèque de philosophie contemporaine*, format in-8.

LYON (Georges), recteur de l'Académie de Lille. * **L'Idéalisme en Angleterre au XVIIIe siècle.** 7 fr. 50

MALAPERT (P.), docteur ès lettres, prof. au lycée Louis-le-Grand. * **Les Éléments du caractère et leurs lois de combinaison.** 2e édit. 1906. 5 fr.

MARION (H.), prof. à la Sorbonne. * **De la Solidarité morale.** 6e édit. 1907. 5 fr.

MARTIN (Fr.). * **La Perception extérieure et la Science positive.** 1894. 5 fr.

MAXWELL (J.). **Les Phénomènes psychiques.** Préf. de Ch. RICHET. 3e édit. 1906. 5 fr.

MULLER (MAX), prof. à l'Univ. d'Oxford. * **Nouvelles études de mythologie.** 1898. 12 f. 50

MYERS. **La personnalité humaine.** *Sa survivance après la mort, ses manifestations supra-normales.* Traduit par le docteur JANKÉLÉVITCH. 1905. 7 fr. 50

NAVILLE (E.), correspondant de l'Institut. **La Physique moderne.** 2e édit. 5 fr.

— * **La Logique de l'hypothèse.** 2e édit. 5 fr.

— * **La Définition de la philosophie.** 1894. 5 fr.

— **Le libre Arbitre.** 2e édit. 1898. 5 fr.

— **Les Philosophies négatives.** 1899. 5 fr.

NAYRAC (J.-P.). **Physiologie et Psychologie de l'attention.** Préface de M. Th. RIBOT. (Récompensé par l'Institut.) 1906. 3 fr. 75

NORDAU (Max). * **Dégénérescence,** 7e éd. 1907. 2 vol. Tome I. 7 fr. 50. Tome II. 10 fr.

— **Les Mensonges conventionnels de notre civilisation.** 7e édit. 1904. 5 fr.

— * **Vus du dehors.** *Essais de critique sur quelques auteurs français contemp.* 1903. 5 fr.

NOVICOW. **Les Luttes entre Sociétés humaines.** 3e édit. 10 fr.

— * **Les Gaspillages des sociétés modernes.** 2e édit. 1899. 5 fr.

— * **La Justice et l'expansion de la vie.** *Essai sur le bonheur des sociétés.* 1905. 7 fr. 50

OLDENBERG, professeur à l'Université de Kiel. * **Le Bouddha,** *sa Vie, sa Doctrine, sa Communauté,* trad. par P. FOUCHER, chargé de cours à la Sorbonne. Préface de SYLVAIN LÉVI, prof. au Collège de France. 2e éd. 1903. 7 fr. 50

— * **La religion du Véda.** Traduit par V. HENRY, prof. à la Sorbonne. 1903. 10 fr.

OSSIP-LOURIÉ. **La philosophie russe contemporaine.** 2e édit. 1905. 5 fr.

— * **La Psychologie des romanciers russes au XIXe siècle.** 1905. 7 fr. 50

OUVRÉ (H.), professeur à l'Université de Bordeaux. * **Les Formes littéraires de la pensée grecque.** 1900. (Couronné par l'Académie française.) 10 fr.

PALANTE (G.), agrégé de philos. **Combat pour l'individu.** 1904. 3 fr. 75

PAULHAN. **L'Activité mentale et les Éléments de l'esprit.** 10 fr.

— * **Les Caractères.** 2e édit. 5 fr.

— **Les Mensonges du caractère.** 1905. 5 fr.

— **Le mensonge de l'Art.** 1907. 5 fr.

PAYOT (J.), recteur de l'Académie d'Aix. **La croyance.** 2e édit. 1905. 5 fr.

— * **L'Éducation de la volonté.** 28e édit. 1908. 5 fr.

PÉRÈS (Jean), professeur au lycée de Caen. * **L'Art et le Réel.** 1898. 3 fr. 75

PÉREZ (Bernard). **Les Trois premières années de l'enfant.** 5e édit. 5 fr.

— **L'Enfant de trois à sept ans.** 4e édit. 1907. 5 fr.

— **L'Éducation morale dès le berceau.** 4e édit. 1901. 5 fr.

— * **L'Éducation intellectuelle dès le berceau.** 2e éd. 1901. 5 fr.

PIAT (C.). **La Personne humaine.** 1898. (Couronné par l'Institut). 7 fr. 50

— * **Destinée de l'homme.** 1898. 5 fr.

PICAVET (E.), chargé de cours à la Sorb. * **Les Idéologues.** (Cour. par l'Acad. fr.). 10 fr.

PIDERIT. **La Mimique et la Physiognomonie.** Trad. par M. Girot. 5 fr.

PILLON (F.). * **L'Année philosophique,** 17 années : 1890 à 1906. 16 vol. Chac. 5 fr.

PIOGER (J.). **La Vie et la Pensée,** essai de conception expérimentale. 1894. 5 fr.

— **La Vie sociale, la Morale et le Progrès.** 1894. 5 fr.

PRAT (L.), doct. ès lettres. **Le caractère empirique et la personne.** 1906. 7 fr. 50

PREYER, prof. à l'Université de Berlin. **Éléments de physiologie.** 5 fr.

PROAL, conseiller à la Cour de Paris. * **La Criminalité politique.** 1895. 5 fr.

— * **Le Crime et la Peine.** 3e édit. (Couronné par l'Institut.) 10 fr.

— **Le Crime et le Suicide passionnels.** 1900. (Cour. par l'Ac. franç.). 10 fr.

RAGEOT (G.), prof. au Lycée St-Louis. * **Le Succès.** *Auteurs et Public.* 1906. 3 fr. 75

RAUH, chargé de cours à la Sorbonne. * **De la méthode dans la psychologie des sentiments.** 1899. (Couronné par l'Institut.) 5 fr.

— * **L'Expérience morale.** 1903. (Récompensé par l'Institut.) 3 fr. 75

RÉCEJAC, doct. ès lett. **Les Fondements de la Connaissance mystique.** 1897. 5 fr.

RENARD (G.), professeur au Collège de France. * **La Méthode scientifique de l'histoire littéraire.** 1900. 10 fr.

Suite de la *Bibliothèque de philosophie contemporaine*, format in-8.

RENOUVIER (Ch.) de l'Institut. *Les Dilemmes de la métaphysique pure. 1900. 5 fr.
— *Histoire et solution des problèmes métaphysiques. 1901.   7 fr. 50
— Le personnalisme, avec une étude sur la *perception externe et la force*. 1903. 10 fr.
— *Critique de la doctrine de Kant. 1906.   7 fr. 50
RIBERY, doct. ès lett. Essai de classification naturelle des caractères. 1903. 3 fr. 75
RIBOT (Th.), de l'Institut. * L'Hérédité psychologique. 8e édit.   7 fr. 50
— *La Psychologie anglaise contemporaine. 3e édit.   7 fr. 50
— *La Psychologie allemande contemporaine, 6e édit.   7 fr. 50
— La Psychologie des sentiments. 6e édit. 1906.   7 fr. 50
— L'Évolution des idées générales. 2e édit. 1904.   5 fr.
— *Essai sur l'Imagination créatrice. 3e édit. 1908.   5 fr.
— *La logique des sentiments. 2e édit. 1907.   3 fr. 75
— *Essai sur les passions. 1907.   3 fr. 75
RICARDOU (A.), docteur ès lettres. *De l'Idéal. (Couronné par l'Institut.) 5 fr.
RICHARD (G.), chargé du cours de sociologie à l'Univ. de Bordeaux. * L'idée d'évo-
   lution dans la nature et dans l'histoire. 1903. (Couronné par l'Institut.) 7 fr. 50
RIEMANN (H.), prof. à l'Univ. de Leipzig. Esthétique musicale. 1906.   5 fr.
RIGNANO (E.). Sur la transmissibilité des caractères acquis. 1906.   5 fr.
RIVAUD (A.), chargé de cours à l'Université de Poitiers. Les notions d'essence et
   d'existence dans la philosophie de Spinoza. 1906.   3 fr 75
ROBERTY (E. de). L'Ancienne et la Nouvelle philosophie.   7 fr. 50
— *La Philosophie du siècle (positivisme, criticisme, évolutionnisme). 5 fr.
— Nouveau Programme de sociologie. 1904.   5 fr.
ROMANES. * L'Évolution mentale chez l'homme.   7 fr. 50
RUYSSEN (Th.), pr. à l'Univ. de Dijon. *L'évolution psychologique du jugement. 5 fr.
SABATIER (A.), doyen honoraire de la Faculté des sciences de Montpellier. Philo-
   sophie de l'effort. *Essais philosoph. d'un naturaliste*. 2e édit. 1908. 7 fr. 50
SAIGEY (E.). *Les Sciences au XVIIIe siècle. La Physique de Voltaire.   5 fr.
SAINT-PAUL (Dr G.). * Le Langage intérieur et les paraphasies. 1904.   5 fr.
SANZ Y ESCARTIN. L'Individu et la Réforme sociale, trad. Dietrich.   7 fr. 50
SCHOPENHAUER. Aphor. sur la sagesse dans la vie. Trad. Cantacuzène. 9e éd. 5 fr.
— *Le Monde comme volonté et comme représentation. 5e éd. 3 vol., chac. 7 fr.50
SÉAILLES (G.), prof. à la Sorbonne. Essai sur le génie dans l'art. 2e édit. 5 fr.
— *La Philosophie de Ch. Renouvier. *Introduction au néo-criticisme*. 1905. 7 fr. 50
SIGHELE (Scipio). La Foule criminelle. 2e édit. 1901.   5 fr.
SOLLIER. Le Problème de la mémoire. 1900.   3 fr. 75
— Psychologie de l'idiot et de l'imbécile, avec 12 pl. hors texte. 2e éd. 1902. 5 fr.
— Le Mécanisme des émotions. 1905.   5 fr.
SOURIAU (Paul), prof. à l'Univ. de Nancy. L'Esthétique du mouvement.   5 fr.
— *La Beauté rationnelle. 1904.   10 fr.
STAPFER (P.). *Questions esthétiques et religieuses. 1906.   3 fr. 75
STEIN (L.), professeur à l'Université de Berne. * La Question sociale au point de
   vue philosophique. 1900.   10 fr.
STUART MILL. *Mes Mémoires. Histoire de ma vie et de mes idées. 5e éd. 5 fr.
— *Système de Logique déductive et inductive. 4e édit. 2 vol.   20 fr.
— *Essais sur la Religion. 3e édit.   5 fr.
— Lettres inédites à Aug. Comte et réponses d'Aug. Comte. 1899.   10 fr.
SULLY (James). Le Pessimisme. Trad. Bertrand. 2e édit.   7 fr. 50
— *Études sur l'Enfance. Trad. A. Monod, préface de G. Compayré. 1898. 10 fr.
— Essai sur le rire. Trad. Terrier. 1904.   7 fr. 50
SULLY PRUDHOMME, de l'Acad. franç. La vraie religion selon Pascal. 1905. 7 fr.50
TARDE (G.), de l'Institut. * La Logique sociale. 3e édit. 1898.   7 fr. 50
— *Les Lois de l'imitation. 5e édit. 1907.   7 fr. 50
— L'Opposition universelle. *Essai d'une théorie des contraires*. 1897. 7 fr. 50
— *L'Opinion et la Foule. 2e édit. 1904.   5 fr.
— *Psychologie économique. 1902. 2 vol.   15 fr.
TARDIEU (E.). L'Ennui. *Étude psychologique*. 1903.   5 fr.
THOMAS (P.-F.), docteur ès lettres. *Pierre Leroux, sa philosophie. 1904. 5 fr.
— *L'Éducation des sentiments. (Couronné par l'Institut.) 4e édit. 1907. 5 fr.
VACHEROT (Et.), de l'Institut. *Essais de philosophie critique.   7 fr. 50
— La Religion.   7 fr. 50
WEBER (L.). *Vers le positivisme absolu par l'idéalisme. 1903.   7 fr. 50

COLLECTION HISTORIQUE DES GRANDS PHILOSOPHES

PHILOSOPHIE ANCIENNE

ARISTOTE. **La Poétique d'Aristote**, par HATZFELD (A.), et M. DUFOUR. 1 vol. in-8. 1900. 6 fr.

— **Physique, II**, traduction et commentaire par O. HAMELIN. 1907. 1 vol. in-8 .... 3 fr.

SOCRATE. *Philosophie de Socrate, par A FOUILLÉE. 2 v. in-8. 16 fr.

— **Le Procès de Socrate**, par G. SOREL. 1 vol. in-8...... 3 fr. 50

PLATON. **La Théorie platonicienne des Sciences**, par ÉLIE HALÉVY. In-8. 1895.............. 5 fr.

— Œuvres, traduction VICTOR COUSIN revue par J. BARTHÉLEMY-SAINT-HILAIRE : *Socrate et Platon ou le Platonisme* — *Eutyphron* — *Apologie de Socrate* — *Criton* — *Phédon*. 1 vol. in-8. 1896. 7 fr. 50

ÉPICURE. *La Morale d'Épicure et ses rapports avec les doctrines contemporaines, par M. GUYAU. 1 volume in-8. 5e édit...... 7 fr. 50

BÉNARD. **La Philosophie ancienne, ses systèmes**. *La Philosophie et la Sagesse orientales.— La Philosophie grecque avant Socrate. Socrate et les socratiques. — Les sophistes grecs*. 1 v. in-8... 9 fr.

FAVRE (Mme Jules), née VELTEN. **La Morale de Socrate**. In-18. 3 50

—**Morale d'Aristote**. In-18 3 fr. 50

OUVRÉ (H.) **Les formes littéraires de la pensée grecque**. In-8. 10 fr.

GOMPERZ. **Les penseurs de la Grèce**. Trad. REYMOND. (*Trad, cour. par l'Acad. franç.*).

I. *La philosophie antésocratique.* 1 vol. gr. in-8.......... 10 fr.

II. **Athènes, Socrate et les Socratiques*. 1 vol. gr. in-8.... 12 fr.

III. (*Sous presse*).

RODIER (G.). *La Physique de Straton de Lampsaque. In-8. 3 fr.

TANNERY (Paul). **Pour la science hellène**. In-8........ 7 fr. 50

MILHAUD (G.). *Les philosophes géomètres de la Grèce. In-8. 1900. (*Couronné par l'Inst.*). 6 fr.

FABRE (Joseph). **La Pensée antique** *De Moïse à Marc-Aurèle*. 2e éd. In-8. 5 fr.

-*La Pensée chrétienne. *Des Evangiles à l'Imitation de J.-C.* In-8. 9 fr.

LAFONTAINE (A.). **Le Plaisir**, *d'après Platon et Aristote*. In-8. 6 fr.

RIVAUD (A.), chargé de cours à l'Un. de Poitiers. **Le problème du devenir et la notion de la matière, des origines jusqu'à Théophraste**. In-8. 1906. 10 fr.

GUYOT (H.), docteur ès lettres. **L'Infinité divine** *depuis Philon le Juif jusqu'à Plotin*. In-8. 1906.. 5 fr.

— **Les réminiscences de Philon le juif chez Plotin**. *Etude critique*. Broch. in-8........ 2 fr.

PHILOSOPHIES MÉDIÉVALE ET MODERNE

* DESCARTES, par L. LIARD, de l'Institut. 2e éd. 1 vol. in-8. 5 fr.

— **Essai sur l'Esthétique de Descartes**, par E. KRANTZ. 1 vol. in-8. 2e éd. 1897............. 6 fr.

— **Descartes, directeur spirituel**, par V. de SWARTE. Préface de E. BOUTROUX. 1 vol. in-16 avec pl. (*Couronné par l'Institut*). 4 fr. 50

LEIBNIZ. *Œuvres philosophiques, pub. par P. JANET. 2 vol. in-8. 20 fr.

— *La logique de Leibniz, par L. COUTURAT. 1 vol. in-8.. 12 fr.

— **Opuscules et fragments inédits de Leibniz**, par L. COUTURAT. 1 vol. in-8............. 25 fr.

— *Leibniz et l'organisation religieuse de la Terre, *d'après des documents inédits*, par JEAN BARUZI. 1 vol. in-8 (*Couronné par l'Institut*)............. 10 fr.

PICAVET, chargé de cours à la Sorbonne. **Histoire générale et comparée des philosophies médiévales**. In-8. 2e éd. 7 fr. 50

WULF (M. de) **Histoire de la philos. médiévale**. 2e éd. In-8. 10 fr.

FABRE (JOSEPH). *L'imitation de Jésus-Christ. Trad. nouvelle avec préface. In-8............... 7 fr.

— **La pensée moderne**. *De Luther à Leibniz*. 1908. 1 vol. in-8. 8 fr.

SPINOZA. **Benedicti de Spinoza opera**, quotquot reperta sunt, recognoverunt J. Van Vloten et J.-P.-N. Land. 2 forts vol. in-8 sur papier de Hollande........... 45 fr.

Le même en 3 volumes. 18 fr.

— **Sa philosophie**, par M -E. BRUNSCHVICG. 1 vol. in-8. 2e éd 3 fr. 75

FIGARD (L.), docteur ès lettres. Un

Médecin philosophe au XVI*
siècle. *La Psychologie de Jean
Fernel.* 1 v. in-8. 1903. 7 fr. 50
GASSENDI. La Philosophie de Gas-
sendi, par P.-F. THOMAS. In-8
1889 .... 6 fr.
MALEBRANCHE. * La Philosophie
de Malebranche, par OLLÉ-LA-
PRUNE, de l'Institut. 2 v. in-8. 16 fr.
PASCAL. Le scepticisme de Pascal,
par DROZ. 1 vol. in-8....... 5 fr.
VOLTAIRE. Les Sciences au
XVIII* siècle. Voltaire physicien,
par Ém. SAIGEY. 1 vol. in-8. 5 fr.

DAMIRON. Mémoires pour servir
à l'histoire de la philosophie au
XVIII° siècle. 3 vol. in-8. 15 fr.
J.-J. ROUSSEAU* Du Contrat social,
édition comprenant avec le texte
définitif les versions primitives de
l'ouvrage d'après les manuscrits de
Genève et de Neuchâtel, avec introduction par EDMOND DREYFUS-BRISAC.
1 fort volume grand in-8. 12 fr.
ERASME. Stultitiæ laus des.
Erasmi Rot. declamatio. Publié
et annoté par J.-B. KAN, avec les
figures de HOLBEIN. 1 v. in-8. 6 fr. 75

PHILOSOPHIE ANGLAISE

DUGALD STEWART. * Éléments de
la philosophie de l'esprit humain. 3 vol. in-16 ... 9 fr.
BACON. * Philosophie de Fran-
çois Bacon, par CH. ADAM. (Cour.
par l'Institut). In-8..... 7 fr. 50

BERKELEY. Œuvres choisies. *Essai
d'une nouvelle théorie de la vision.
Dialogues d'Hylas et de Philonoüs.*
Trad. de l'angl. par MM. BEAULAVON
(G.) et PARODI (D.). In-8. 5 fr.

PHILOSOPHIE ALLEMANDE

FEUERBACH. Sa philosophie, par
A. LÉVY. 1 vol. in-8..... 10 fr.
JACOBI. Sa Philosophie, par L. LÉVY-
BRUHL. 1 vol. in-8......... 5 fr.
KANT. Critique de la raison
pratique, traduction nouvelle avec
introduction et notes, par M. PICA-
VET. 2° édit. 1 vol. in-8.. 6 fr.
— * Critique de la raison pure,
traduction nouvelle par MM. PA-
CAUD et TREMESAYGUES. Préface de
M. HANNEQUIN. 1 vol. in-8.. 12 fr.
— Éclaircissements sur la
Critique de la raison pure, trad.
TISSOT. 1 vol. in-8....... 6 fr.
— Doctrine de la vertu, traduction
BARNI. 1 vol. in-8........ 8 fr.
— * Mélanges de logique, tra-
duction TISSOT. 1 v. in-8..... 6 fr.
— * Prolégomènes à toute mé-
taphysique future qui se pré-
sentera comme science, traduction
TISSOT. 1 vol. in-8........ 6 fr.
— * Essai critique sur l'Esthé-
tique de Kant, par V. BASCH.
1 vol. in-8. 1896........ 10 fr.
— Sa morale, par CRESSON. 2° éd.
1 vol. in-12 .... 2 fr. 50
— L'Idée ou critique du Kantisme, par C. PIAT, Dr ès lettres.
2° édit. 1 vol. in-8........ 6 fr.
KANT et FICHTE et le problème
de l'éducation, par PAUL DUPROIX.
1 vol. in-8. 1897....... 5 fr.
SCHELLING. Bruno, ou du principe
divin. 1 vol. in-8....... 3 fr. 50

HEGEL. * Logique. 2 vol. in-8. 14 fr.
— * Philosophie de la nature.
3 vol. in-8............ 25 fr.
— * Philosophie de l'esprit. 2 vol.
in-8................. 18 fr.
— * Philosophie de la religion.
2 vol. in-8........... 20 fr.
— La Poétique, trad. par M. Ch. BÉ-
NARD. Extraits de Schiller, Gœthe,
Jean-Paul, etc., 2 v. in-8. 12 fr.
— Esthétique. 2 vol. in-8, trad.
BÉNARD.............. 16 fr.
— Antécédents de l'hégélia-
nisme dans la philos. franç.,
par É. BEAUSSIRE. in-18. 2 fr. 50
— Introduction à la philosophie
de Hegel par VÉRA. in-8 6 fr. 50
— * La logique de Hegel, par
EUG. NOEL. In-8. 1897.... 3 fr.
HERBART. * Principales œuvres
pédagogiques, trad. A. PINLOCHE.
In-8. 1894........... 7 fr. 50
— La métaphysique de Herbart
et la critique de Kant, par M.
MAUXION. 1 vol. in-8... 7 fr. 50
MAUXION (M.). L'éducation par
l'instruction *et les théories pé-
dagogiques de Herbart.* 2° éd. In-12.
1906................ 2 fr. 50
SCHILLER. Sa Poétique, par V.
BASCH. 1 vol. in-8. 1902... 4 fr.
Essai sur le mysticisme spé-
culatif en Allemagne au
XIV° siècle, par DELACROIX (H.),
professeur à l'Université de Caen.
1 vol. in-8. 1900...... 5 fr.

PHILOSOPHIE ANGLAISE CONTEMPORAINE
(Voir *Bibliothèque de philosophie contemporaine*, pages 2 à 11.)

PHILOSOPHIE ALLEMANDE CONTEMPORAINE
(Voir *Bibliothèque de philosophie contemporaine*, pages 2 à 11.)

PHILOSOPHIE ITALIENNE CONTEMPORAINE
(Voir *Bibliothèque de philosophie contemporaine*, pages 2 à 11.)

LES MAITRES DE LA MUSIQUE
Études d'histoire et d'esthétique,
Publiées sous la direction de M. JEAN CHANTAVOINE
Chaque volume in-16 de 250 pages environ...................... 3 fr. 50
*Collection honorée d'une souscription du Ministère de l'Instruction publique
et des Beaux-Arts.*

Volumes parus :
* J.-S. BACH, par André PIRRO (2e édition).
* CÉSAR FRANCK, par Vincent D'INDY (8e édition).
* PALESTRINA, par Michel BRENET (2e édition).
* BEETHOVEN, par Jean CHANTAVOINE (3e édition).
MENDELSSOHN, par CAMILLE BELLAIGUE.
* SMETANA, par WILLIAM RITTER.
RAMEAU, par LOUIS LALOY.
En préparation : Grétry, par PIERRE AUBRY. — Moussorgsky, par J.-D.
CALVOCORESSI. — Orlande de Lassus, par HENRI EXPERT. — Wagner,
par HENRI LICHTENBERGER. — Berlioz, par ROMAIN ROLLAND. — Gluck,
par JULIEN TIERSOT. — Schubert, par A. SCHWEITZER. — Haydn,
par MICHEL BRENET, etc., etc.

LES GRANDS PHILOSOPHES
Publié sous la direction de M. C. PIAT
Agrégé de philosophie, docteur ès lettres, professeur à l'École des Carmes.

Chaque étude forme un volume in-8° carré de 300 pages environ, dont
le prix varie de 5 francs à 7 fr. 50.
*Kant, par M. RUYSSEN, chargé de cours à l'Université de Dijon. 2e édition.
1 vol. in-8. (*Couronné par l'Institut.*) 7 fr. 50
*Socrate, par l'abbé C. PIAT. 1 vol. in-8. 5 fr.
*Avicenne, par le baron CARRA DE VAUX. 1 vol. in-8. 5 fr.
*Saint Augustin, par l'abbé JULES MARTIN. 2e édition. 1 vol. in-8. 7 fr. 50
*Malebranche, par Henri JOLY, de l'Institut. 1 vol. in-8. 5 fr.
*Pascal, par A. HATZFELD. 1 vol. in-8. 5 fr.
*Saint Anselme, par DOMET DE VORGES. 1 vol. in-8. 5 fr.
Spinoza, par P.-L. COUCHOUD, agrégé de l'Université. 1 vol. in-8. (*Couronné
par l'Académie Française*). 5 fr.
Aristote, par l'abbé C. PIAT. 1 vol. in-8. 5 fr.
Gazali, par le baron CARRA DE VAUX. 1 vol. in-8. (*Couronné par l'Acadé-
mie Française*). 5 fr.
*Maine de Biran, par Marius COUAILHAC. 1 vol. in-8. (*Récompensé par
l'Institut*). 7 fr. 50
Platon, par l'abbé C. PIAT. 1 vol. in-8. 7 fr. 50
Montaigne, par F. STROWSKI, professeur à l'Université de Bordeaux.
1 vol. in-8. 6 fr.
Philon, par l'abbé JULES MARTIN. 1 vol. in-8. 5 fr.

MINISTRES ET HOMMES D'ÉTAT
Henri WELSCHINGER, de l'Institut. — *Bismarck. 1 v. in-16. 1900. 3 fr. 50
H. LÉONARDON. — *Prim. 1 vol. in-16. 1904........... 3 fr. 50
M. COURCELLE. — *Disraëli. 1 vol. in-16. 1901.......... 3 fr. 50
M. COURANT. — Okoubo. 1 vol. in-16, avec un portrait. 1904.. 2 fr. 50
A. VIALLATE. — Chamberlain. Préface de É. BOUTMY. 1 vol. in-16. 3 fr. 50

F. ALCAN.

BIBLIOTHÈQUE GÉNÉRALE
des
SCIENCES SOCIALES

SECRÉTAIRE DE LA RÉDACTION : DICK MAY, Secrétaire général de l'École des Hautes Études sociales.

Chaque volume in-8 de 300 pages environ, cartonné à l'anglaise, **6 fr.**

1. **L'Individualisation de la peine,** par R. SALEILLES, professeur à la Faculté de droit de l'Université de Paris.

2. **L'Idéalisme social,** par Eugène FOURNIÈRE.

3. *Ouvriers du temps passé (xve et xvie siècles), par H. HAUSER, professeur à l'Université de Dijon. 2e édit.

4. *Les Transformations du pouvoir, par G. TARDE, de l'Institut.

5. **Morale sociale,** par MM. G. BELOT, MARCEL BERNÈS, BRUNSCHVICG, F. BUISSON, DARLU, DAURIAC, DELBET, CH. GIDE, M. KOVALEVSKY, MALAPERT, le R. P. MAUMUS, DE ROBERTY, G. SOREL, le PASTEUR WAGNER. Préface de M. E. BOUTROUX,

6. *Les Enquêtes, pratique et théorie, par P. DU MAROUSSEM. (*Ouvrage couronné par l'Institut.*)

7. *Questions de Morale, par MM. BELOT, BERNÈS, F. BUISSON, A. CROISET, DARLU, DELBOS, FOURNIÈRE, MALAPERT, MOCH, PARODI, G. SOREL (*Ecole de morale*). 2e édit.

8. Le développement du Catholicisme social depuis l'encyclique *Rerum novarum,* par Max TURMANN.

. * Le Socialisme sans doctrines. *La Question ouvrière et la Question agraire en Australie et en Nouvelle-Zélande,* par Albert MÉTIN, agrégé de l'Université, professeur à l'École Coloniale.

10. * Assistance sociale. *Pauvres et mendiants,* par PAUL STRAUSS, sénateur.

11. *L'Éducation morale dans l'Université. (*Enseignement secondaire.*) Par MM. LÉVY-BRUHL, DARLU, M. BERNÈS, KORTZ, CLAIRIN, ROCAFORT, BIOCHE, Ph. GIDEL, MALAPERT, BELOT. (*Ecole des Hautes Etudes sociales*, 1900-1901).

12. *La Méthode historique appliquée aux Sciences sociales, par Charles SEIGNOBOS, professeur à l'Université de Paris.

13. *L'Hygiène sociale, par E. DUCLAUX, de l'Institut, directeur de l'instit. Pasteur.

14. Le Contrat de travail. *Le rôle des syndicats professionnels,* par P. BUREAU, prof. à la Faculté libre de droit de Paris.

15. *Essai d'une philosophie de la solidarité, par MM. DARLU, RAUH, F. BUISSON, GIDE, X. LÉON, LA FONTAINE, E. BOUTROUX (*Ecole des Hautes Études sociales*). 2e édit.

16. *L'exode rural et le retour aux champs, par E. VANDERVELDE, professeur à l'Université nouvelle de Bruxelles.

17. *L'Éducation de la démocratie, par MM. E. LAVISSE, A. CROISET, Ch. SEIGNOBOS, P. MALAPERT, G. LANSON, J. HADAMARD (*Ecole des Hautes Etudes soc.*) 2e édit.

18. *La Lutte pour l'existence et l'évolution des sociétés, par J.-L. DE LANNESSAN, député, prof. agr. à la Fac. de méd. de Paris.

19. *La Concurrence sociale et les devoirs sociaux, par le MÊME.

20. *L'Individualisme anarchiste, Max Stirner, par V. BASCH, chargé de cours à la Sorbonne.

21. *La démocratie devant la science, par C. BOUGLÉ, prof. de philosophie sociale à l'Université de Toulouse. (*Récompensé par l'Institut.*)

22. *Les Applications sociales de la solidarité, par MM. P. BUDIN, Ch. GIDE, H. MONOD, PAULET, ROBIN, SIEGFRIED, BROUARDEL. Préface de M. Léon BOURGEOIS (*Ecole des Hautes Etudes soc.*, 1902-1903).

23. La Paix et l'enseignement pacifiste, par MM. Fr. PASSY, Ch. RICHET, d'ESTOURNELLES DE CONSTANT, E. BOURGEOIS, A. WEISS, H. LA FONTAINE, G. LYON (*Ecole des Hautes Etudes soc.*, 1902-1903).

24. *Etudes sur la philosophie morale au XIXe siècle, par MM. BELOT, A. DARLU, M. BERNÈS, A. LANDRY, Ch. GIDE, E. ROBERTY, R. ALLIER, H. LICHTENBERGER, L. BRUNSCHVICG (*Ecole des Hautes Etudes soc.*, 1902-1903).

25. *Enseignement et démocratie, par MM. APPELL, J. BOITEL, A. CROISET, A. DEVINAT, Ch.-V. LANGLOIS, G. LANSON, A. MILLERAND, Ch. SEIGNOBOS (*Ecole des Hautes Etudes soc.*, 1903-1904).

26. *Religions et Sociétés, par MM. TH. REINACH, A. PUECH, R. ALLIER, A. LEROY-BEAULIEU, le baron CARRA DE VAUX, H. DREYFUS (*Ecole des Hautes Etudes soc.*, 1903-1904).

27. *Essais socialistes. *La religion, l'art, l'alcool,* par E. VANDERVELDE.

28. * Le surpeuplement et les habitations à bon marché, par H. TUROT, conseiller municipal de Paris, et H. BELLAMY.

29. L'individu, l'association et l'état, par E. FOURNIÈRE.

BIBLIOTHÈQUE
D'HISTOIRE CONTEMPORAINE

Volumes in-12 brochés à 3 fr. 50 — Volumes in-8 brochés de divers prix

Volumes parus en 1907

CHARMES (P.), LEROY-BEAULIEU (A.), MILLET (R), RIBOT (A.), VAN-
DAL (A.), de CAIX (R.), HENRY (R.), Louis-JARAY (G.), PINON (R.),
TARDIEU (A.). Les questions actuelles de la politique étrangère en
Europe. *La politique anglaise. La politique allemande. La question
d'Autriche-Hongrie. La question de Macédoine et des Balkans. La question russe.* 1 vol. in-16, avec 3 cartes hors texte et 6 cartes dans le
texte.   3 fr. 50
TARDIEU (A.), secrétaire honoraire d'ambassade. La Conférence d'Algé-
siras. *Histoire diplomatique de la crise marocaine* (15 janvier-7 avril 1906).
2ᵉ édit. 1 vol. in-8.   10 fr.
GAFFAREL (P.), professeur à l'Université d'Aix-Marseille. La politique
coloniale en France (1789-1830). 1 vol. in-8.   7 fr.
MATTER (P), substitut au tribunal de la Seine. Bismarck et son temps.
III. *Triomphe, splendeur et déclin* (1870-1896). 1 vol. in-8.   10 fr.
DRIAULT (E.), agrégé d'histoire. La question d'Extrême-Orient. 1 vol.
in-8.   7 fr.

EUROPE

DEBIDOUR, professeur à la Sorbonne, * Histoire diplomatique de l'Europe, de 1815 à 1878. 2 vol. in-8. (*Ouvrage couronné par l'Institut.* 18 fr.
DOELLINGER (I. de). La papauté, ses origines au moyen âge, son influence
jusqu'en 1870. Traduit par A. GIRAUD-TEULON, 1904. 1 vol. in-8.   7 fr.
SYBEL (H. de). * Histoire de l'Europe pendant la Révolution française,
traduit de l'allemand par Mⁱˡᵉ DOSQUET. Ouvrage complet en 6 vol. in-8. 42 fr.
TARDIEU (A.). *Questions diplomatiques de l'année 1904. 1 vol. in-12.
(*ouvrage couronné par l'Académie française*).   3 fr. 50

FRANCE
Révolution et Empire

AULARD, professeur à la Sorbonne. *Le Culte de la Raison et le Culte de
l'Être suprême, étude historique (1793-1794). 2ᵉ édit. 1 vol. in-12. 3 fr. 50
— *Études et leçons sur la Révolution française. 5 v. in-12. Chacun 3 fr. 50
BONDOIS (P.), agrégé d'histoire. * Napoléon et la société de son
temps (1793-1821). 1 vol. in-8.   7 fr.
CARNOT (H.), sénateur. *La Révolution française, résumé historique.
In-16. Nouvelle édit.   3 fr. 50
DRIAULT (E.), professeur au lycée de Versailles. La politique orientale de
Napoléon. SÉBASTIANI et GARDANE (1806-1808). 1 vol. in-8. (*Récompensé
par l'Institut.*)   7 fr.
— *Napoléon en Italie (1800-1812). 1 vol. in-8. 1906.   20 fr.
DUMOULIN (Maurice).*Figures du temps passé. 1 vol. in-16. 1906. 3 fr. 50
MOLLIEN (Cᵗᵉ). Mémoires d'un ministre du trésor public (1780-1815),
publiés par M. Ch. GOMEL. 3 vol. in-8.   15 fr.
BOITEAU (P.). État de la France en 1789. Deuxième éd. 1 vol. in-8. 10 fr.
BORNAREL (E.), doc. ès lettres. Cambon et la Révolution française. In-8. 7 fr.
CAHEN (L.), agrégé d'histoire, docteur ès lettres. * Condorcet et la Révolu-
tion française. 1 vol. in-8. (*Récompensé par l'Institut.*)   10 fr.
DESPOIS (Eug.). * Le Vandalisme révolutionnaire. Fondations littéraires,
scientifiques et artistiques de la Convention. 4ᵉ édit. 1 vol. in-12. 3 fr. 50
DEBIDOUR, professeur à la Sorbonne. *Histoire des rapports de l'Église
et de l'État en France (1789-1870). 1 fort vol. in-8. 1898. (*Couronné par
l'Institut.*)   12 fr.
— *L'Église catholique et l'État en France sous la troisième République (1870-1906). — I. (1870-1889), 1 vol. in-8. 1906. 7 fr. — II. (1889-
1906), paraîtra en 1908.
GOMEL (G.). Les causes financières de la Révolution française. Les
ministères de Turgot et de Necker. 1 vol. in-8.   8 fr.
— Les causes financières de la Révolution française ; les derniers
contrôleurs généraux. 1 vol. in-8.   8 fr.
— Histoire financière de l'Assemblée Constituante (1789-1791). 2 vol.
in-8, 16 fr. — Tome I : (1789), 8 fr. ; tome II : (1790-1791),   8 fr.
— Histoire financière de la Législative et de la Convention. 2 vol. in-8,
15 fr. — Tome I : (1792-1793), 7 fr. 50 ; tome II : (1793-1795), 7 fr. 50

ISAMBERT (G.). *La vie à Paris pendant une année de la Révolution (1791-1792). In-16. 1896.   3 fr. 50
MATHIEZ (A.), agrégé d'histoire, docteur ès lettres. *La théophilanthropie et le culte décadaire, 1796-1801. 1 vol. in-8.   12 fr.
— *Contributions à l'histoire religieuse de la Révolution française. In-16. 1906.   3 fr. 50
MARCELLIN PELLET, ancien député. Variétés révolutionnaires. 3 vol. in-12, précédés d'une préface de A. RANC. Chaque vol. séparém.   3 fr. 50
SILVESTRE, professeur à l'École des sciences politiques. De Waterloo à Sainte-Hélène (20 Juin-16 Octobre 1815). 1 vol. in-16.   3 fr. 50
SPULLER (Eug.). Hommes et choses de la Révolution. 1 vol. in-18. 3 fr 50.
STOURM, de l'Institut. Les finances de l'ancien régime et de la Révolution. 2 vol. in-8.   16 fr.
— Les finances du Consulat. 1 vol. in-8.   7 fr. 50
VALLAUX (C.). *Les campagnes des armées françaises (1792-1815). In-16, avec 17 cartes dans le texte.   3 fr. 50

Epoque contemporaine

BLANC (Louis). *Histoire de Dix ans (1830-1840). 5 vol. in-8.   25 fr.
DELORD (Taxile). *Histoire du second Empire (1848-1870). 6 vol. in-8. 42 fr.
DUVAL (J.). L'Algérie et les colonies françaises, avec une notice biographique sur l'auteur, par J. LEVASSEUR, de l'Institut. 1 vol. in-8. 7 fr. 50
GAFFAREL (P.), professeur à l'Université d'Aix. * Les Colonies françaises. 1 vol. in-8. 6° édition revue et augmentée.   5 fr.
GAISMAN (A.). *L'Œuvre de la France au Tonkin. Préface de M. J.-L. de LANESSAN. 1 vol. in-16 avec 4 cartes en couleurs. 1906.   3 fr. 50
LANESSAN (J.-L. de). *L'Indo-Chine française. Etude économique, politique et administrative. 1 vol. in-8. avec 5 cartes en couleurs hors texte. 15 fr
— *L'Etat et les Eglises de France. *Histoire de leurs rapports, des origines jusqu'à la Séparation.* 1 vol. in-16. 1906.   3 fr. 50
— *Les Missions et leur protectorat. 1 vol. in-16. 1907.   3 fr. 50
LAPIE (P.), professeur à l'Université de Bordeaux. · Les Civilisations tunisiennes (Musulmans, Israélites, Européens). In-16. 1898. (*Couronné par l'Académie française.*)   3 fr. 50
LAUGEL (A.). * La France politique et sociale. 1 vol. in-8.   5 fr.
LEBLOND (Marius-Ary). La société française sous la troisième République. 1905. 1 vol. in-8.   5 fr.
NOEL (O.). Histoire du commerce extérieur de la France depuis la Révolution. 1 vol. in-8.   6 fr.
PIOLET (J.-B.). La France hors de France, notre émigration, sa nécessité, ses conditions. 1 vol. in-8. 1900. (*Couronné par l'Institut.*)   10 fr.
SCHEFER (Ch.), professeur à l'Ecole des sciences politiques. *La France moderne et le problème colonial. I. (1815-1830). 1 vol. in-8.   7 fr.
SPULLER (E.), ancien ministre de l'Instruction publique. *Figures disparues, portraits contemp., littér. et politiq. 3 vol. in-16. Chacun. 3 fr. 50
TCHERNOFF (J.). Associations et Sociétés secrètes sous la deuxième République (1848-1851). 1 vol. in-8. 1905.   7 fr.
VIGNON (L.), professeur à l'Ecole coloniale. La France dans l'Afrique du nord. 2° édition. 1 vol. in-8. (*Récompensé par l'Institut.*)   7 fr.
— Expansion de la France. 1 vol. in-18.   3 fr. 50
— LE MÊME. Édition in-8.   7 fr.
WAHL, inspect. général, A. BERNARD, professeur à la Sorbonne. *L'Algérie. 1 vol. in-8. 5° édit., 1908. (*Ouvrage couronné par l'Institut.*)   5 fr.
WEILL (G.), maître de conf. à l'Université de Caen. Histoire du parti républicain en France, de 1814 à 1870. 1 vol in-8. 1900. (*Récompensé par l'Institut.*)   10 fr.
—*Histoire du mouvement social en France (1852-1902). 1 v. in-8. 1905. 7 fr.
— L'Ecole saint simonienne, son histoire, son influence jusqu'à nos jours. In-16. 1896.   3 fr. 50
ZÉVORT (E.), recteur de l'Académie de Caen. Histoire de la troisième République :
    Tome I. *La présidence de M. Thiers. 1 vol. in-8. 3° édit.   7 fr.
    Tome II. *La présidence du Maréchal. 1 vol. in-8. 2° édit.   7 fr.
    Tome III. *La présidence de Jules Grévy. 1 vol. in-8. 2° édit.   7 fr.
    Tome IV. La présidence de Sadi Carnot. 1 vol. in-8.   7 fr.

ANGLETERRE

MÉTIN (Albert), prof. à l'Ecole Coloniale. * Le Socialisme en Angleterre. In-16.   3 fr. 50

ALLEMAGNE

ANDLER (Ch.), prof. à la Sorbonne. *Les origines du socialisme d'État en Allemagne. 1 vol. in-8. 1897.   7 fr.

GUILLAND (A.), professeur d'histoire à l'Ecole polytechnique suisse. *L'Allemagne nouvelle et ses historiens. (NIEBUHR, RANKE, MOMMSEN, SYBEL, TREITSCHKE.) 1 vol. in-8. 1899.   5 fr.

MATTER (P.), doct. en droit, substitut au tribunal de la Seine. *La Prusse et la révolution de 1848. In-16. 1908.   3 fr. 50

— *Bismarck et son temps. I. *La préparation* (1815-1862). 1 vol. in-8. 10 fr. II. *L'action* (1863-1870). 1 vol. in-8.   10 fr.

MILHAUD (E.), professeur à l'Université de Genève. *La Démocratie socialiste allemande. 1 vol. in-8. 1903.   10 fr.

SCHMIDT (Ch.), docteur ès lettres. Le grand-duché de Berg (1806-1813). 1905. 1 vol. in-8.   10 fr.

VERON (Eug.). *Histoire de la Prusse, depuis la mort de Frédéric II. In-16. 6e édit.   3 fr. 50

— *Histoire de l'Allemagne, depuis la bataille de Sadowa jusqu'à nos jours. In-16. 3e éd., mise au courant des événements par P. BONDOIS.   3 fr. 50

AUTRICHE-HONGRIE

AUERBACH, professeur à l'Université de Nancy. *Les races et les nationalités en Autriche-Hongrie. In-8. 1898.   5 fr.

BOURLIER (J.). * Les Tchèques et la Bohême contemporaine. In-16. 1897.   3 fr. 50

*RECOULY (R.), agrégé de l'Univ. Le pays magyar. 1903. In-16.   3 fr. 50

RUSSIE

COMBES DE LESTRADE (Vte). La Russie économique et sociale à l'avènement de Nicolas II. 1 vol. in-8.   6 fr.

ITALIE

BOLTON KING (M. A.). *Histoire de l'unité italienne. Histoire politique de l'Italie, de 1814 à 1871, traduit de l'anglais par M. MACQUART; introduction de M. Yves GUYOT. 1900. 2 vol. in-8.   15 fr.

COMBES DE LESTRADE (Vte). La Sicile sous la maison de Savoie. 1 vol. in-18.   3 fr. 50

GAFFAREL (P.), professeur à l'Université d'Aix. *Bonaparte et les Républiques italiennes (1796-1799). 1895. 1 vol. in-8.   5 fr.

SORIN (Élie). *Histoire de l'Italie, depuis 1815 jusqu'à la mort de Victor-Emmanuel. In-16. 1888.   3 fr. 50

ESPAGNE

REYNALD (H.). * Histoire de l'Espagne, depuis la mort de Charles III. In-16.   3 fr. 50

ROUMANIE

DAMÉ (Fr.). *Histoire de la Roumanie contemporaine, depuis l'avènement des princes indigènes jusqu'à nos jours. 1 vol. in-8. 1900.   7 fr.

SUISSE

DAENDLIKER. *Histoire du peuple suisse. Trad. de l'allem. par Mme Jules FAVRE et précédé d'une Introduction de Jules FAVRE. 1 vol. in-8.   5 fr.

SUÈDE

SCHEFER (C.). *Bernadotte roi (1810-1818-1844). 1 vol. in-8. 1899.   7 fr.

GRÈCE, TURQUIE, ÉGYPTE

BÉRARD (V.), docteur ès lettres. * La Turquie et l'Hellénisme contemporain. (*Ouvrage cour. par l'Acad. française*). In-16. 5e éd.   3 fr. 50

DRIAULT (G.). * La question d'Orient, préface de G. MONOD, de l'Institut. 1 vol. in-8. 3e édit. 1905. (*Ouvrage couronné par l'Institut*).   7 fr.

MÉTIN (Albert), professeur à l'École coloniale. *La Transformation de l'Egypte. In-16. 1903. (Cour. par la Soc. de géogr. comm.)   3 fr. 50

RODOCANACHI (E.). *Bonaparte et les îles Ioniennes (1797-1816). 1 volume in-8. 1899.   5 fr.

INDE

PIRIOU (E.), agrégé de l'Université. *L'Inde contemporaine et le mouvement national. 1905. 1 vol. in-16.   3 fr. 50

CHINE

CORDIER (H.), professeur à l'Ecole des langues orientales. *Histoire des relations de la Chine avec les puissances occidentales (1860-1902), avec cartes. 3 vol. in-8, chacun séparément.   10 fr.

— *L'Expédition de Chine de 1857-58. Histoire diplomatique, notes et documents. 1905. 1 vol. in-8.   7 fr.

CORDIER (H.), prof. à l'Ecole des langues orientales. * **L'Expédition de Chine de 1860**. Histoire diplomatique, notes et documents. 1906. 1 vol. in-8:   7 fr.
COURANT (M.), maître de conférences à l'Université de Lyon. **En Chine.** *Mœurs et institutions. Hommes et faits.* 1 vol. in-16.   3 fr. 50

AMÉRIQUE
ELLIS STEVENS. **Les Sources de la constitution des États-Unis.** 1 vol. in-8.   7 fr. 50
DEBERLE (Alf.). * **Histoire de l'Amérique du Sud**, in-16. 3° éd. 3 fr. 50

QUESTIONS POLITIQUES ET SOCIALES
BARNI (Jules). * **Histoire des idées morales et politiques en France au XVIII° siècle.** 2 vol. in-16. Chaque volume.   3 fr. 50
— * **Les Moralistes français au XVII° siècle.** In-16.   3 fr. 50
BEAUSSIRE (Émile), de l'Institut. **La Guerre étrangère et la Guerre civile.** In-16.   3 fr. 50
LOUIS BLANC. **Discours politiques** (1848-1884). 1 vol. in-8.   7 fr. 50
BONET-MAURY. * **Histoire de la liberté de conscience** (1598-1870). In-8. 2° édit.   (Sous presse.)
BOURDEAU (J.). * **Le Socialisme allemand et le Nihilisme russe.** In-16. 2° édit. 1894.   3 fr. 50
— * **L'évolution du Socialisme.** 1901. 1 vol. in-16.   3 fr. 50
D'EICHTHAL (Eug.). **Souveraineté du peuple et gouvernement.** In-16. 1895.   3 fr. 50
DESCHANEL (E.), sénateur, professeur au Collège de France. * **Le Peuple et la Bourgeoisie.** 1 vol. in-8. 2° édit.   5 fr.
DEPASSE (Hector), député. **Transformations sociales.** 1894. In-16. 3 fr. 50
— **Du Travail et de ses conditions** (Chambres et Conseils du travail). In-16. 1895.   3 fr. 50
DRIAULT (E.), prof. agr. au lycée de Versailles. * **Problèmes politiques et sociaux.** In-8. 2° édit. 1906.   7 fr.
GUÉROULT (G.). * **Le Centenaire de 1789.** In-16. 1889.   3 fr. 50
LAVELEYE (E. de), correspondant de l'Institut. **Le Socialisme contemporain.** In-16. 11° édit. augmentée.   3 fr. 50
LICHTENBERGER (A.). * **Le Socialisme utopique**, *étude sur quelques précurseurs du Socialisme.* In-16. 1898.   3 fr. 50
— * **Le Socialisme et la Révolution française.** 1 vol. in-8.   5 fr.
MATTER (P.). **La dissolution des assemblées parlementaires**, étude de droit public et d'histoire. 1 vol. in-8. 1898.   5 fr.
NOVICOW. **La Politique internationale.** 1 vol. in-8.   7 fr.
PAUL LOUIS. **L'ouvrier devant l'Etat.** Etude de la législation ouvrière dans les deux mondes. 1904. 1 vol. in-8.   7 fr.
— **Histoire du mouvement syndical en France** (1789-1906). 1 vol in-16. 1907.   3 fr. 50
REINACH (Joseph), député. **Pages républicaines.** In-16.   3 fr. 50
— * **La France et l'Italie devant l'histoire.** 1 vol. in-8.   5 fr.
SPULLER (E.). * **Education de la démocratie.** In-16 1892.   3 fr. 50
— **L'Évolution politique et sociale de l'Église.** 1 vol. in-12. 1893. 3 fr. 50

PUBLICATIONS HISTORIQUES ILLUSTRÉES

* **DE SAINT-LOUIS A TRIPOLI PAR LE LAC TCHAD**, par le lieutenant-colonel MONTEIL. 1 beau vol. in-8 colombier, précédé d'une préface de M. DE VOGÜÉ, de l'Académie française, illustrations de RIOU. 1895. *Ouvrage couronné par l'Académie française* (Prix Montyon), broché 20 fr., relié amat.   28 fr.

HISTOIRE ILLUSTRÉE DU SECOND EMPIRE, par Taxile DELORD. 6 vol. in-8. avec 500 gravures. Chaque vol. broché.   8 fr.

TRAVAUX DE L'UNIVERSITÉ DE LILLE

PAUL FABRE. **La polyptyque du chanoine Benoît.** In-8.   3 fr. 50
A. PINLOCHE. * **Principales œuvres de Herbart.**   7 fr. 50
A. PENJON. **Pensée et réalité**, de A. SPIR, trad. de l'allem. In-8.   10 fr.
— **L'énigme sociale.** 1902. 1 vol. in-8.   2 fr. 50
G. LEFÈVRE. * **Les variations de Guillaume de Champeaux et la question des Universaux.** Étude suivie de documents originaux. 1898.   3 fr.
J. DEROCQUIGNY. **Charles Lamb.** *Sa vie et ses œuvres.* 1 vol. in-8 12 fr.

ANNALES DE L'UNIVERSITÉ DE LYON

Lettres intimes de J.-M. Alberoni adressées au comte J. Rocca, par Emile BOURGEOIS. 1 vol. in-8.   10 fr.

La républ. des Provinces-Unies, France et Pays-Bas espagnols, de 1630 à 1650, par A. WADDINGTON. 2 vol. in-8.   12 fr.

Le Vivarais, essai de géographie régionale, par BURDIN. 1 vol. in-8.   6 fr.

---

*RECUEIL DES INSTRUCTIONS

DONNÉES AUX AMBASSADEURS ET MINISTRES DE FRANCE

DEPUIS LES TRAITÉS DE WESTPHALIE JUSQU'A LA RÉVOLUTION FRANÇAISE

Publié sous les auspices de la Commission des archives diplomatiques
au Ministère des Affaires étrangères.

Beaux vol. in-8 rais., imprimés sur pap. de Hollande, avec Introduction et notes.

I. — AUTRICHE, par M. Albert SOREL, de l'Académie française. *Épuisé.*

II. — SUÈDE, par M. A. GEFFROY, de l'Institut................   20 fr.

III. — PORTUGAL, par le vicomte DE CAIX DE SAINT-AYMOUR.....   20 fr.

IV et V. — POLOGNE, par M. LOUIS FARGES. 2 vol.............   30 fr.

VI. — ROME, par M. G. HANOTAUX, de l'Académie française.....   20 fr.

VII. — BAVIÈRE, PALATINAT ET DEUX-PONTS, par M. André LEBON.   25 fr.

VIII et IX. — RUSSIE, par M. Alfred RAMBAUD, de l'Institut. 2 vol.
Le 1er vol. 20 fr. Le second vol....................   25 fr.

X. — NAPLES ET PARME, par M. Joseph REINACH, dépué.......   20 fr.

XI. — ESPAGNE (1649-1750), par MM. MOREL-FATIO, professeur au
Collège de France et LÉONARDON (t. I)....................   20 fr.

XII et XII *bis*. — ESPAGNE (1750-1789) (t. II et III), par les mêmes....   40 fr.

XIII. — DANEMARK, par M A. GEFFROY, de l'Institut............   14 fr.

XIV et XV. — SAVOIE-MANTOUE, par M. HORRIC de BEAUCAIRE. 2 vol.   40 fr.

XVI. — PRUSSE, par M A. WADDINGTON, professeur à l'Univ. de Lyon.
1 vol. (Couronné par l'Institut.)......................   28 fr.

---

*INVENTAIRE ANALYTIQUE

DES ARCHIVES DU MINISTÈRE DES AFFAIRES ÉTRANGÈRES

Publié sous les auspices de la Commission des archives diplomatiques

Correspondance politique de MM. de CASTILLON et de MARILLAC, ambassadeurs de France en Angleterre (1537-1542), par M. JEAN KAULEK, avec la collaboration de MM. Louis Farges et Germain Lefèvre-Pontalis. 1 vol. in-8 raisin..............   15 fr.

Papiers de BARTHÉLEMY, ambassadeur de France en Suisse, de 1792 à 1797 par M. Jean KAULEK. 4 vol. in-8 raisin.
I. Année 1792, 15 fr. — II. Janvier-août 1793, 15 fr. — III. Septembre 1793 à mars 1794, 18 fr. — IV. Avril 1794 à février 1795, 20 fr. — V. Septembre 1794 à Septembre 1796..................   20 fr.

Correspondance politique de ODET DE SELVE, ambassadeur de France en Angleterre (1546-1549), par M. G. LEFÈVRE-PONTALIS. 1 vol. in-8 raisin......................   15 fr.

Correspondance politique de GUILLAUME PELLICIER, ambassadeur de France à Venise (1540-1542), par M. Alexandre TAUSSERAT-RADEL. 1 fort vol. in-8 raisin...............   40 fr.

Correspondance des Beys d'Alger avec la Cour de France (1759-1833), recueillie par Eug. PLANTET. 2 vol. in-8 raisin.   30 fr.

Correspondance des Beys de Tunis et des Consuls de France avec la Cour (1577-1830), recueillie par Eug. PLANTET. 3 vol. in-8. TOME I (1577-1700) *Épuisé*. — T. II (1700-1770). 20 fr. — T. III (1770-1830). 20 fr.

Les introducteurs des Ambassadeurs (1589-1900). 1 vol. in-4, avec figures dans le texte et planches hors texte.   20 fr.

BIBLIOTHÈQUE SCIENTIFIQUE
INTERNATIONALE
Publiée sous la direction de M. Émile ALGLAVE

Les titres marqués d'un astérisque * sont adoptés par le *Ministère de l'Instruction publique de France* pour les bibliothèques des lycées et des collèges.

LISTE PAR ORDRE D'APPARITION
109 VOLUMES IN-8, CARTONNÉS A L'ANGLAISE, OUVRAGES A 6, 9 ET 12 FR.

Volumes parus en 1907

108. CONSTANTIN (Capitaine). **Le rôle sociologique de la guerre et le sentiment national.** Suivi de la traduction de *La guerre, moyen de sélection collective*, par le Dr STEINMETZ. 1 vol. · 6 fr.

109. LOEB, professeur à l'Université Berkeley. **La dynamique des phénomènes de la vie.** Traduit de l'allemand par MM. DAUDIN et SCHAEFFER, préf. de M. le Prof. GIARD, de l'Institut. 1 vol. avec fig. 9 fr.

1. TYNDALL (J.). * **Les Glaciers et les Transformations de l'eau**, avec figures. 1 vol. in-8. 7e édition.   6 fr.

2. BAGEHOT. * **Lois scientifiques du développement des nations.** 1 vol. in-8. 6e édition.   6 fr.

3. MAREY, de l'Institut. * **La Machine animale.** *Épuisé.*

4. BAIN. * **L'Esprit et le Corps.** 1 vol. in-8. 6e édition.   6 fr.

5. PETTIGREW. * **La Locomotion chez les animaux**, marche, natation et vol. 1 vol. in-8 avec figures. 2e édit.   6 fr.

6. HERBERT SPENCER. * **La Science sociale.** 1 v. in-8. 14e édit.   6 fr.

7. SCHMIDT (O.). * **La Descendance de l'homme et le Darwinisme.** 1 vol. in-8, avec fig. 6e édition.   6 fr.

8. MAUDSLEY. * **Le Crime et la Folie.** 1 vol. in-8. 7e édit.   6 fr.

9. VAN BENEDEN. * **Les Commensaux et les Parasites dans le règne animal.** 1 vol. in-8, avec figures. 4e édit.   6 fr.

10. BALFOUR STEWART. * **La Conservation de l'énergie**, avec figures. 1 vol. in-8. 6e édition.   6 fr.

11. DRAPER. **Les Conflits de la science et de la religion.** 1 vol. in-8. 10e édition.   6 fr.

12. L. DUMONT. * **Théorie scientifique de la sensibilité. Le plaisir et la douleur.** 1 vol. in-8. 4e édition.   6 fr.

13. SCHUTZENBERGER. * **Les Fermentations.** In-8. 6e édit.   6 fr.

14. WHITNEY * **La Vie du langage.** 1 vol. in-8. 4e édit.   6 fr.

15. COOKE et BERKELEY. * **Les Champignons.** In-8 av. fig., 4e éd. 6 fr.

16. BERNSTEIN. * **Les Sens.** 1 vol. in-8, avec 91 fig. 5e édit.   6 f.

17. BERTHELOT, de l'Institut. * **La Synthèse chimique.** 1 vol. in-8. 8e édit.   6 fr.

18. NIEWENGLOWSKI (H.). * **La photographie et la photochimie.** 1 vol. in-8, avec gravures et une planche hors texte.   6 fr.

19. LUYS. * **Le Cerveau et ses fonctions.** *Épuisé.*

20. STANLEY JEVONS. * **La Monnaie.** *Épuisé.*

21. FUCHS. * **Les Volcans et les Tremblements de terre.** 1 vol. in-8, avec figures et une carte en couleurs. 5e édition.   6 fr.

22. GÉNÉRAL BRIALMONT. * **Les Camps retranchés.** *Épuisé.*

23. DE QUATREFAGES, de l'Institut. * **L'Espèce humaine.** 1 v. in-8. 13e édit.   6 fr.

24. BLASERNA et HELMHOLTZ. * **Le Son et la Musique.** 1 vol. in-8, avec figures. 5e édition.   6 fr.

25. ROSENTHAL. * **Les Nerfs et les Muscles.** *Épuisé.*

26. BRUCKE et HELMHOLTZ. * Principes scientifiques des beaux-arts. 1 vol. in-8, avec 39 figures. 4e édition.   6 fr.
27. WURTZ, de l'Institut * La Théorie atomique. 1 vol. in-8. 9e éd.   6 fr.
28-29. SECCHI (le père). * Les Étoiles. 2 vol. in-8, avec 63 figures dans le texte et 17 pl. en noir et en couleurs hors texte. 3e édit.   12 fr.
30. JOLY. * L'Homme avant les métaux. *Épuisé*.
31 A. BAIN. * La Science de l'éducation. 1 vol. in-8. 9e édit.   6 fr.
32-33. THURSTON (R.). * Histoire de la machine à vapeur. 2 vol. in-8, avec 140 fig. et 16 planches hors texte. 3e édition.   12 fr.
34 HARTMANN (R.). *Les Peuples de l'Afrique. *Épuisé*.
35. HERBERT SPENCER. *Les Bases de la morale évolutionniste. 1 vol. in-8. 6e édition.   6 fr.
36. HUXLEY. *L'Écrevisse, introduction à l'étude de la zoologie. 1 vol. in-8, avec figures. 2e édition.   6 fr.
37 DE ROBERTY. *La Sociologie. 1 vol. in-8. 3e édition.   6 fr.
38 ROOD. * Théorie scientifique des couleurs. 1 vol. in-8, avec figures et une planche en couleurs hors texte. 2e édition.   6 fr.
39 DE SAPORTA et MARION. *L'Évolution du règne végétal (les Cryptogames). *Épuisé*.
40-41. CHARLTON BASTIAN. *Le Cerveau, organe de la pensée chez l'homme et chez les animaux. 2 vol. in-8, avec figures. 2e éd. 12 fr.
42. JAMES SULLY. *Les Illusions des sens et de l'esprit. 1 vol. in-8, avec figures. 3e édit.   6 fr.
43. YOUNG. * Le Soleil. *Épuisé*.
44. DE CANDOLLE. * L'Origine des plantes cultivées. 4e éd. 1 v in-8. 6 fr.
45-46 SIR JOHN LUBBOCK. * Fourmis, abeilles et guêpes. *Épuisé*.
47 PERRIER (Edm.), de l'Institut. La Philosophie zoologique avant Darwin. 1 vol. in-8. 3e édition.   6 fr.
48 STALLO. *La Matière et la Physique moderne. 1 vol. in-8. 3e éd., précédé d'une Introduction par Ch. FRIEDEL.   6 fr.
49. MANTEGAZZA. La Physionomie et l'Expression des sentiments. 1 vol. in-8. 3e édit., avec huit planches hors texte.   6 fr.
50 DE MEYER. *Les Organes de la parole et leur emploi pour la formation des sons du langage. In-8. avec 51 fig.   6 fr.
51. DE LANESSAN. *Introduction à l'Étude de la botanique (le Sapin). 1 vol. in-8. 2e édit., avec 143 figures.   6 fr.
52-53. DE SAPORTA et MARION. *L'Évolution du règne végétal (les Phanérogames). 2 vol. *Épuisé*.
54 TROUESSART, prof. au Muséum. *Les Microbes, les Ferments et les Moisissures. 1 vol. in-8. 2e édit., avec 107 figures.   6 fr.
55 HARTMANN (R.).*Les Singes anthropoïdes. *Épuisé*.
56. SCHMIDT (O.).*Les Mammifères dans leurs rapports avec leurs ancêtres géologiques. 1 vol. in-8, avec 51 figures   6 fr.
57. BINET et FÉRÉ. Le Magnétisme animal. 1 vol. in-8. 4e édit.   6 fr.
58-59. ROMANES. * L'Intelligence des animaux. 2 v. in-8 3e édit. 12 fr.
60 LAGRANGE (F.). Physiol. des exerc. du corps. 1 v. in-8. 7e éd. 6 fr.
61. DREYFUS.* Évolution des mondes et des sociétés. 1 v. in-8. 6 fr.
62. DAUBRÉE, de l'Institut. *Les Régions invisibles du globe et des espaces célestes. 1 v. in-8, avec 85 fig. dans le texte. 2 édit. 6 fr.
63-64. SIR JOHN LUBBOCK. * L'Homme préhistorique 2 vol. *Épuisé*.
65 RICHET (Ch.), professeur à la Faculté de médecine de Paris. La Chaleur animale. 1 vol. in-8, avec figures.   6 fr.
66 FALSAN (A.). *La Période glaciaire. *Épuisé*.
67. BEAUNIS (H.). Les Sensations internes. 1 vol. in-8.   6 fr.
68. CARTAILHAC (E.). La France préhistorique, d'après les sépultures et les monuments. 1 vol. in-8, avec 162 figures. 2e édit.   6 fr.
69. BERTHELOT, de l'Institut. *La Révol. chimique, Lavoisier. 1 vol. in-8 2e éd.   6 fr.
70. SIR JOHN LUBBOCK. * Les Sens et l'instinct chez les animaux, principalement chez les insectes. 1 vol. in-8, avec 150 figures. 6 fr.

71. STARCKE. **La Famille primitive.* 1 vol. in-8.   6 fr.
72. ARLOING, prof. à l'Ecole de méd. de Lyon. **Les Virus.* 1 vol. in-8,
     avec figures.   6 fr.
73. TOPINARD. **L'Homme dans la Nature.* 1 vol. in-8, avec fig.   6 fr.
74. BINET (Alf.). **Les Altérations de la personnalité.* In-8, 2 éd. 6 fr.
75. DE QUATREFAGES (A.). **Darwin et ses précurseurs français.* 1 vol.
     in-8. 2ᵉ édition refondue.   6 fr.
76. LEFÉVRE (A.). ** Les Races et les langues.* *Épuisé.*
77-78. DE QUATREFAGES (A.), de l'Institut. **Les Émules de Darwin.*
     2 vol. in-8, avec préfaces de MM. Edm. PERRIER et HAMY.   12 fr.
79. BRUNACHE (P.). **Le Centre de l'Afrique. Autour du Tchad.* 1 vol.
     in-8, avec figures.   6 fr.
80. ANGOT (A.), directeur du Bureau météorologique. **Les Aurores po-
     laires.* 1 vol. in-8, avec figures.   6 fr.
81. JACCARD. ** Le pétrole, le bitume et l'asphalte* au point de vue
     géologique. 1 vol. in-8, avec figures.   6 fr.
82. MEUNIER (Stan.), prof. au Muséum. **La Géologie comparée.* 2ᵉ éd.
     in-8, avec fig.   6 fr.
83. LE DANTEC, chargé de cours à la Sorbonne. **Théorie nouvelle de la
     vie.* 4ᵉ éd. 1 v. in-8, avec fig.   6 fr.
84. DE LANESSAN. **Principes de colonisation.* 1 vol. in-8.   6 fr.
85. DEMOOR, MASSART et VANDERVELDE. **L'évolution régressive en
     biologie et en sociologie.* 1 vol. in-8, avec gravures.   6 fr.
86. MORTILLET (G. de). **Formation de la Nation française.* 2ᵉ édit.
     1 vol. in-8, avec 150 gravures et 18 cartes.   6 fr.
87. ROCHÉ (G.). **La Culture des Mers* (piscifacture, pisciculture, ostréi-
     culture). 1 vol. in-8, avec 81 gravures.   6 fr.
88. COSTANTIN (J.), prof. au Muséum. **Les Végétaux et les Milieux
     cosmiques* (adaptation, évolution). 1 vol. in-8, avec 171 gra. 6 fr.
89. LE DANTEC. *L'évolution individuelle et l'hérédité.* 1 vol. in-8. 6 fr.
90. GUIGNET et GARNIER. ** La Céramique ancienne et moderne.*
     1 vol., avec grav.   6 fr.
91. GELLÉ (E.-M.). **L'audition et ses organes.* 1 v. in-8, avec grav. 6 fr.
92. MEUNIER (St.). **La Géologie expérimentale.* 2ᵉ éd. in-8, av. gr. 6 fr.
93. COSTANTIN (J.). **La Nature tropicale.* 1 vol. in-8, avec grav. 6 fr.
94. GROSSE (E.). **Les débuts de l'art.* Introduction de L. MARILLIER.
     1 vol. in-8, avec 32 gravures dans le texte et 3 pl. hors texte. 6 fr.
95. GRASSET (J.), prof. à la Faculté de méd. de Montpellier. *Les Maladies
     de l'orientation et de l'équilibre.* 1 vol. in-8, avec grav.   6 fr.
96. DEMENŸ (G.). **Les bases scientifiques de l'éducation physique.*
     1 vol. in-8, avec 198 gravures. 3ᵉ édit.   6 fr.
97. MALMÉJAC (F.). **L'eau dans l'alimentation.* 1 v. in-8, avec grav. 6 fr.
98. MEUNIER (Stan.). **La géologie générale.* 1 v. in-8, avec grav. 6 fr.
99. DEMENŸ (G.). *Mécanisme et éducation des mouvements.* 2ᵉ édit.
     1 vol. in-8, avec 565 gravures.   9 fr.
100. BOURDEAU (L.). *Histoire de l'habillement et de la parure.*
     1 vol. in-8.   6 fr.
101. MOSSO (A.). **Les exercices physiques et le développement in-
     tellectuel.* 1 vol. in-8.   6 fr.
102. LE DANTEC (F.). *Les lois naturelles.* 1 vol. in-8, avec grav. 6 fr.
103. NORMAN LOCKYER. **L'évolution inorganique.* 1 vol. in-8, avec
     42 gravures.   6 fr.
104. COLAJANNI (N.). **Latins et Anglo-Saxons.* 1 vol. in-8.   9 fr.
105. JAVAL (E.), de l'Académie de médecine. **Physiologie de la lec-
     ture et de l'écriture.* 1 vol. in-8, avec 96 gr. 2ᵉ éd.   6 fr.
106. COSTANTIN (J.). **Le Transformisme appliqué à l'agriculture.*
     1 vol. in-8, avec 105 gravures.   6 fr.
107. LALOY (L.). **Parasitisme et mutualisme dans la nature.* Préface
     du Pʳ A. GIARD. 1 vol. in-8, avec 82 gravures.   6 fr.

RÉCENTES PUBLICATIONS
HISTORIQUES, PHILOSOPHIQUES ET SCIENTIFIQUES
qui ne se trouvent pas dans les collections précédentes.

Volumes parus en 1907

ARMINJON (P.), prof. à l'École Khédiviale de Droit du Caire. **L'enseigne-ment, la doctrine et la vie dans les universités musulmanes d'Égypte.** 1 vol. in-8. 6 fr. 50

BRASSEUR. **Psychologie de la force.** 1 vol. in-8. 3 fr. 75

DANTU (G.), docteur ès lettres. **Opinions et critiques d'Aristophane sur le mouvement politique et intellectuel à Athènes.** 1 vol. gr. in-8. 3 fr.

— **L'éducation d'après Platon.** 1 vol. gr. in-8. 6 fr.

DICRAN ASLANIAN. **Les principes de l'évolution sociale.** 1 vol. in-8. 5 fr.

HARTENBERG (Dr P.). **Sensations païennes.** 1 vol. in-16. 3 fr.

HÖFFDING (H.), prof. à l'Université de Copenhague. **Morale.** *Essai sur les principes théoriques et leur application aux circonstances particulières de la vie*, traduit d'après la 2ᵉ éd. allemande par L. POITIEVIN, prof. de philos. au Collège de Nantua. 2ᵉ édit. 1 vol. in-8. 10 fr.

JAMES (W.). * **Causeries pédagogiques**, trad. par L. PIDOUX, préface de M. PAYOT, recteur de l'Académie de Chambéry. 1 vol. in-16. 2 fr. 50

KEIM (A.) **Notes de la main d'Helvétius**, publiées d'après un manuscrit inédit avec une introduction et des commentaires. 1 v. in-8. 3 fr.

LABROUE (H.), prof., agrégé d'histoire au Lycée de Toulon. **Le conven-tionnel Pinet**, d'après ses mémoires inédits. Broch. in-8. 3 fr.

— **Le Club Jacobin de Toulon (1790-1796).** Broch. gr. in-8. 2 fr.

LANESSAN (de). **L'éducation de la femme moderne.** 1 volume in-16. 3 fr. 50

LALANDE (A.), agrégé de philosophie. * **Précis raisonné de morale pratique** par questions et réponses. 1 vol. in-18. 1 fr.

LAZARD (R.). **Michel Goudchaux (1797-1862)**, ministre des Finances en 1848. Son œuvre et sa vie politique. 1 vol. gr. in-8. 10 fr.

NORMAND (Ch.), docteur ès lettres, prof., agrégé d'histoire au lycée Condorcet. **La Bourgeoisie française au XVIIᵉ siècle.** *La vie publique. Les idées et les actions politiques* (1604-1661). Études sociales. 1 vol. gr. in-8, avec 8 pl. hors texte. 12 fr.

PIAT (C.). **De la croyance en Dieu.** 1 vol. in-18. 3 fr. 50

PILASTRE (E.) **Vie et caractère de Madame de Maintenon**, d'après les œuvres du duc de Saint-Simon et des documents anciens ou récents, avec une introduction et des notes. 1 vol. in-8, avec portraits, vues et autographe. 5 fr.

Protection légale des travailleurs (La). (3ᵉ série, 1905-1906). 1 vol. in-18. 3 fr. 50

WYLM (Dr). **La morale sexuelle.** 1 vol. in-8. 5 fr.

Précédemment parus :

ALAUX. **Esquisse d'une philosophie de l'être.** In-8. 1 fr.

— **Les Problèmes religieux au XIXᵉ siècle.** 1 vol. in-8. 7 fr. 50

— **Philosophie morale et politique.** In-8. 1893. 7 fr. 50

— **Théorie de l'âme humaine.** 1 vol. in-8. 1895. 10 fr.

— **Dieu et le Monde.** *Essai de phil. première.* 1901. 1 vol. in-12. 2 fr. 50

AMIABLE (Louis). **Une loge maçonnique d'avant 1789.** 1 v. in-8. 6 fr.

ANDRÉ (L.), docteur ès lettres. **Michel Le Tellier et l'organisation de l'armée monarchique.** 1 vol. in-8 (*couronné par l'Institut*). 1906. 14 fr.

— **Deux mémoires inédits de Claude Le Pelletier.** In-8. 1906. 3 fr. 50

ARNAUNÉ (A.), conseiller maître à la cour des Comptes. **La monnaie, le crédit et le change**, 3ᵉ édition, revue et augmentée. 1 vol. in-8. 1906. 8 fr.

                           F. ALCAN.

ARRÉAT. **Une Éducation intellectuelle.** 1 vol. in-18.   2 fr. 50
— **Journal d'un philosophe.** 1 vol. in-18. 3 fr. 50 (Voy. p. 2 et 6).
*Autour du monde, par les BOURSIERS DE VOYAGE DE L'UNIVERSITÉ DE PARIS.
   (*Fondation Albert Kahn*). 1 vol. gr. in-8. 1904.   5 fr.
ASLAN (G.). **La Morale selon Guyau.** 1 vol. in-16. 1906.   2 fr.
ATGER (F.). **Hist. des doctrines du Contrat social.** 1 v. in-8. 1906. 8 fr.
BACHA (E.). **Le Génie de Tacite.** 1 vol. in-18.   4 fr.
BALFOUR STEWART et TAIT. **L'Univers invisible.** 1 vol. in-8.   7 fr.
BELLANGER (A.), docteur ès lettres. **Les concepts de cause et l'activité
   intentionnelle de l'esprit.** 1 vol. in-8. 1905.   5 fr.
BENOIST-HANAPPIER (L.), docteur ès lettres. **Le drame naturaliste en
   Allemagne.** In-8. *Couronné par l'Académie française.* 1905. 7 fr. 50
BERNARD (de). **Cléopâtre.** *Sa vie, son règne.* 1 vol in-8. 1903. 8 fr.
BERTON (H.), docteur en droit. **L'évolution constitutionnelle du
   second empire.** Doctrines, textes, histoire. 1 fort vol. in-8. 1900. 12 fr.
BOURDEAU (Louis). **Théorie des sciences.** 2 vol. in-8.   20 fr.
— **La Conquête du monde animal.** In-8.   5 fr
— **La Conquête du monde végétal.** In-8. 1893.   5 fr.
— **L'Histoire et les historiens.** 1 vol. in-8.   7 fr. 50
— *Histoire de en l'alimentation. 1894. 1 vol. in-8.   5 fr.
BOUTROUX (Em.), de l'Institut. *De l'Idée de loi naturelle.
   1 vol. in-8.   2 fr. 50.
BRANDON-SALVADOR (Mme). **A travers les moissons.** *Ancien Test. Talmud.
   Apocryphes. Poètes et moralistes juifs du moyen âge.* In-16. 1903. 4 fr.
BRASSEUR. **La question sociale.** 1 vol. in-8. 1900.   7 fr. 50
BROOKS ADAMS. **Loi de la civilisation et de la décadence.** In-8. 7 fr. 50
BROUSSEAU (K.). **Éducation des nègres aux États-Unis.** In-8. 7 fr. 50
BUCHER (Karl). **Études d'histoire et d'économie polit.** In-8. 1901 6 fr.
BUDÉ (E. de). **Les Bonaparte en Suisse.** 1 vol. in-12. 1905. 8 fr. 50
BUNGE (C.-O.). **Psychologie individuelle et sociale.** In-16. 1904. 3 fr.
CANTON (G.). **Napoléon antimilitariste.** 1902. In-16.   3 fr. 50
CARDON (G.). *La Fondation de l'Université de Douai.** In-8.   10 fr.
CHARRIAUT (H.). **Après la séparation.** In-12. 1905.   3 fr. 50
CLAMAGERAN. **La Réaction économique et la démocratie.** In-18. 1 fr. 25
— **La lutte contre le mal.** 1 vol. in-18. 1897.   3 fr. 50
— **Études politiques,** économiques et administratives. Préface de
   M. BERTHELOT. 1 vol gr. in-8. 1904.   10 fr.
— **Philosophie religieuse.** *Art et voyages.* 1 vol. in-12. 1904. 3 fr. 50
— **Correspondance (1849-1902).** 1 vol. gr. in-8. 1905.   10 fr.
COLLIGNON (A.). **Diderot.** 2e édit. 1907. In-12.   3 fr. 50
COMBARIEU (J.), chargé de cours au Collège de France. *Les rapports
   de la musique et de la poésie.** 1 vol. in-8. 1893.   7 fr. 50
Congrès de l'Éducation sociale, Paris 1900. 1 vol. in-8. 1901. 10 fr.
IVe Congrès international de Psychologie, Paris 1900. In-8. 20 fr.
Ve Congrès international de Psychologie, Rome 1905. In-8. 20 fr.
COSTE. **Économie polit. et physiol. sociale.** In-18. 3 fr. 50 (V. p. 3 et 7).
COUBERTIN (P. de). **La gymnastique utilitaire.** 2e édit. In-12. 2 fr. 50
COUTURAT (Louis). *De l'infini mathématique.** In-8. 1896.   12 fr.
DANY (G.), docteur en droit. *Les Idées politiques en Pologne à la
   fin du XVIIIe siècle. *La Constit. du 3 mai 1793.* In-8. 1901. 6 fr.
DAREL (Th.). Le peuple-roi. *Essai de sociologie universaliste.* In-8. 1904. 3 f. 50
DAURIAC. **Croyance et réalité.** 1 vol. in-18. 1889.   3 fr. 50
— **Le Réalisme de Reid.** In-8.   1 fr.
DEFOURNY (M.). **La sociologie positiviste.** *Auguste Comte.* In-8. 1902. 6 fr.
DÉRAISMES (Mlle Maria). **Œuvres complètes.** 4 vol. Chacun.   3 fr. 50
DESCHAMPS. **Principes de morale sociale.** 1 vol. in-8. 1903. 3 fr. 50
DESPAUX. **Genèse de la matière et de l'énergie.** In-8. 1900.   4 fr.
— **Causes des énergies attractives.** 1 vol. in-8. 1902.   5 fr.
— **Explication mécanique de la matière,** de l'électricité et du
   magnétisme. 1 vol. in-8. 1905.   4 fr.

DOLLOT (R.), docteur en droit. **Les origines de la neutralité de la Belgique** (1609-1830). 1 vol. in-8. 1902.   10 fr.

DUBUC (P.). *Essai sur la méthode en metaphysique.* 1 vol. in-8. 5 fr.

DUGAS (L.). *L'amitié antique.* 1 vol. in-8.   7 fr. 50

DUNAN. *Sur les formes a priori de la sensibilité.* 1 vol. in-8. 5 fr.

DUNANT (E.). **Les relations diplomatiques de la France et de la République helvétique** (1798-1803). 1 vol. in-8. 1902.   20 fr.

DU POTET. **Traité complet de magnétisme.** 5e éd. 1 vol. in-8.   8 fr.
— **Manuel de l'étudiant magnétiseur.** 6e éd., gr. in-18, avec fig. 3 fr. 50
— **Le magnétisme opposé à la médecine.** 1 vol. in-8.   6 fr.

DUPUY (Paul). **Les fondements de la morale.** In-8. 1900.   5 fr.
— **Méthodes et concepts.** 1 vol. in-8. 1903.   5 fr.

Entre Camarades, par les anciens élèves de l'Université de Paris. *Histoire, littérature, philologie, philosophie.* 1901. In-8.   10 fr.

ESPINAS (A.), de l'Institut *Les Origines de la technologie.* 1 vol. in-8. 1897.   5 fr.

FERRÈRE (F.). **La situation religieuse de l'Afrique romaine depuis la fin du IVe siècle jusqu'à l'invasion des Vandales.** 1 v. in-8. 1898. 7 fr. 50

Fondation universitaire de Belleville (La). Ch. GIDE. *Travail intellect. et travail manuel;* J. BARDOUX. *Prem. efforts et prem. année.* In-16. 4 fr. 50

GELEY (G.). **Les preuves du transformisme.** In-8. 1901.   6 fr.

GILLET (M). **Fondement intellectuel de la morale.** In-8.   3 fr. 75

GIRAUD-TEULON. **Les origines de la papauté.** In-12. 1905.   2 fr.

GOURD. **Le Phénomène.** 1 vol. in-8.   7 fr. 50

GREEF (Guillaume de). **Introduction à la Sociologie.** 2 vol. in-8. 10 fr.
— L'évol. des croyances et des doctr. polit. In-12. 1895. 4 fr. (V. p. 3 et 8.)

GRIVEAU (M.). **Les Éléments du beau.** In-18.   4 fr. 50
— **La Sphère de beauté,** 1901. 1 vol. in-8.   10 fr.

GUEX (F.), professeur à l'Université de Lausanne. **Histoire de l'Instruction et de l'Éducation** In-8 avec gravures, 1906.   6 fr.

GUYAU. **Vers d'un philosophe.** In-18 3e édit.   3 fr. 50

HALLEUX (J.). **L'Évolutionnisme en morale** (*H. Spencer*). In-12. 3 fr. 50

HALOT (C.). **L'Extrême-Orient.** In-16. 1905.   4 fr.

HOCQUART (E.). **L'Art de juger le caractère des hommes sur leur écriture,** préface de J. CRÉPIEUX-JAMIN. Br. in-8. 1898.   1 fr.

HORVATH, KARDOS et ENDRODI. *Histoire de la littérature hongroise,* adapté du hongrois par J. KONT. Gr. in-8, avec gr. 1900.   10 fr.

ICARD. **Paradoxes ou vérités.** 1 vol. in-12. 1895.   3 fr. 50

JAMES (W.). **L'Expérience religieuse,** traduit par F. ABAUZIT, agrégé de philosophie. 1 vol. in-8°. 2e éd 1907. Cour. par l'Acad. française. 10 fr.

JANSSENS E). **Le néo-criticisme de Ch. Renouvier.** In-16. 1904. 3 fr. 50
— **La philosophie et l'apologétique de Pascal.** 1 vol in-16.   4 fr.

JOURDY (Général). **L'Instruction de l'armée française, de 1815 à 1902.** 1 vol. in-16. 1903.   3 fr. 50

JOYAU. **De l'Invention dans les arts et dans les sciences.** 1 v. in-8. 5 fr.
— **Essai sur la liberté morale.** 1 vol. in-18.   3 fr. 50

KARPPE (S), docteur ès lettres. **Les origines et la nature du Zohar,** précédé d'une *Étude sur l'histoire de la Kabbale.* 1901. In-8. 7 fr. 50

KAUFMANN. **La cause finale et son importance.** In-12.   2 fr. 50

KINGSFORD (A.) et MAITLAND (E.). **La Voie parfaite ou le Christ ésotérique,** précédé d'une préface d'Édouard Schuré. 1 vol. in-8. 1892. 6 fr.

KOSTYLEFF. **Évolution dans l'histoire de la philosophie.** In-16. 2 fr. 50
— **Les substituts de l'âme dans la psychologie moderne.** In-8. 1906.   4 fr.

LACOMBE (C¹ de). **La maladie contemporaine.** *Examen des principaux problèmes sociaux au point de vue positiviste.* 1 vol. in-8. 1906. 3 fr. 50

LAFONTAINE. **L'art de magnétiser.** 7e édit. 1 vol. in-8.   5 fr.
— **Mémoires d'un magnétiseur.** 2 vol. gr. in-18.   7 fr.

LANESSAN (de), ancien ministre de la Marine. **Le Programme maritime de 1900-1906.** In-12. 2e éd. 1903.   3 fr. 50

          F. ALCAN.

LASSERRE (A.). **La participation collective des femmes à la Révolution française.** In-8. 1905.   5 fr.

LAVELEYE (Ém. de). **De l'avenir des peuples catholiques.** In-8. 25 c.

LEMAIRE (P.). **Le cartésianisme chez les Bénédictins.** In-8. 6 fr. 50

LEMAITRE (J.), professeur au Collège de Genève. **Audition colorée et phénomènes connexes observés chez des écoliers.** In-12. 1900. 4 fr.

LETAINTURIER (J.). **Le socialisme devant le bon sens.** In-18. 1 fr. 50

LEVI (Eliphas). **Dogme et rituel de la haute magie.** 2 vol. in-8. 18 fr.

— **Histoire de la magie.** Nouvelle édit. 1 vol. in-8, avec 90 fig. 12 fr.

— **La clef des grands mystères.** 1 vol. in-8, avec 22 pl. 12 fr.

— **La science des esprits.** 1 vol. 7 fr.

LEVY (L.-G.), docteur ès lettres. **La famille dans l'antiquité israélite.** 1 vol. in-8. 1905. Couronné par l'Académie française. 5 fr.

LEVY-SCHNEIDER (L.), professeur à l'Université de Nancy. **Le conventionnel Jeanbon Saint-André (1749-1813).** 1901. 2 vol. in-8. 15 fr.

LICHTENBERGER (A.). **Le socialisme au XVIIIᵉ siècle.** In-8. 7 fr. 50

MABILLEAU (L.). *Histoire de la philos. atomistique.** In-8. 1895. 12 fr.

MAGNIN (E.). **L'art et l'hypnose.** In-8 avec grav. et pl. 1906. 20 fr.

MAINDRON (Ernest). *L'Académie des sciences.** In-8 cavalier, 53 grav., portraits, plans. 8 pl. hors texte et 2 autographes. 6 fr.

MANDOUL (J.) **Un homme d'État italien: Joseph de Maistre.** In-8. 8 fr.

MARGUERY (E.). **Le droit de propriété et le régime démocratique** 1 vol. in-16. 1905. 2 fr. 50

MARIÉTAN (P.). **La classification des sciences, d'Aristote à saint Thomas.** 1 vol. in-8. 1901 3 fr.

MATAGRIN. **L'esthétique de Lotze.** 1 vol. in-12. 1900. 2 fr.

MERCIER (Mgr). **Les origines de la psych. contemp.** In-12. 1898. 5 fr.

MICHOTTE (A.). **Les signes régionaux** (répartition de la sensibilité tactile). 1 vol. in-8 avec planches. 1905. 5 fr.

MILHAUD (G.) *Le positiv. et le progrès de l'esprit.** In-16 1902. 2 fr. 50

MILLERAND, FAGNOT, STROHL. **La durée légale du travail.** In-12. 1906. 2 fr. 50

MODESTOV (B.). *Introduction à l'Histoire romaine.* *L'ethnologie préhistorique, les influences civilisatrices à l'époque préromaine et les commencements de Rome,* traduit du russe sur MICHEL DELINES. Avant-propos de M. SALOMON REINACH, de l'Institut. 1 vol. in-4 avec 36 planches hors texte et 27 figures dans le texte. 1907. 15 fr.

MONNIER (Marcel). *Le drame chinois.** 1 vol. in-16. 1900. 2 fr. 50

NEPLUYEFF (N. de). **La confrérie ouvrière et ses écoles,** in-12. 2 fr.

NODET (V.). **Les agnosies, la cécité psychique.** In-8. 1899. 4 fr.

NOVICOW (J.). **La Question d'Alsace-Lorraine.** In-8. 4 fr. (V. p. 4, 10 et 19.)

— **La Fédération de l'Europe.** 1 vol. in-18. 2ᵉ édit. 1901. 3 fr. 50

— **L'affranchissement de la femme.** 1 vol. in-16. 1903. 3 fr.

OVERBERGH. **La réforme de l'enseignement.** 2 vol. in-4. 1906. 10 fr.

PARIS (Comte de). **Les Associations ouvrières en Angleterre** (Trades-unions). 1 vol. in-18. 7ᵉ édit. 1 fr. — Édition sur papier fort. 2 fr. 50

PARISET (G.), professeur à l'Université de Nancy. **La Revue germanique de Dollfus et Nefftzer.** In-8. 1906. 2 fr.

PAUL-BONCOUR (J.). **Le fédéralisme économique,** préf. de WALDECK-ROUSSEAU. 1 vol. in-8. 2ᵉ édition. 1901. 6 fr.

PAULHAN (Fr.). **Le Nouveau mysticisme.** 1 vol. in-18. 2 fr. 50

PELLETAN (Eugène). *La Naissance d'une ville (Royan).** In-18. 2 fr.

— *Jarousseau, le pasteur du désert.** 1 vol. in-18. 2 fr.

— *Un Roi philosophe: *Frédéric le Grand.* In-18. 3 fr. 50

— **Droits de l'homme.** In-16. 3 fr. 50

— **Profession de foi du XIXᵉ siècle.** In-16. 3 fr. 50

PEREZ (Bernard). **Mes deux chats.** In-12, 2ᵉ édition. 1 f. 50

— **Jacotot et sa Méthode d'émancipation intellect.** In-18. 3 fr.

— **Dictionnaire abrégé de philosophie.** 1893. in-12. 1 fr. 50 (V. p. 10).

PHILBERT (Louis). **Le Rire.** In-8. (Cour. par l'Académie française.) 7 fr. 50

PHILIPPE (J.). **Lucrèce dans la théologie chrétienne.** In-8.   2 fr. 50

PHILIPPSON (J.). **L'autonomie et la centralisation du système nerveux des animaux.** 1 vol. in-8 avec planches. 1905.   5 fr.

PIAT (C.). **L'Intellect actif.** 1 vol. in-8.   4 fr.

— **L'Idée ou critique du Kantisme.** 2e édition 1901. 1 vol. in-8.   6 fr.

PICARD (Ch.). **Sémites et Aryens** (1893). In-18.   1 fr. 50

PICTET (Raoul). **Étude critique du matérialisme et du spiritualisme par la physique expérimentale.** 1 vol. gr. in-8.   10 fr.

PINLOCHE (A.), professeur hon^re de l'Univ. de Lille. **Pestalozzi et l'éducation populaire moderne.** In-16. 1902. (*Cour. par l'Institut.*) 2 fr. 50

POEY. **Littré et Auguste Comte.** 1 vol. in-18.   3 fr. 50

PRAT (Louis), docteur ès lettres. **Le mystère de Platon.** 1 vol. in-8. 1900.   4 fr.

— **L'Art et la beauté.** 1 vol. in-8. 1903.   5 fr.

— **Protection légale des travailleurs (La).** 1 vol. in-12. 1901. 3 fr. 50
Les dix conférences composant ce volume se vendent séparées chacune. 0 fr. 60

REGNAUD (P.). **L'origine des idées et la science du langage.** In-12.   1 fr. 50

RENOUVIER, de l'Inst. **Uchronie.** *Utopie dans l'Histoire.* 2e éd. 1901. In-8. 7 50

ROBERTY (J.-E.) **Auguste Bouvier,** pasteur et théologien protestant. 1826-1893. 1 fort vol. in-12. 1901.   3 fr. 50

ROISEL. **Chronologie des temps préhistoriques.** In-12. 1900.   1 fr.

ROTT (Ed.). **La représentation diplomatique de la France auprès des cantons suisses confédérés.** T. I (1498-1559). Gr. in-8. 1900, 12 fr. — T. II (1559-1610). Gr. in-8. 1902. T. III (1610-1626). Gr. in-8. 1906. 20 fr. (*Récompensé par l'Institut.*)

SABATIER (C.). **Le Duplicisme humain.** 1 vol. in-18. 1906.   2 fr. 50

SAUSSURE (L. de). **Psychol. de la colonisation franç.** In-12. 3 fr. 50

SAYOUS (E.). **Histoire des Hongrois.** 2e édit. ill. Gr. in-8. 1900. 15 fr.

SCHILLER (Études sur), par MM. SCHMIDT, FAUCONNET, ANDLER, XAVIER LÉON, SPENLÉ, BALDENSPERGER, DRESCH, TIBAL, EHRHARD, Mme TALAYRACH D'ECKARDT, H. LICHTENBERGER, A. LÉVY. In-8. 1906.   4 fr.

SCHINZ. **Problème de la tragédie en Allemagne.** In-8. 1903.   1 fr. 25

SECRÉTAN (H.). **La Société et la morale.** 1 vol. in-12. 1897. 3 fr. 50

SEIPPEL (P.), professeur à l'École polytechnique de Zurich. **Les deux Frances et leurs origines historiques.** 1 vol. in-8. 1906.   7 fr. 50

SIGOGNE (E.). **Socialisme et monarchie.** In-16. 1906.   2 fr. 50

SKARZYNSKI (L.). **Le progrès social à la fin du XIXe siècle.** Préface de M. LÉON BOURGEOIS. 1901. 1 vol. in-12.   4 fr. 50

SOREL (Albert), de l'Acad. franç. **Traité de Paris de 1815.** In-8.   4 fr. 50

TARDE (G.), de l'Institut. **Fragment d'histoire future.** In-8.   5 fr.

VALENTINO (Dr Ch.). **Notes sur l'Inde.** In-16. 1906.   4 fr.

VAN BIERVLIET (J.-J.). **Psychologie humaine.** 1 vol. in-8.   5 fr.

— **La Mémoire.** Br. in-8. 1893.   2 fr.

— **Études de psychologie.** 1 vol. in-8. 1901.   6 fr.

— **Causeries psychologiques.** 2 vol. in-8. Chacun.   3 fr.

— **Esquisse d'une éducation de la mémoire.** 1904. In-16.   2 fr.

VERMALE (F). **La répartition des biens ecclésiastiques nationalisés dans le département du Rhône.** In-8. 1906.   2 fr. 50

VITALIS. **Correspondance politique de Dominique de Gabre.** 1901. In-8.   12 fr. 50

ZAPLETAL. **Le récit de la création dans la Genèse.** In-8. 3 fr. 50

ZOLLA (D.). **Les questions agricoles.** 1894, 1895. 2 vol. in-12. Chacun.   3 fr. 50

TABLE ALPHABÉTIQUE DES AUTEURS

TABLE DES AUTEURS ÉTUDIÉS

5879. — Imp. Motteroz et Martinet, rue Saint-Benoît, 7, Paris.